U0133751

高等学校计算机基础教育规划教材

C程序设计与应用

徐立辉 刘冬莉 编著

清华大学出版社
北京

内容简介

本书是为将C语言作为入门语言的程序设计课程编写的教材，目的是培养学生的程序设计基本能力和创新能力以及良好的程序设计风格。

本书以程序设计为主线，以编程应用为驱动，采取循序渐进、通俗易懂的方法，主要讲解程序设计的基本思想、方法，同时介绍了C语言相关的语法知识。本书以2008年全国计算机等级考试新需求为出发点，教学环境为Visual C++ 6.0平台。

本书的第1章介绍了C语言程序的基本结构、运行C语言程序的步骤与程序开发环境以及算法的表示。第2章介绍了C语言的数据类型、运算符与表达式。第3～5章介绍了基本控制结构组成，包括顺序、选择和循环结构。第6章介绍了数组，包括一维数组、二维数组和字符数组。第7章介绍了函数。第8章介绍了指针。第9章介绍了结构体与共用体。第10章介绍了文件。第11章介绍了C语言课程设计案例。第12章介绍了UNIX/Linux环境下的C语言编程入门。

本书可作为高等学校C语言程序设计课程的教学用书，也可作为自学C语言和参加全国计算机等级考试的参考书。

图书在版编目（CIP）数据

C程序设计与应用/徐立辉，刘冬莉编著．—北京：清华大学出版社，2011.2
（高等学校计算机基础教育规划教材）
ISBN 978-7-302-24593-3

Ⅰ．①C…　Ⅱ．①徐…　②刘…　Ⅲ．①C语言—程序设计—高等学校—教材　Ⅳ．①TP312

中国版本图书馆CIP数据核字(2011)第012325号

责任编辑：袁勤勇　薛　阳
责任校对：梁　毅
责任印制：何　芊

出版发行：清华大学出版社　　**地　址**：北京清华大学学研大厦A座
http://www.tup.com.cn　　**邮　编**：100084
社 总 机：010-62770175　　**邮　购**：010-62786544
投稿与读者服务：010-62795954，jsjjc@tup.tsinghua.edu.cn
质 量 反 馈：010-62772015，zhiliang@tup.tsinghua.edu.cn
印 刷 者：三河市君旺印装厂
装 订 者：三河市新茂装订有限公司
经　销：全国新华书店
开　本：185×260　**印　张**：20　**字　数**：469千字
版　次：2011年1月第1版　**印　次**：2011年1月第1次印刷
印　数：1～3000
定　价：30.00元

产品编号：040727-01

前言

程序设计是高等学校计算机基础课程，它是以编程语言为平台，介绍程序设计的基本思想、方法。

C语言是国内外广泛使用的一种程序设计语言，它除了具有强大的高级语言功能外，还具备低级语言的大部分功能，它已成为高校程序设计课程的首选语言。C语言程序设计是一门实践性很强的课程，它的教学重点应以程序设计为主，以介绍C语言相关的语法知识为辅，目的是培养学生的程序设计基本能力和良好的程序设计风格以及创新能力。

本书以程序设计为主线，以编程应用为驱动，采取循序渐进、通俗易懂的方法，主要讲解程序设计的基本思想、方法，同时介绍了C语言相关的语法知识。本书以2008年全国计算机等级考试新需求为出发点，教学环境为Visual C++ 6.0平台。

本书共12章。其中第1章介绍了C语言程序的基本结构、运行C语言程序的步骤与程序开发环境以及算法的表示。第2章介绍了C语言的数据类型、运算符与表达式。第3～5章介绍了基本控制结构组成，包括顺序、选择和循环结构。第6章介绍了数组，包括一维数组、二维数组和字符数组。第7章介绍了函数。第8章介绍了指针。第9章介绍了结构体与共用体。第10章介绍了文件。第11章介绍了C语言课程设计案例。第12章介绍了UNIX/Linux环境下的C语言编程入门。

本书由徐立辉进行整体策划。其中第1、8章和附录由徐立辉编写，第2章由李鹏、王永会编写，第3、4章由刘冬莉编写，第5、6章由冯毅宏编写，第7、10章由刘俊岭编写，第9、11章由何凯编写，第12章由牛志成、李鹏编写。全书由徐立辉、刘冬莉主编并统稿。

课堂教学使学生掌握程序设计的基本思想、方法，而要深刻理解还必须经过上机实验和大量的习题训练，以便学到课堂上无法学到的编程方法、程序调试方法和技巧。因此，我们还编写了配套的实验指导及习题，其中实验内容主要以Visual C++ 6.0为编程环境，由12个实验组成，每个实验都精心设计了编程样例或者调试样例、程序填空题、程序修改题和程序设计题。实验的项目按照C语言知识点展开，深入浅出，引导学生逐渐理解C语言程序设计的思想、方法和调试技巧；并且采用全国计算机等级考试题型，具有一定的实用性。习题部分精心选配了C语言教学内容的课外习题，涵盖了C语言的各种题型、各类数据类型、程序结构和典型算法。

随着计算机科学的不断发展，计算机教学的研究和改革也在不断深入。希望在从事计算机教学的各位同仁的共同努力下，不断提高我国高等学校C语言程序设计课程的教学水平。

由于作者水平有限，书中难免存在疏漏和不足之处，敬请读者批评指正。

编　者

2010年10月

目录

第1章

C程序设计概述

程序是一系列计算机指令的有序组合。著名的计算机科学家沃思(Nikiklaus Wirth)提出了一个公式：

程序＝算法＋数据结构

其中,算法是指对操作的描述,即解决问题的具体操作步骤;数据结构是指对数据的描述,即数据的类型和组织形式;程序是算法在计算机中的实现。在实际应用中,一个程序除了包括算法和数据结构以外,还应该使用某种计算机语言来表示并且采用结构化程序设计方法进行程序设计。例如对10个整数从小到大排序,程序中可以使用冒泡法作为排序算法,使用整型数组来组织存储数据,使用C语言来表示并且采用结构化程序设计方法编写程序。

程序设计语言是人与计算机交流使用的“语言”。日常生活中人与人之间的交流需要使用某种彼此理解的语言,例如汉语、英语。同样,程序员或操作人员使用某种“计算机语言”与计算机交流并通过语言的规范来设计程序以便控制计算机工作,从而完成指定的任务。就像人类使用不同的语言一样,计算机语言也有许多种不同的语言,它们各自有不同的特点,适合在不同的场合使用。C语言是目前国内外广泛使用的一种计算机语言,它的功能丰富、表达能力强、使用灵活方便、应用面广、可移植性好,既具有高级语言的优点,又具有低级语言的许多特点,因此学习C语言对掌握程序设计十分重要。

1.1 程序设计的基本概念

1.1.1 程序

一个完整的计算机系统是由硬件系统和软件系统构成的。例如,一台新组装的计算机只是硬件设备,用户不能做任何工作,只有安装了各种软件后计算机才能完成不同的工作。安装了办公自动化软件就可以打字、排版、制作电子表格和幻灯片,安装了多媒体播放软件就可以听MP3、看电影,安装了上网软件就可以浏览网页、聊天。

软件是程序、数据以及相关文档的完整集合。程序是软件中最重要的部分，计算机的工作都是在程序的控制下进行的。

程序是计算机语言的语句序列，更确切地说是一系列指令的有序组合。它存储在计算机中，当计算机执行程序时，将自动按照一定的顺序逐条地调用指令来完成工作。

指令是计算机最基本的处理数据的单元。一条指令只能完成一个最基本的功能，如实现一次加法运算。计算机所有能实现的指令的集合称为计算机的指令系统。

1.1.2 程序设计

程序设计是指使用某种计算机语言并采用合适的方法编写程序，以便指挥计算机解决具体的问题。

程序设计一般包括以下几个部分：

(1) 分析问题。

(2) 划分模块。模块化设计有利于开发大型软件。当程序出现错误时，只要修改相关的模块及其连接即可。

(3) 确定数据结构。根据要求，确定存储数据的数据结构。

(4) 确定算法。确定解决问题的方法和步骤。

(5) 编写代码。选择某种计算机语言(如C语言)，编写程序代码。

(6) 调试程序。在计算机上输入和调试程序，消除语法错误、逻辑错误和运行错误等，用各种可能的数据进行测试，使之得到正确的结果。

(7) 分析、整理结果并且写出相关文档。

1.1.3 程序设计语言

在日常生活中，人与人之间的交流需要使用某种彼此理解的语言，例如汉语、英语、俄语、日语和法语等。同样，人们为了编制计算机程序以便于人与计算机交流，也发明了各种计算机专用的“语言”。这些用来编写程序的语言，就是程序设计语言。

程序设计语言一般分为机器语言、汇编语言和高级语言三大类。

1. 机器语言

机器语言是离计算机硬件最接近的语言。在计算机发展初期，程序员使用机器语言编写程序。机器语言中的每一条指令都是用二进制形式表示的，每一条指令都由操作码和地址码组成，计算机的硬件可以直接识别。

例如：使用机器语言编写程序完成1+2功能。

```
1011 0000 0000 0001        /*将1送到CPU中的累加器中*/
0000 0100 0000 0010        /*将2与累加器中保留的内容相加,结果还放在累加器中*/
          1111 0100        /*程序结束,停机*/
```

运行：机器语言编写的程序中的指令可以由硬件直接执行。

优点：执行效率高，能充分发挥计算机硬件的速度性能。

缺点：编写程序难度很大，容易出错，不易理解，通用性差。

2. 汇编语言

为了克服机器语言带来的不便，人们又发明了使用助记符（英文缩写）来帮助程序指令的理解和记忆，如用指令助记符来表示操作码（如 ADD 表示累加，MOVE 表示数据传送），用地址符号来表示地址码（如用 AL 来表示某个累加器，代替二进制码）。用指令助记符及地址符号书写的指令称为汇编指令，使用汇编指令编写的程序称为汇编语言源程序。

例如：使用汇编语言编写程序完成 1+2 功能。

```
MOVE AL,1           /*将1送到累加器AL中*/
ADD AL,2            /*将2与累加器AL中的内容相加,结果还放在累加器中*/
HLT                 /*程序结束,停机*/
```

运行：需要将汇编语言写成的源程序“翻译”成计算机硬件能直接识别的机器语言，这个“翻译”的过程叫汇编。完成汇编功能的软件叫汇编程序。

优点：比机器语言易理解、易编写、易检查、易修改。

缺点：通用性仍然不强，硬件不能直接执行，需要经过汇编过程。

3. 高级语言

机器语言和汇编语言都是面向机器的语言，一般称为低级语言。低级语言对机器依赖性太大，由它开发的程序通用性较差。

从 20 世纪 50 年代中期开始，发展出了面向解决问题的程序设计语言——高级语言。高级语言已经有上百种之多，其中广泛使用的有十几种，不同的语言有其最适合的应用领域，不同的语言也在不断推出新的版本。

几种常用的高级语言简介如下：

(1) BASIC(Beginners' All-purpose Symbolic Instruction Code，初学者通用符号指令代码)语言适合初学者的教学和小型程序的开发。

如今，美国的 Microsoft 公司已经把可视化、模块化、面向对象程序设计等技术引入到 BASIC 中，并推出了 Visual Basic，它适合科学计算、事务处理、自动控制等。

(2) FORTRAN(Formula Translation，公式翻译)语言适合科学与工程计算。

(3) FOXPRO 语言适合数据库管理程序的开发。

(4) PASCAL 语言适合计算机专业教学。

(5) COBOL(Common Business Oriented Language，公共商用语言)适合商业、企业管理等。

(6) C 语言是最靠近机器的程序设计语言。它在科学计算、事务处理、自动控制以及数据库技术等方面都有广泛应用，它也适合系统软件和硬件底层的开发。

(7) C++ 是 C 语言的面向对象扩展，它保留了 C 语言的所有组成部分并且与其完全兼容，既可以进行传统的面向过程的结构化程序设计，又可以进行面向对象程序设计。

(8) Java 语言是面向计算机网络、面向对象的程序设计语言，它由 C++ 发展而来并且采用完全开放的软件技术路线，能做到与软硬件平台无关。它适合面向对象程序的开发，已成为网络上编程语言。

(9) LISP 和 PROLOG 语言适合人工智能程序的开发。

例如：使用高级语言编写程序完成 1+2 功能。

用 BASIC 语言编写，源程序形式如下：

```
10  I=1
20  J=2
30  SUM=I+J
```

用 PASCAL 语言编写，源程序形式如下：

```
Program ADD
var i,j,sum:integer;
begin
    i:=1
    j:=2
    sum:=i+j;
end
```

用 C 语言编写，源程序形式如下：

```
void main()
{
    int i,j, sum=0;
    i=1;
    j=2;
    sum=i+j;
}
```

高级语言的运行：任何一种高级语言编写的程序(称为源程序)，计算机硬件都不能直接识别，必须经过编译程序翻译成机器语言程序(称为目标程序)后计算机才能执行(大多数高级语言)，或者由解释程序边解释边执行(如 BASIC，Java)。

1.2 C 语言简介

1.2.1 C 语言的发展历史

C 语言是目前世界上应用最广泛的一种计算机程序设计高级语言。它既适合编写系统软件，又可用来编写应用软件。C 语言的发展过程主要经历了 C 语言的诞生、发展和成熟三个阶段。

1. C语言的诞生

C语言最初设计时是作为一种面向系统软件的开发语言，主要是为了编写UNIX操作系统而诞生的。1960年，由一个国际委员会设计了面向问题的ALGOL 60高级语言，但它不适合用来编写系统程序。1963年，英国剑桥大学在ALGOL 60的基础上推出了更接近硬件的CPL(Combined Programming Language)语言，但它却难以实现。1967年，剑桥大学的Martin Richards对CPL语言进行了简化并推出了BCPL(Basic Combined Programming Language)语言。1970年，美国贝尔实验室的Ken Thompson继承和发展了BCPL语言并推出了B语言，B取自BCPL的第一个字母，同时在小型机PDP 7上实现了用B语言编写第一个UNIX操作系统。1972年，贝尔实验室的Dennis M. Ritchie对B语言作了完善和发展，引入了各种数据类型使得B语言的数据结构类型化，从而推出了一种新型的程序设计语言——C语言，C取自BCPL的第二个字母。

2. C语言的发展

1973年，Dennis M. Ritchie和Ken Thompson两人合作重写了UNIX操作系统(即UNIX第5版)，其中90%以上的代码是用C语言编写的，而原来的UNIX操作系统是两人在1969年使用汇编语言编写的。为了使得UNIX操作系统能够在其他各种机器上得到应用和推广，1977年出现了不依赖于具体机器的C语言编译文本《可移植C语言编译程序》，这简化了C语言移植到其他机器的工作，从而推动了UNIX操作系统在各种机器上的实现和应用，同时也促进了C语言的迅速推广和发展。

3. C语言的成熟

1978年，Brian W. Kernighan和Dennis M. Ritchie(简称K&R)以UNIX第7版的C语言编译程序为基础编写了名著《The C Programming Language》，成为以后各种C语言版本的基础，被称为标准C。1983年，美国国家标准化协会ANSI(American National Standard Institute)制定了新的C语言标准，被称为ANSI C。ANSI C实现了C语言规范化和统一化。Brian W. Kernighan和Dennis M. Ritchie按照ANSI C重新编写了他们的名著，并于1988年发表了《The C Programming Language Second Edition》。1987年，ANSI又制定了新的C语言标准，被称为87 ANSI C。1990年，国际标准化组织ISO(Internationl Standard Organization)公布了87 ANSI C为ISO C的国际标准，这标志着C语言的成熟。目前，C语言已经成为世界上应用最广泛的一种计算机程序设计语言，并且它已经不依赖于UNIX操作系统而独立存在。

由于目前流行的C语言编译系统大多是以ANSI C为基础开发的，因此本书的内容也是以ANSI C为基础的。

1.2.2 C语言的特点

无论是哪种版本的C语言，都具有如下共同的特点：

(1) C语言具备低级语言和高级语言的双重功能。C语言除了具有强大的高级语言功能外，还具备低级语言的大部分功能。C语言允许直接访问硬件的物理地址，能进行位操作，可以实现汇编语言的大部分功能，可以直接对硬件进行操作。

(2) C语言是一种完全模块化和结构化的语言，便于软件工程化。以函数作为C程序的基本模块单位，程序的许多操作是由具有不同功能的函数组成，从而容易达到结构化程序设计中模块化的要求。同时，C语言提供了完整的控制语句(如选择、循环)和构造数据类型机制(如数组、结构体)，使得程序流程和数据描述也具有良好的结构性。

(3) C语言程序易于移植。可移植性是指一个程序不用修改或稍作修改就能从一个机器系统移植到另一个机器系统上运行的特性。由于C语言的标准化、输入输出以及内存管理等操作是采用C库函数实现而不是作为C语言语法成员实现的，使得C编译程序容易在不同的机器系统上实现，C程序不用修改或稍作修改就能在不同机器系统上运行。

(4) C语言语句简洁紧凑，使用灵活，易于学习。C语言只有32个关键字和9种控制语句，程序书写形式自由，主要用小写字母表示，并且压缩了不必要的成分，使得编写的源程序短小精练。例如，使用大括号{和}表示开始和结束，使用文件包含和宏定义等预处理语句使得C语言语句显得简洁紧凑。

(5) C语言数据结构丰富。C语言的数据类型有整型、实型、字符型、数组类型、指针类型、结构体类型和共用体类型等，能实现各种复杂的数据结构。其中，指针类型是它最鲜明的特色，特别适合于开发需要使用复杂数据结构表示的系统软件。

(6) C语言运算符丰富。C语言共有34种运算符。由于C语言把括号、赋值、逗号等都作为运算符处理，可实现其他高级语言难以实现的运算，其功能强于其他高级语言。

(7) C语言语法灵活，程序设计自由度大。C语言语法限制少，为程序设计提供了最大自由度，受到软件开发人员的欢迎。但是要仔细检查程序，不要完全依赖C编译软件来检查错误。例如，不能自动检查数组下标越界，需要程序的编写者来保证正确。

(8) C语言生成的目标代码质量高，运行的效率高。C语言编写的程序代码短，执行快。C语言编写的程序经编译后生成的可执行代码比用汇编程序生成的目标代码效率仅低10%～20%。

1.2.3 如何学习C语言

C语言是各个学科计算机应用的基础，初学者必须从开始就掌握正确的学习方法，首先对程序设计语言(如C语言)要有所了解，但是不要拘泥于具体的语法细节，更重要的是通过不断的编程实践，逐步体会和掌握程序设计的基本思想和方法。

学好C语言要注意以下几个方面：

(1) 先运行教材中的程序以便了解程序的功能，再模仿改写程序，最后独立地编写程序。初学者容易出现不理解概念、看不懂程序以及编程没有思路等。对于不理解的概念，可以通过认真阅读程序来体会概念的具体应用。对于看不懂的程序，可以按照程序的执行流程，通过先记下变量的初始值然后记录在程序的执行流程中变量的不同变化来彻底地理解程序。对于编程没有思路，可以先运行已学过的相近程序以便了解程序的功能，再模仿改造程序并仔细体会，最后进行独立的编写程序。

(2) 多上机实践。C语言是一门实践性很强的课程，一个不经过上机验证的程序不能算是真正正确的程序。C语言的灵活性很强，在上机中才会发现很多问题。并且通过上机可以学会程序调试的方法和技巧，以及不同计算机环境下的编程环境设置等。

(3) 扩展视野。教材中提供了一些拓展的材料，在配套的实验教材中，也提供了很多的等级考试训练内容，读者可以按照需求有选择地学习。

1.3 C语言程序的基本结构

1.3.1 简单的C语言程序

【例1-1】 编写C语言程序，在屏幕上显示文字"Welcome to C world!"。

源程序：

```
/* 显示"Welcome to C world!" */
#include <stdio.h>                       /* 编译预处理命令 */
void main()                              /* 定义主函数 main() */
{                                        /* 大括号{}内为 main 函数的内容 */
    printf("Welcome to C world! \n");    /* 调用 printf 函数输出显示内容 */
}
```

程序运行的结果为：

```
Welcome to C world!
```

程序说明：程序的第1行为：/* 显示"Welcome to C world!" */。在/*和*/之间的内容是程序的注释，用来说明程序的功能，以便人们理解程序。注释可以是汉字或英文字符，它可出现在程序任何需要的地方，它只是给人看的，即使是内容有错误也不影响程序的编译和运行，因为程序编译时会忽略它。当然，在编写程序时也可以省略本行。

程序的第2行为：#include <stdio.h>。它是编译预处理命令，其中stdio.h是标准输入输出头文件，包含有关标准输入输出的信息(stdio是"standard input & output"的缩写，h是head的缩写)。在程序中需要使用C语言系统提供的标准函数库中的输入输出函数时，都要加上本行命令。此处加上本行命令是因为后面调用的printf()函数是C语言标准输出函数，它在stdio.h文件中进行了声明。

程序的第3行为：void main( )。其中，main是函数的名字，称为“主函数”，它前面的void代表“空”，即执行函数后不产生一个函数值(有些函数在执行后能得到一个函数值)。任何一个C语言程序都必须有而且只能有一个main( )函数，当程序运行时，必须从main( )函数开始执行。

一对大括号把构成函数的语句括起来，称为函数体。它一般包括声明部分(如对用到的变量进行定义以及对要调用的函数进行声明)和语句部分。大括号{表示函数体的开始，}表示函数体的结束。

程序的第5行为本程序仅有的一条语句printf("Welcome to C world! \n");，其中printf是系统提供的标准函数库中的输出函数。本语句通过调用函数printf( )，实现将双引号中的内容原样输出。\n是换行符，表示输出结束以后光标移动到下一行。分号“;”表示语句的结束。由于前面包含了#include <stdio. h>，所以此处可以直接使用标准输入输出头文件stdio. h中声明的printf函数。

【例1-2】 从键盘上输入两个整数，计算并显示这两个整数之和的平方根。

源程序：

```
#include <stdio.h>
#include <math.h>              /*引入math.h头文件,以便使用开平方函数sqrt()*/
void main()
{
    int x,y;                   /*定义整型变量x和y,用来存储输入的数据*/
    float result;              /*定义实型变量result,用来存储计算结果*/
    printf("Input data");      /*调用printf()函数提示输入数据*/
    scanf("%d,%d",&x,&y);      /*调用scanf()函数输入两个整数,保存在x和y中*/
    result=sqrt(x+y);          /*调用平方根函数sqrt()进行计算*/
    printf ("result=%f\n",result);     /*调用printf()函数显示结果*/
}
```

程序运行的结果为：(假设从键盘输入4,5)

```
result=3.000000
```

程序说明：程序中引入了头文件math. h，因为数学处理函数在math. h文件中进行了声明。此处加上本行是为了后面调用sqrt()函数实现平方根计算。

scanf( )是C语言系统提供的标准函数库中的输入函数，它在stdio. h文件中进行了声明。它用于从键盘上输入数据。由于两个变量x和y都是int型，其所对应的两个格式控制说明就都是%d，表示按十进制整数形式输入。若两个%d之间用逗号相隔，则输入数据时也要用逗号相隔。程序中scanf( )函数的作用是将两个数值分别输入到变量x和y所在的内存单元中去。&是取地址符号，&x表示的是x在内存中的地址。

printf( )是C语言系统提供的标准函数库中的输出函数，它也在stdio. h文件中进行了声明。程序中printf( )函数的格式控制说明“%f”是用来指定以小数形式输出数据，保留6位小数。它的作用是先将双引号中的内容原样输出，然后使用后面的result替换

"%f"的位置,并按小数的形式输出。

scanf( )函数中常用的格式控制符号：int 型数据使用%d,表示按十进制整数形式输入;float 型数据使用"%f",表示按小数形式输入单精度数;double 型数据使用%lf,表示按小数形式输入双精度数。

printf( )函数中常用的格式控制符号：int 型数据使用%d,表示按十进制形式输出整数;float 型数据和 double 型数据都使用%f,表示按小数形式输出单、双精度数,并且隐含输出 6 位小数。

常用的数学库函数有以下几种：

(1) 绝对值函数 fabs(x)：计算 $|x|$。

(2) 平方根函数 sqrt(x)：计算 $\sqrt{x}$。

(3) 幂函数 pow(x,n)：计算 x^n。

(4) 指数函数 exp(x)：计算 e^x。

(5) 以 e 为底的对数函数 log(x)：计算 $\ln x$。

【例 1-3】 求两个整数的和。

源程序：

```
#include<stdio.h>
void main( )                              /*主函数*/
  {
    int sum(int x, int y);                /*对被调用函数 sum 的声明*/
    int a,b,c;                            /*声明部分,定义变量*/
    printf("Input two numbers:" );
    scanf("%d%d",&a,&b);
    c=sum(a,b);                           /*调用函数 sum,将调用结果赋给 c*/
    printf("sum=%d\n",c);
    }
int sum(int x, int y)                     /*定义函数 sum,计算两数之和*/
  {
    int z;                                /*声明部分,定义变量*/
    z=x+y;
    return(z );                   /*将 z 值返回,通过函数名 sum 带回到调用函数处*/
}
```

程序运行的结果为：

```
Input two numbers:1 2(回车)
sum=3
```

程序说明：本程序包括两个函数。主函数 main 是整个程序执行的起点。函数 sum 计算两数之和。

主函数 main( )调用 scanf( )函数从键盘上输入两个整数,然后调用函数 sum 获得两个整数之和,并赋给变量 c。最后输出变量 c 的值作为结果。

int sum(int x,int y)是函数 sum 的声明,表明此函数获得两个整数,返回一个整数。

程序中 scanf( )函数的作用是将两个数值分别输入到变量 a 和 b 中去。其中的"%d%d",表示按照十进制整数形式输入两个数据。在两个数据之间可使用一个以上的空格间隔,也可以使用 Enter 键或 Tab 键间隔。但是,此时不能使用逗号作为两个数据之间的间隔。

函数 sum 同样也用一对大括号{和}将函数体括起来。它通过参数表中变量 x 和 y 获得两个数据,处理后得到结果 z,然后将 z 值返回,通过 sum 带回到调用函数位置。

本例表明了函数除了可调用 C 语言系统提供的标准库函数外,还可调用用户自己编写的函数。

1.3.2 C 语言程序的编写要求

C 语言程序的编写要求如下:

(1) C 语言程序的开头一般都使用一个或多个 include 语句,用来引入某些标准库文件。这类标准库文件通常称为头文件,头文件的扩展名为.h。

(2) 程序的前部有时可以定义一些全局变量,这些变量被后面的各个函数共享,但要注意对全局变量的使用不能互相干扰。在某个函数体内定义的变量,称为局部变量,它只在这个函数体内有效。

(3) C 语言程序是由函数构成的。一个 C 语言程序至少且仅包含一个 main 函数(又称为主函数),也可以包含一个 main 函数和若干个其他函数。每个函数又由若干个 C 语言语句组成,每个语句必须以分号(;)结束。

为了实现程序设计的模块化,用户可以定义若干个自定义函数,使程序结构清晰,便于实现某个功能的重复使用。

(4) 一个函数由函数的首部和函数体组成。其中函数的首部包括函数名、函数类型、函数参数名、函数参数类型。函数体是指函数首部下面的花括号内的部分,它包括声明部分和执行部分,声明部分是指定义所要使用的变量以及对所要调用的函数进行声明;执行部分是由一系列语句组成,如完成输入数据、计算、输出数据和显示数据等功能。

(5) 一个 C 程序总是从 main 函数作为程序执行的起点开始执行的,不论 main 函数在整个程序中的位置如何(可以在程序最前头,也可以在最后头,或在程序中间)。main()表示是一个函数,其中 main 是函数的名称,()内列出函数执行需要的 n 个参数,{ }内为完成特定功能的一系列语句。

(6) C 程序书写格式自由,一行内可以写几个语句,一个语句可以分写在多行上。不要把一个关键词、标识符、常量、运算符和字符串拆分为两行。最好每个语句占用一个书写行,每个函数都按语句的层次关系形成"逐层缩进"形式。

(7) C 程序中使用的所有标点符号都是英文符号。

(8) C 程序一般使用/*……*/进行注释或者使用//进行单行注释。为了增加程序的可读性,可在程序的任何需要的地方加上注解。注释的内容是给阅读源程序的人看的,计算机执行程序时会忽略这些注释。注释的内容要写在/*和*/之间或者写在//的后面。

1.4 运行 C 语言程序的步骤与程序开发环境

1.4.1 运行 C 语言程序的步骤

所谓程序是计算机语言的语句序列,更确切地说是一系列指令的有序组合。它存储在计算机中,当计算机执行程序时,将自动按照一定的顺序逐条地调用指令来完成工作。指令是计算机最基本的处理数据的单元。一条指令只能完成一个最基本的功能。

用高级语言或汇编语言编写的程序称为"源程序"。由于计算机不能直接识别用高级语言或汇编语言编写的源程序,它只能识别和执行由 0 和 1 组成的二进制指令(即机器语言)。因此要用"编译程序(Compile)"软件将源程序翻译为二进制形式的代码,称为"目标程序"。目标程序尽管已经是机器指令,但是还不能运行,因为目标程序还没有解决函数调用问题。需要用"连接程序(Link)"软件将该目标程序与库函数以及其他目标程序连接,才能形成完整的可在操作系统下独立执行的程序,称为"可执行目标程序"。

在编写好一个 C 源程序以后,上机运行一般需要如下的步骤:

(1) 编辑源程序。将源程序输入到计算机中,编辑后以文件形式存储到磁盘上。C 源程序的扩展名为.c。

(2) 编译源程序。将源程序翻译为二进制形式的代码,称为"目标程序"。目标程序的扩展名为.obj。

(3) 与库函数连接。将该目标程序与库函数以及其他目标程序连接,形成"可执行目标程序"。可执行程序的扩展名为.exe。

(4) 运行可执行文件。

为了运行 C 程序,首先要有相应的 C 编译系统。目前常用的大多数 C 编译系统都是集成化的开发环境(IDE),除集成编辑器、编译器和连接器之外,还增加了调试和运行功能,由于把程序的编辑、编译、连接和运行等操作集中在一个界面上进行,因此直观易用。常用的 C 语言集成化开发环境有 Turbo C 2.0(DOS 平台上的 C 编辑器)、GCC(GNC C Compile 、UNIX 以及 Linux 平台上 C/C++ 标准编辑器)、Visual C++(Windows 平台上的 C/C++ 编辑器)。考虑到现在的实际应用情况,本节介绍 Visual C++ 程序开发环境和 Turbo C 2.0。具体的上机步骤如图 1-1 所示。

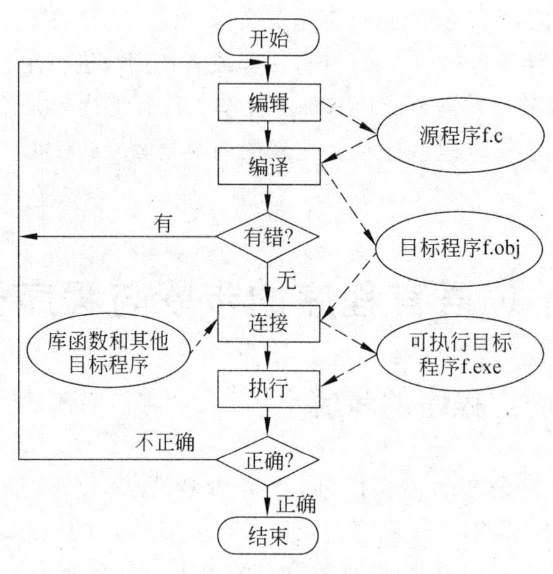

图 1-1　C 程序上机运行的步骤

1.4.2　开发环境 Microsoft Visual C++　6.0

C++ 语言是在 C 语言的基础上发展起来的，它已经成为当今最流行的一种程序设计语言，它增加了面向对象的编程。Visual C++ 是由微软公司开发的、面向 Windows 编程的 C++ 语言工具。它不仅支持 C++ 语言的编程，而且也兼容了 C 语言的编程。因此可以在 Visual C++ 集成化环境中对 C 程序进行编辑、编译、连接、运行和调试。

现在常用的 Visual C++　6.0 版，虽然已有公司推出汉化版，但只是把菜单进行汉化，而非真正的中文版的 Visual C++，而且汉语用词也不准确。因此本书以 Visual C++　6.0 英文版为背景来介绍 Visual C++。

在 Visual C++　6.0(英文版)集成环境下，运行一个 C 语言程序的基本步骤如下：

1. 用户建立自己的文件夹

用户自己在磁盘上建立一个文件夹，如 D:\ C_PROGRAM，用于存储 C 语言程序。

2. 启动 VC++

单击桌面上的"开始"按钮，依次选择"程序"→ Microsoft Visual Studio 6.0→ Microsoft Visual C++　6.0 选项，进入 VC++ 集成环境(如图 1-2 所示)。

3. 新建文件

选择 File/"文件"→New/"新建"菜单命令(如图 1-3 所示)，在弹出的窗口中打开

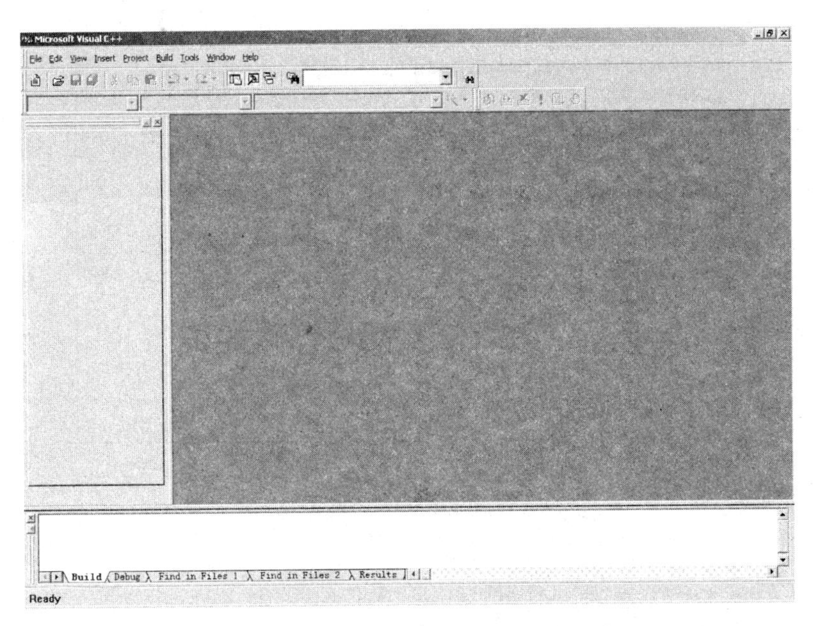

图 1-2　Visual C++ 6.0 编程集成化环境

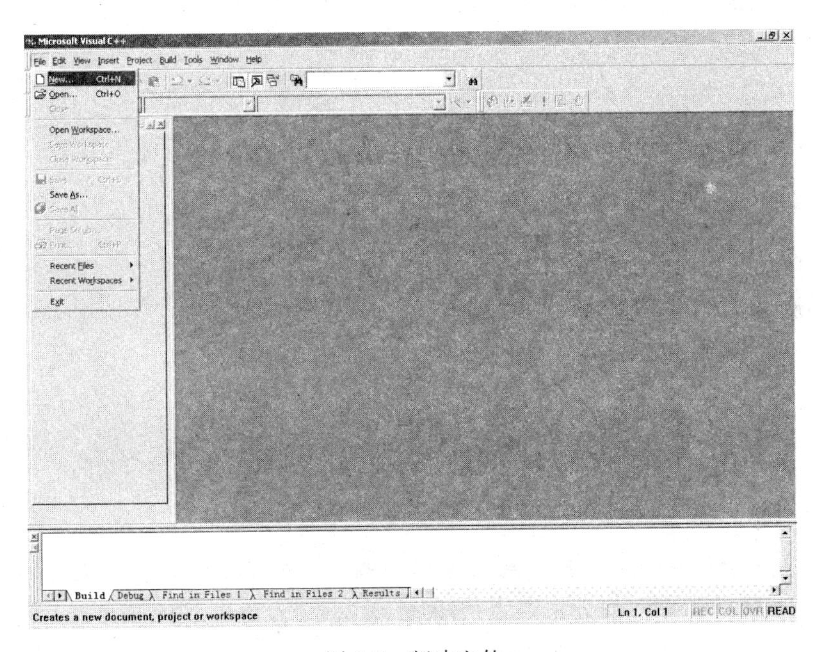

图 1-3　新建文件

Files/“文件”菜单(如图 1-4 所示)，选中 C++ Sourse File 选项；然后在右侧 File/“文件”文本框中输入 test. c 作为 C 语言源程序文件名称；然后在 Location/“目录”中单击 Browse 按钮并且在出现的下拉列表中选择用户已经建立的文件夹，如 D:\C_PROGRAM；最后单击 OK/“确定”按钮，就可以在 D:\C_PROGRAM 文件夹下新建文件 test. c，并且显示出编辑窗口和信息窗口(如图 1-5 所示)。

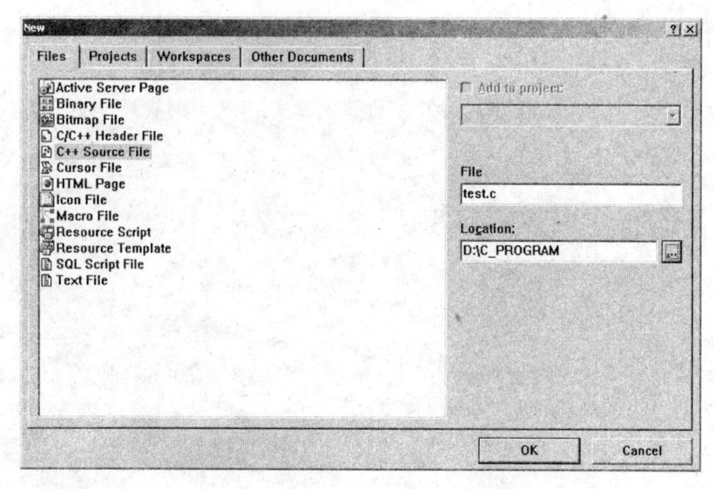

图 1-4　文件类型、文件名和存放位置

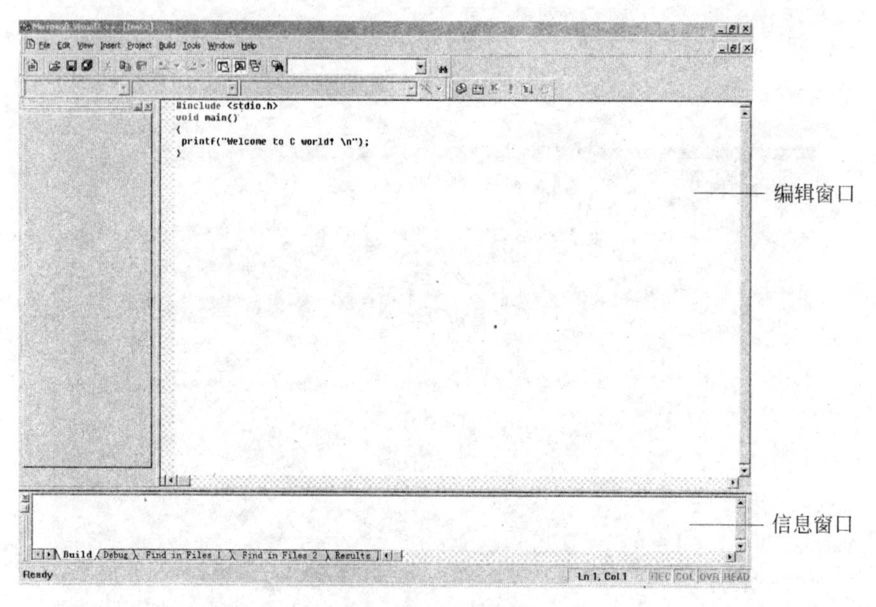

图 1-5　编辑源程序

注意：此处文件的扩展名为 c，表示是 C 源程序。假如不指定扩展名为 c，则 VC++ 会把扩展名默认定义为 cpp，表示是 C++ 源程序。另外，确定 C 源程序所在的文件夹既可单击 Browse 按钮选择一个已有的文件夹，如选择用户已经建立的文件夹 D:\C_PROGRAM；也可在 Location 下的编辑框中直接输入文件夹名称。

4. 编辑和保存

单击编辑窗口，在编辑区中输入 C 语言源程序(如图 1-5 所示)。然后选择 File/“文件”→Save/“保存”菜单命令来保存源程序文件；或者选择 File/“文件”→Save As/“另存为”命令，以便选择其他的路径和文件名来保存源程序文件。

C 语言源程序如下：

```
#include<stdio.h>
   main( )
   {
       printf("Welcome to C world! \n");
       }
```

5. 编译

选择 Build/“构建”→Compile test. c/“编译 test. c” 菜单命令或按 Ctrl+F7 组合键(如图 1-6 所示)，在弹出的对话框中选择“是(Y)”按钮表示同意建立一个默认的项目工作区(如图 1-7 所示)，然后开始编译并在信息窗口中显示出编译信息(如图 1-8 所示)。

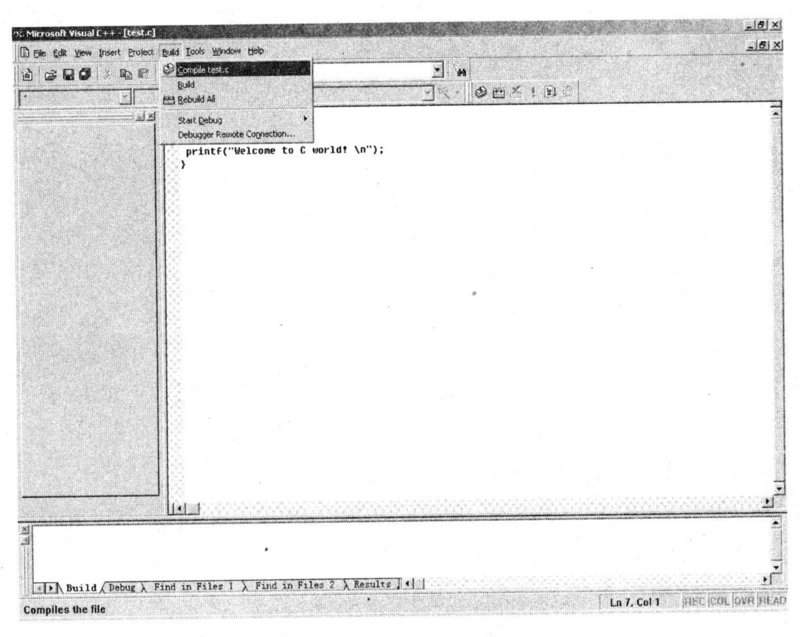

图 1-6　编译源程序

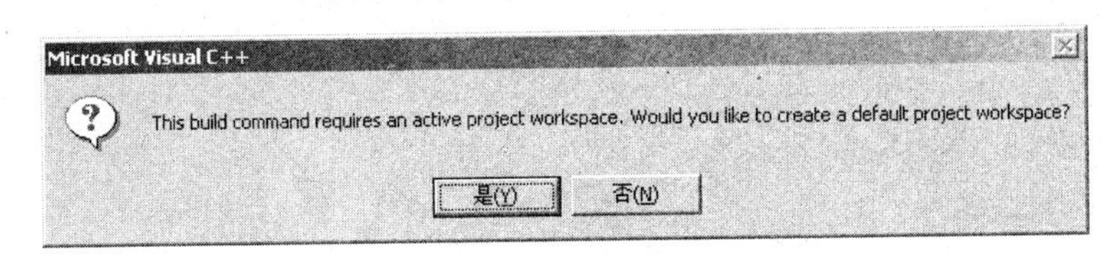

图 1-7　建立一个工作区

在图 1-8 的信息窗口中出现的“test. obj-0 error(s),0 warning(s)”表示编译成功，没有发现(语法)错误和警告，并且生成了目标文件 test. obj。

注意：如果编译有错误，可以双击提示的错误信息，则在源程序中的错误行前会出现“→”标记。此时应该检查标记所在行或前一行的程序，找出错误并且改正。另外，有时候一个简单的语法错误，编译系统可能会报告多条错误信息。此时要找出第一条错误信息，

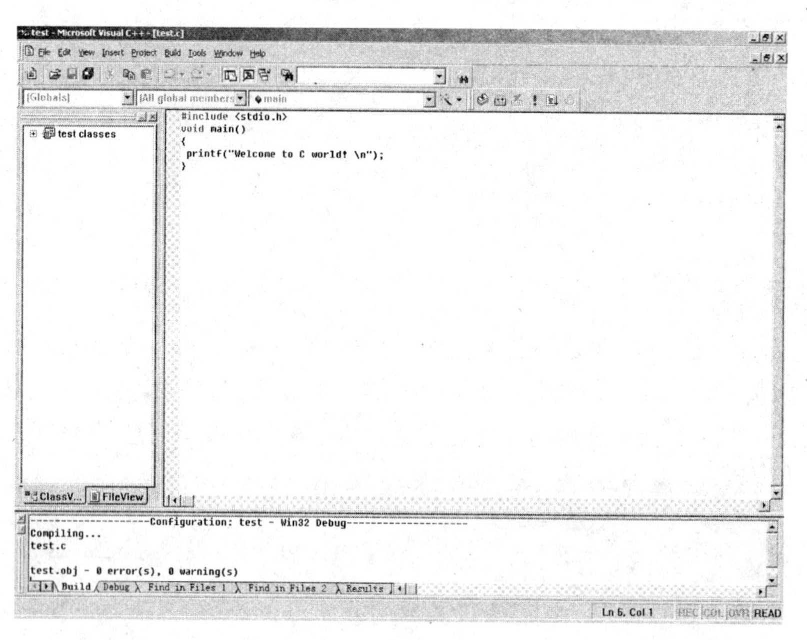

图 1-8　编译正确

改正后然后重新编译，再找出其他错误，改正后再重新编译，直到没有发现错误或警告并且能生成目标文件为止。

编译系统能发现源程序中的语法错误可以分成两种：一种显示出有错误 error(s)，表明程序中存在致命的、严重的错误，编译通不过并且不能生成目标文件，必须加以改正；一种显示出有警告 warning(s)，表明这些错误不影响生成目标文件，但由于有时会影响程序执行的结果，所以一般情况下也应该加以改正。

编译系统不能发现源程序中的某些错误，如逻辑错误、运行错误以及计算公式错误等。此时程序的运行结果有错误，只能通过程序调试才能找出错误并改正。

程序中错误的种类：

(1) 语法错误：语法错误是指不符合 C 语言的语法规定。

(2) 逻辑错误：逻辑错误是指没有语法错误，虽然能正常运行，但是运行结果错误。

(3) 运行错误：运行错误是指没有语法错误和逻辑错误，不能正常运行或者结果错误。

6. 连接

选择 Build/"构建"→Build test. exe/"构建 test. exe" 菜单命令或按 F7 键，也可以用 Rebuild All/"重建全部" 菜单命令，开始进行连接，并且在信息窗口中显示出连接信息(如图 1-9 所示)。

在信息窗口中出现的"test. exe-0 error(s)，0 warning(s)"表示连接已经成功，并且生成了可执行文件 test. exe。

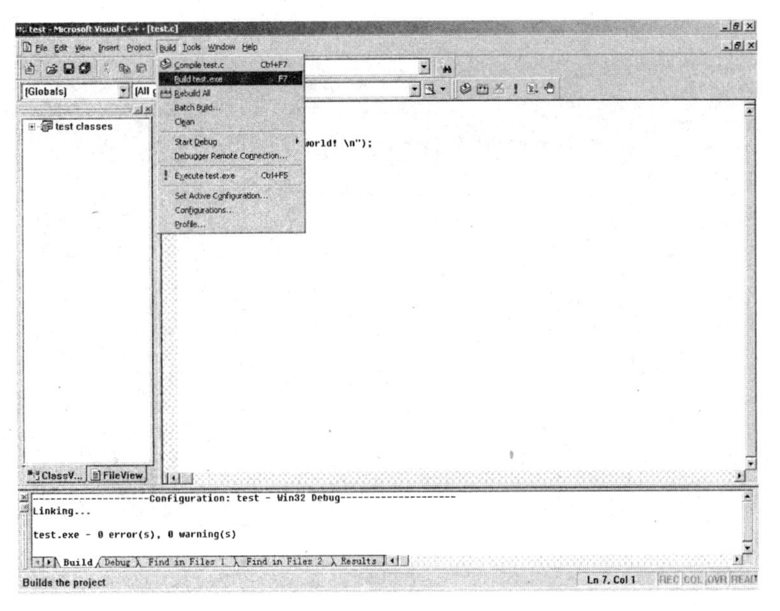

图 1-9　连接成功并产生可执行文件

7. 运行

选择 Build/“构建”→Execute test. exe/“执行 test. exe” 菜单命令或按 Ctrl+F5 组合键(如图 1-10 所示),弹出运行窗口(如图 1-11 所示),显示出运行结果“Welcome to C world!”,其中“Press any key to continue”是系统自动加上去的,提示用户可以按任意键退出 DOS 窗口,返回到 VC++ 编辑窗口。

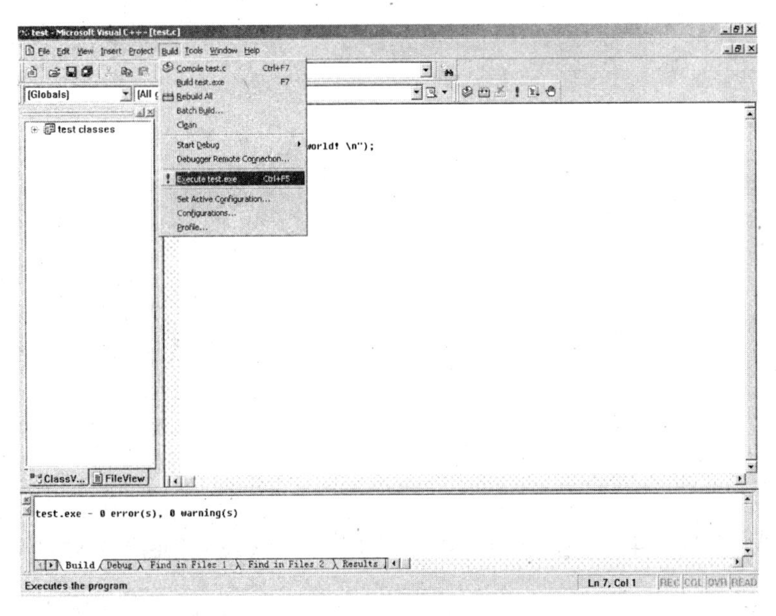

图 1-10　运行程序

图 1-11　运行窗口

8. 关闭程序工作区

选择 File/"文件"→Close Workspace/"关闭工作区" 菜单命令(如图 1-12 所示),在弹出的对话框中选择"是(Y)"按钮后关闭所有文档窗口及其工作区(如图 1-13 所示)。

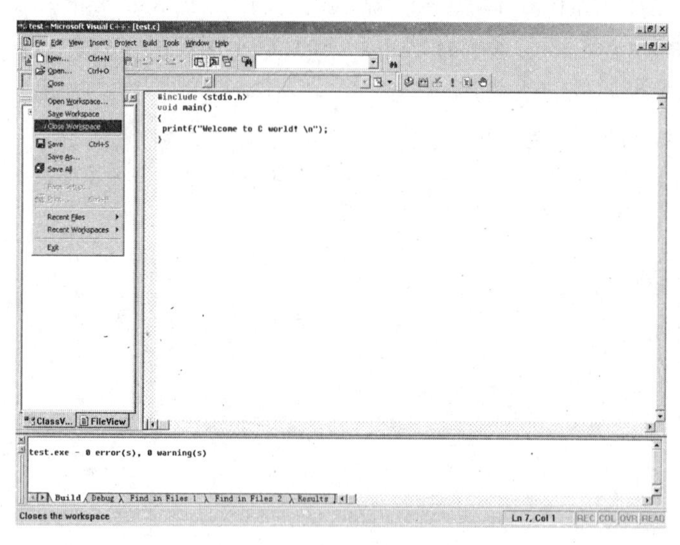

图 1-12　关闭程序工作区

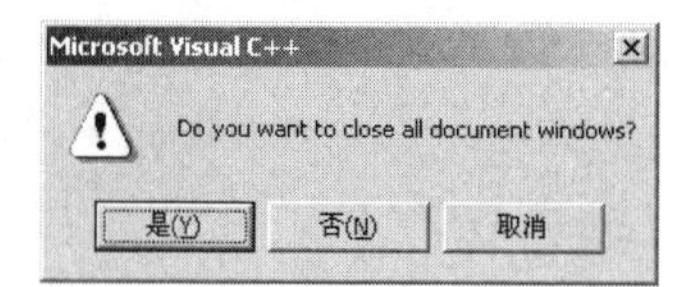

图 1-13　关闭所有文档窗口

9. 再次打开文件,查看 C 源文件、目标文件以及可执行文件的存放位置

选择 File/"文件"→Open/"打开"菜单命令(如图 1-14 所示),在弹出的对话框(如图 1-15 所示)中的"查找范围"下拉列表框中选择文件夹 D:\ C_PROGRAM,然后选择文

件 test. c，并选择“打开”按钮就可以再次打开源程序文件 test. c。或者首先在“我的电脑”的“资源管理器”中查找到文件夹 D:\ C_PROGRAM，然后直接双击源程序文件 test. c 也可以打开文件。

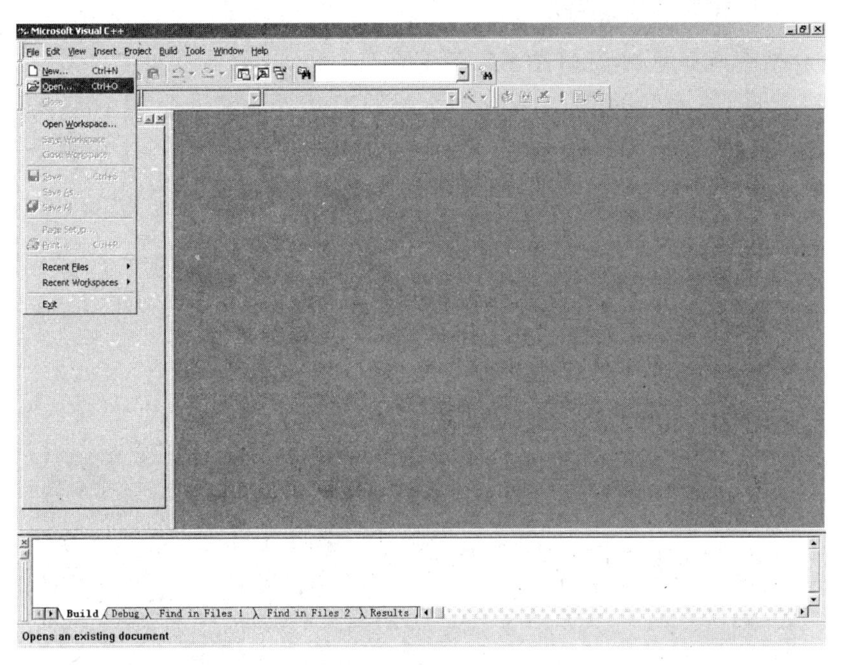

图 1-14 打开文件窗口

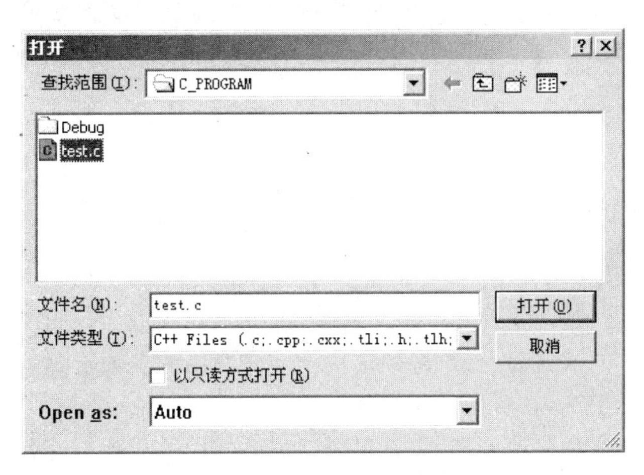

图 1-15 文件位置和名称

经过编辑、编译、连接和执行 4 个环节后，在用户自己建立的文件夹 D:\ C_PROGRAM 和 D:\C_PROGRAM\Debug 文件夹中就存放着一些相关文件，如源程序文件 test. c 存放在文件夹 D:\ C_PROGRAM 中；目标文件 test. obj 以及可执行文件 test. exe 存放在文件夹 D:\C_PROGRAM\Debug 中。

1.4.3 开发环境 Turbo C 2.0

Turbo C 2.0 是美国 Borland 公司于 1987 年推出的 C 语言编译器，它具有编译速度快、代码优化效率高等优点，所以在当时深受欢迎。Turbo C 2.0 提供了两种编译环境：一种是类似于 UNIX 环境的命令行，包含一个 TCC 编译器和一个 MAKE 实用程序；另一种是集成开发环境，由编辑器、编译器、MAKE 实用程序和 RUN 实用程序，还有一个调试器组成。这里简单介绍一下 Turbo C 2.0 集成开发环境的使用方法。

1. 启动 Turbo C 2.0

启动 Turbo C 后，其主菜单横向排列在屏幕顶端，其中 File 主项被激活成为当前项。进入 Turbo C 2.0 集成开发环境中后，屏幕上显示如图 1-16 所示。

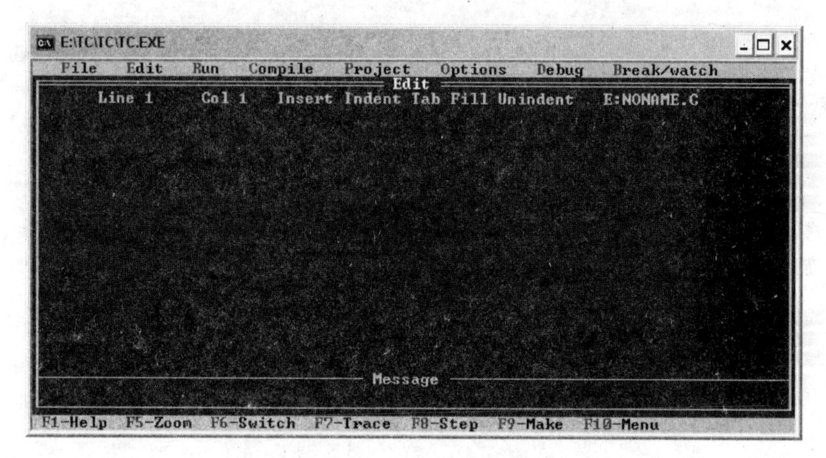

图 1-16 Turbo C 2.0 集成开发环境

2. 命令菜单的使用

命令菜单的使用方法如下：

(1) 按下功能键 F10，激活主菜单。如果主菜单已经被激活，则直接转到第(2)步。

(2) 用左、右方向键移动光带，将其定位于需要使用的主项上，然后再按回车键就打开其子菜单(纵向排列)。

(3) 用上、下方向键移动光带，将其定位于需要使用的子项上，然后再按回车键就能执行所选定的功能，执行完后系统自动关闭菜单。

注意：使用 F10 激活菜单后不使用，可再按 F10/Esc 键关闭，返回到原来状态。

3. 源程序输入

按 Alt+F 组合键可以进入 File 菜单，如图 1-17 所示。新建或打开文件后进入编辑窗口就可以进行源程序输入和修改。

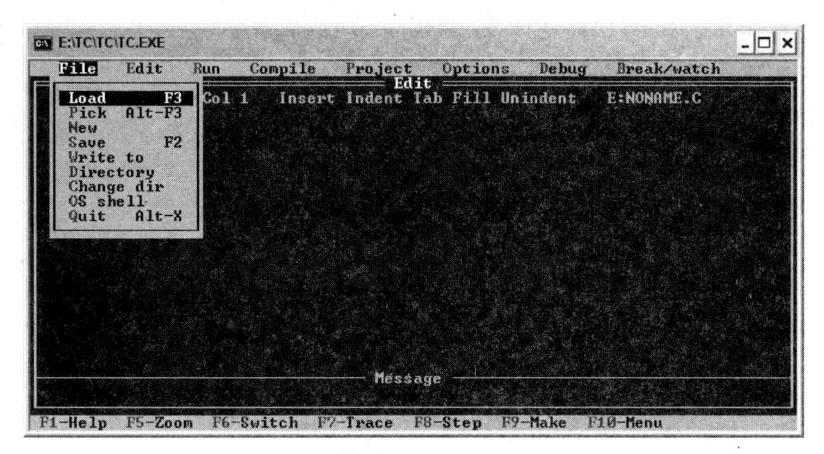

图 1-17 Turbo C 2.0 进入 File 菜单

4. 编译、连接与运行

按 Alt+C 命令可进入 Compile 菜单，实现程序的编译和连接，通过 Compile to OBJ 将一个 C 源文件编译生成.obj 目标文件，再通过 Make EXE file 生成一个.exe 的文件。

1) 运行当前正在编辑的源程序文件

选择并执行 Run|Run 项(快捷键：Ctrl+F9)，程序运行结束后，仍返回到编辑窗口。如果源程序不会有编译、连接错误时，也可直接运行(即跳过对源程序的编译、连接步骤)。这时，Turbo C(TC)将一次完成从编译、连接到运行的全过程。

2) 查看运行结果

选择并执行 Run|User Screen 项(快捷键：Alt+F5)。查看完毕后，按任一键返回编辑窗口。如果发现逻辑错误，则返回到编辑窗口后进行修改；然后再重新编译、连接、运行，直至正确为止。

5. 退出 Turbo C 2.0

退出 TC 集成开发环境的两种方法如下所示。

(1) 菜单法：File|Quit(先选择 File 主项，再选择并执行 Quit 子项)。

(2) 快捷键法：Alt+X(先按下 Alt 键并保持，再按字母 X 键，然后同时放开)。

1.5 算　　法

1.5.1 算法概述

算法是解决问题的方法和步骤的一种准确而完整的描述。人们使用计算机是要利用计算机处理各种不同的问题，而要做到这一点就必须首先对各类问题进行分析，确定解决问题的具体方法和步骤，再使用某种计算机语言编制好一组让计算机执行的指令即程序，最后交给计算机并指挥计算机按人们指定的步骤完成工作。其中解决问题的具体方法和步骤，其实就是解决一个问题的算法。根据算法，依据某种规则编写计算机执行的命令序列，就是编制程序，而编写程序时所应遵守的规则，即为某种计算机语言的语法。同一个算法如果采用不同的计算机编程语言则能够编写出不同的程序，并且程序中一般还要考虑一些与算法无关的问题，如在编写程序时要考虑计算机运行环境的限制等。所以，算法不等于程序，程序的编写也绝不可能优于算法的设计。程序设计人员必须学会设计算法，并能根据算法利用计算机高级语言编写程序，输入到计算机中执行才能为人类服务。算法和数据结构是程序的两大要素。程序设计的本质就是分析问题后建立数学模型和算法，再选择一个良好的数据结构。

由此可见，程序设计的关键之一是解决问题的方法和步骤即算法。学习高级语言的重点，就是掌握分析问题、解决问题的方法，就是锻炼分析、分解直到最终归纳整理出算法的能力。另外，具体的计算机语言（如 C 语言）的语法是工具，是算法的一个具体实现。所以在学习高级语言的过程中，一方面应掌握该语言的语法，因为它是算法实现的基础，另一方面必须认识到算法的重要性，加强思维训练，才能编写出高质量的程序。

1.5.2 算法的表示

可以使用不同的方法来表示一个算法。常用描述算法的工具包括：自然语言、传统流程图、N-S 流程图、伪代码、类计算机语言、计算机语言等。本节重点介绍传统流程图和 N-S 流程图。

1966 年，Bohra 和 Jacopini 提出了 3 种基本结构，可以作为表示算法的基本单元。

(1) 顺序结构。顺序结构是指按照语句在程序中的先后顺序逐条执行。

(2) 选择结构。也称分支结构，它是根据不同的条件去执行不同分支中的语句。

(3) 循环结构。在循环结构中，根据不同的条件使同一组语句重复执行多次或一次也不执行。

循环结构分为当型循环和直到型循环。当型循环的特点是指当指定的条件成立时就反复执行循环体，当条件不成立时结束循环；直到型循环的特点是反复执行循环体，直到指定的条件成立时就不再执行循环体。在实际应用中，直到型循环也是当条件不成立时退出循环，只是循环体至少执行一次。

1. 传统流程图

用图形表示算法，直观形象，便于理解。流程图是用一些图框来表示各种操作。美国国家标准化协会 ANSI 规定了一些常用的流程图符号，如图 1-18 所示。

可以使用传统流程图 1-19 表示 3 种基本结构。

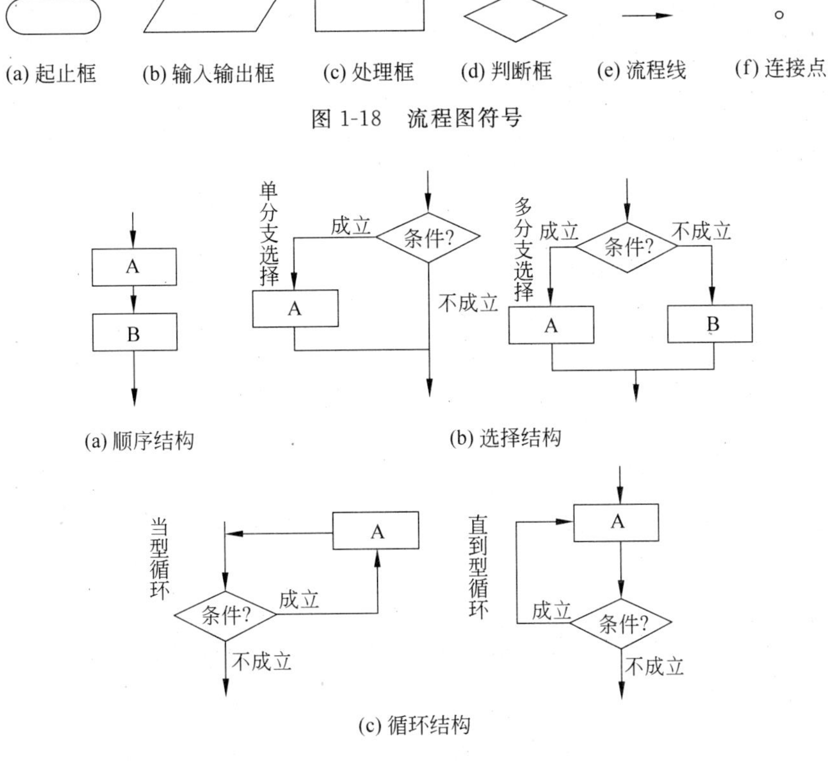

图 1-18　流程图符号

图 1-19　使用传统流程图表示 3 种基本结构

2. N-S 流程图

1973 年美国学者提出了一种新的流程图形式。在这种流程图里，完全去掉了带箭头的流程线。全部算法写在一个矩形框内，在框内还可以包含其他从属于它的方框，即由一些基本的框组成一个大框。N-S 流程图适合结构化程序设计算法的描述。

可以使用 N-S 流程图表示 3 种基本结构，如图 1-20 所示。

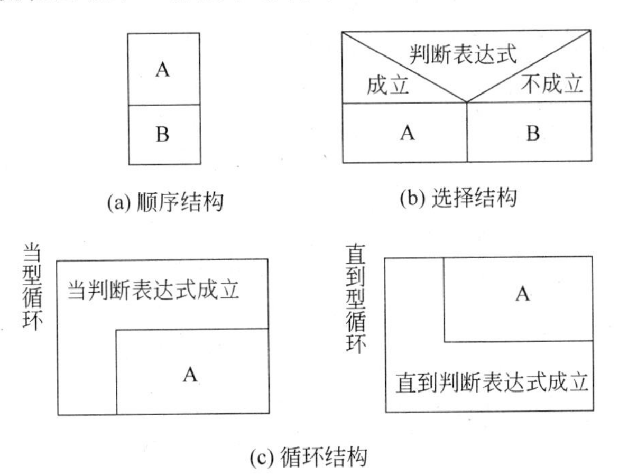

图 1-20　使用 N-S 流程图表示 3 种基本结构

【例 1-4】 分别使用传统流程图和 N-S 流程图来表示求 1+2+…+100 的算法。

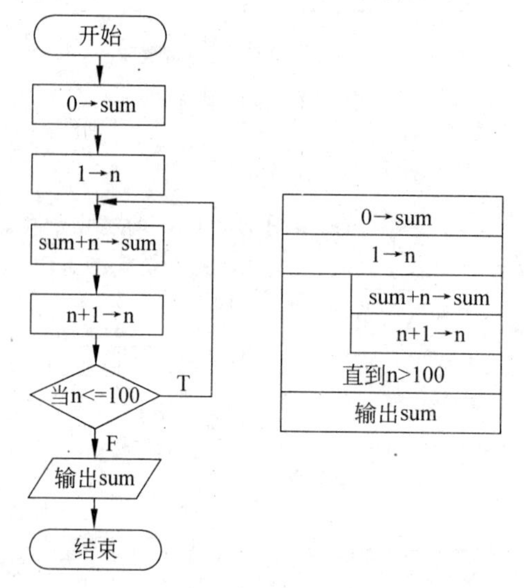

1.6 结构化程序设计的思想和方法

结构化程序设计的思想是强调程序设计的风格和程序结构的规范化，提倡清晰的结构。它是将一个复杂问题的求解过程划分为若干阶段，并且每个阶段要处理的问题都容易被理解和处理。

结构化程序设计的方法一般包括按自顶向下并逐步细化的方法对问题进行分析、模块化设计和结构化编码 3 个步骤。

1. 自顶向下、逐步细化分析问题

自顶向下并逐步细化分析问题的方法是指在面对一个复杂的问题时，首先进行顶层（整体）的分析，然后按组织或功能将问题分解成子问题，如果子问题仍然十分复杂，可以再做进一步分解，直到处理对象容易处理为止。当所有的子问题都得到了解决，整个问题也就解决了。每一次分解都是对上一层的问题进行逐步细化，最终形成一种层次结构来描述分析的结果。

例如，房屋建筑设计就是采用自顶向下、逐步细化的方法，首先进行整体规划并确定建筑方案，然后进行各个部分的设计，最后进行细节的设计等。

2. 模块化设计

模块化设计是指将模块组织成良好的层次系统，顶层模块调用其下层模块以实现程序的完整功能，每个下层模块再调用更下层的模块，从而完成程序的一个子功能，最下层的模块用来完成最具体的功能。

模块化设计要遵循模块独立性的原则，耦合性越少越好，即模块之间的联系应尽量简单。如一个模块只完成一个指定的功能。一个模块只有一个入口和一个出口。模块之间只能通过参数进行调用。

模块化设计有利于开发大型软件。程序员可以分工编写不同的模块，当程序出现错误时，只要修改相关的模块及其连接即可。

在C语言中，模块一般是由函数实现的，一个模块对应一个函数。

3. 结构化编码

结构化编码是指在使用某种计算机语言对每一个模块进行独立编写程序时，要选用顺序、选择和循环三种基本控制结构，以使程序具有良好的风格。

同时要注意程序要清晰易懂，一般一行写一条语句并且采用缩进格式。

程序要有良好的交互性，做到输入有提示，输出有说明。在程序中加一些注释，来增加程序的可读性。对常量、变量、函数等命名时，要见名知意，如sum代表求和，这样有助于理解。

习 题 1

1.1 C语言的主要用途是什么？

1.2 简述C语言具有的主要特点。

1.3 简述一个C程序的构成。

1.4 简述上机运行一个C程序一般需要的步骤。

1.5 什么是算法？使用传统流程图和N-S流程图两种方法来表示求1×2×…×10的算法。

1.6 简述结构化程序设计的思想和方法。

1.7 编写一个C程序，要求输出以下信息：

```
Hello
How are you!
```

1.8 编写一个C语言程序，求10+15的和并输出结果。

1.9 编写一个C程序，求三个数中的最大值，并上机实现。

第2章

数据类型与表达式

数据是程序设计中的重要组成部分，是程序处理的对象。计算机中处理的数据不仅仅是简单的数字，还包括文字、声音、图形图像等各种数据形式。C语言提供了丰富的数据类型，方便了对现实世界中各种各样数据形式的描述。针对各种类型的数据，C语言同时也提供了丰富的运算符及相应的加工处理技术，它们各具特点。

本章主要介绍C语言的基本数据类型、常量、变量、运算符及表达式。通过对本章的学习，了解C语言的标识符和关键字，掌握数据和数据类型及运算符和表达式。

2.1 C语言的数据类型

程序处理的对象是数据。数据有许多种类，例如数值数据、文字数据、图像数据以及声音数据等，其中最基本的也是最常用的是数值数据和文字数据。

无论什么数据，在对其进行处理时都要先存放在内存中。显然，不同类型的数据在存储器中的存放格式也不相同。也就是说，不同类型的数据所占内存长度不同，数据表达形式也不同，其值域（允许的取值范围）也各不相同。

在C语言中，数据的类型可分为基本类型、构造类型、指针类型和空类型，细分如下：

【说明】

(1) 基本数据类型最主要的特点是不可以再分解为其他类型。也就是说，基本数据类型是自我说明的。

(2) 构造数据类型是根据已定义的一个或多个数据类型用构造的方法来定义的。也就是说，一个构造类型的值可以分解成若干个“成员”或“元素”。每个“成员”都是一个基本数据类型或又是一个构造类型。在C语言中，构造类型有以下几种：

· 数组类型　· 结构体类型　· 共用体类型

(3) 指针是一种特殊的同时又具有重要作用的数据类型。其值用来表示某个变量在内存储器中的地址。虽然指针变量的取值类似于整型量，但这是两个类型完全不同的量，因此不能混为一谈。

(4) 空类型是一种特殊的数据类型，一般用于对函数的类型说明。例如在调用函数值时，通常应向调用者返回一个函数值。这个返回的函数值是具有一定的数据类型的，应在函数定义及函数说明中给以说明。但有一类函数，调用后并不需要向调用者返回函数值，这种函数可以定义为“空类型”。其类型说明符为 void。

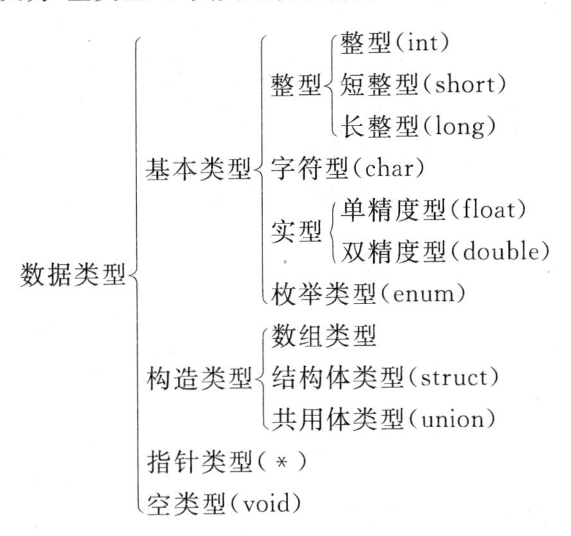

本章主要介绍基本数据类型。

2.2 标识符、常量与变量

2.2.1 标识符

1. 标识符

所谓标识符，是指程序中的变量、符号常量、数组、函数、类型、文件等对象的名字。标识符只能由字母、数字和下划线组成，且第一个字符必须为字母或下划线。

具体命名规则如下：

(1) 标识符只能由下划线“_”、数字 0～9 与 26 个大小写字母 a～z、A～Z 构成。

(2) 标识符的首个字符必须是字母或下划线“_”，而不能是数字或其他符号。

(3) C 语言中大小写字母是敏感的，即在标识符中，大写字母和小写字母代表不同的意义。

例如：Name 和 name 是两个不同的标识符。

(4) 标识符不能使用系统关键字，因为关键字是系统的保留字，它们已有特定的含义。

2. 关键字

所谓关键字是指系统预定义的保留标识符，又称为保留字。它们有特定的含义，不能再作其他用途使用。ANSI C 定义的关键字共 32 个：auto、double、int、struct、break、else、long、 switch、case、enum、register、typedef、char、extern、return、union、const、float、short、unsigned、continue、for、signed、void、default、goto、sizeof、volatile、do、if、while、static。

2.2.2 常量

C语言中数据有常量和变量之分。常量又称常数，是指在程序运行中其值不能被改变的量。常量可分为不同的类型：如 5、0、－5 为整型常量；1.3、－1.2 为实型常量；'a'、'b'为字符型常量；"abc"和"Shenyang"为字符串常量。

常量并不占用内存，在程序运行时它作为操作对象出现在运算器的各种寄存器中。

2.2.3 符号常量

C语言中还可以用一个标识符来代表一个常量，被称为符号常量。符号常量在使用之前必须先定义，其一般形式为：

```
#define 符号常量名 常量
```

其中，#define 是一条预处理命令，其功能是把该符号常量定义为其后的常量值。一经定义，以后在程序中所有出现该符号常量的地方均代之以该常量值。

【例 2-1】 符号常量的使用。

```
#include <stdio.h>
#define PI 3.14
main()
{float r,s,c;
scanf ("%f",&r);
s=PI * r * r;
c=2 * PI * r;
printf("s=%f,c=%f\n",s,c);
}
```

程序中用 #define 命令行定义 PI 代表常量 3.14，此后凡是在本文件中出现的 PI 都代表 3.14，可以和常量一样进行运算。

符号常量的命名规则遵循标识符命名规则，但是习惯上符号常量名用大写，变量名用小写，以示区别。请注意：符号常量不同于变量，它的值在其作用域内不能改变，也不能再被赋值。如果再用以下语句给 PI 赋值是错误的。

```
PI=3.14159;
```

使用符号常量的好处是含义清楚，见名知意，另外能达到"一改全改"的效果。例如为了提高运算的精度，可以将程序的第一行该为：

```
#define PI 3.1415926
```

此时，在 main 函数体中所有 PI 的值会相应改变。通过这种方法就不需要在程序中做多处修改，这不仅做到“一改全改”，同时避免了因疏忽而漏改的现象。

2.2.4 变量

与常量不同，变量是指在程序运行过程中其值可以被改变的量。变量分为不同类型，在内存中占用不同的存储单元，以便用来存放相应变量的值。编程时，用变量名来标识变量。

1. 变量的有关规定

变量是一个命名的存储单元，存放能被程序修改的数据值，其类型显式说明。变量在使用前必须先定义，然后才能使用。在编译、连接时，系统依据变量定义为其分配内存空间。例如，定义变量 int n；存储单元如图 2-1 所示。

变量名n　ffd0 地址

?

存储单元4字节

图 2-1　变量 n 的存储单元

图 2-1 中的“?”表示 n 存储单元内容（值）为不确定。变量名和类型名、存储单元地址、存储单元内容（值）构成变量总体，它们之间既有区分又有联系。从存储单元取数据，它的内容（值）不变；向存储单元存数据，以新值取代原值。

2. 变量的定义

变量定义的一般格式：

```
类型名 变量名 1,变量名 2,变量名 3,…,变量名 n;
```

例如：

```
int n,m;                    /* 定义 int 型变量 n 和 m */
char ch1,ch2;               /* 定义 char 型变量 ch1 和 ch2 */
double x,y;                 /* 定义 double 型变量 x 和 y */
```

变量具有地址和值两种属性，常量只有值属性而无地址属性。

3. 变量的赋值

在定义变量时，对一个变量赋初值可以有以下方法：

1）先定义后赋值

```
int a, b, c;
a=2;b=5;c=10;
```

2）在定义的同时赋值

```
int a=5;
```

3）对几个变量同时赋一个初值

```
int a1=10,a2=10,a3=10;
```

变量的初始化不是在编译阶段完成的，而是在程序运行时执行到本函数时赋以初值。

注意：在给变量赋值时，应注意以下问题：

（1）必须保证赋值符号右边的常量和赋值符号左边的变量类型一致，变量类型不一致可能会引起某些程序错误。

（2）若在定义变量的同时对变量初始化，变量不能连续赋初值。

2.3 整型数据

2.3.1 整型数据的表示

整型数据就是平时用的最多的如10、－3000、0……之类的数据。

整型数据可分为：基本整型、短整型和长整型。分别用int、short int或short、long int或long来描述。在这三种类型之前还可以加上修饰符unsigned以指定数据是无符号数。归纳起来，C语言给我们定义了6种整型数据，分别是：

- 基本整型(int)；
- 无符号基本整型(unsigned int)；
- 短整型(short或short int)；
- 无符号短整型(unsigned short或unsigned short int)；
- 长整型(long或long int)；
- 无符号长整型(unsigned long或unsigned long int)。

整型数据前面可以写正负号，加上负号的整型就表示负整型。如果不特别指定unsigned类型则表示有符号型，指定为unsigned则表示无符号型。

C语言没有规定各种整型类型的表示范围，也就是说，没有规定各种整型的二进制编码长度即数据在内存中所占的位数。对于int和long，只规定了long类型的表示范围不小于int，但也允许它们表示范围相同。具体C语言系统会根据各个编译系统的自身性能对基本整型和长整型规定明确表示方式和表示范围(Turbo C 2.0和Turbo C++ 3.0为一个整型数据分配两个字节的存储单元，Visual C++ 6.0分配4个字节)。表2-1中列出了Visual C++ 6.0规定的整型类型及相关数据。

整型有几种书写形式，分别如下：

（1）十进制整常数：十进制整常数没有前缀，其数码为0～9。

以下各数是合法的十进制整常数：

```
237、-568、65535、1627
```

十进制写法中除0以外其余数字第一位不能为0。

（2）八进制整常数：八进制整常数必须以0开头，即以0作为八进制数的前缀。数码取值为0～7。八进制数通常是无符号数。例如：

```
0031 0310 0356355L
```

表 2-1　整型类型

类　型	关　键　字	长度	值　域
有符号短整型	short, short int, signed short int	2	$-2^{15}\sim(2^{15}-1)$
无符号短整型	unsigned short, unsigned short int	2	$0\sim(2^{16}-1)$
有符号整型	int, signed int	4	$-2^{31}\sim(2^{31}-1)$
无符号整型	unsigned, unsigned int	4	$0\sim(2^{32}-1)$
有符号长整型	long, long int, signed long int	4	$-2^{31}\sim(2^{31}-1)$
无符号长整型	unsigned long, unsigned long int	4	$0\sim(2^{32}-1)$

* 在 Visual C++ 6.0 版本中，整型(int)和长整型(long ing)具有完全相同的长度和存储格式，所以它们是等同的。但在早期的 C++ 版本中，由于当时的机器字长为 16 位，所以整型和长整型的长度是不同的，前者为两个字节，后者为 4 个字节。

其中 0031 相当于十进制的 25。

(3) 十六进制整常数：十六进制整常数的前缀为 0X 或 0x。其数码取值为 0～9，A～F 或 a～f。其对应关系如表 2-2 所示。

表 2-2　十六进制数对应的十进制数

字　母	a,A	b,B	c,C	d,D	e,E	f,F
表示的数字	10	11	12	13	14	15

下面是用十六进制形式写出的一些整型和长整型数：

```
0x41 0x64 0XFF 0X3242DL
```

整型常数的后缀：

长整型数是用后缀“L”或“l”来表示的。例如：

① 十进制长整型常数：

158L（十进制为 158）、358000L（十进制为 358000）。

② 八进制长整型常数：

012L（十进制为 10）、077L（十进制为 63）、0200000L（十进制为 65536）。

③ 十六进制长整常数：

0X15L（十进制为 21）、0XA5L（十进制为 165）、0X10000L（十进制为 65536）。

长整型 158L 和基本整型常数 158 在数值上并无区别。

无符号数也可用后缀表示，整型常数的无符号数的后缀为“U”或“u”。例如：

358u、0x38Au、235Lu 均为无符号数。

前缀、后缀可同时使用以表示各种类型的数。如 0XA5Lu 表示十六进制无符号长整型 A5，其十进制为 165。

注意：八进制、十进制和十六进制只是整型的不同书写形式，提供多种写法是为了编程方便，使人可以根据需要选择适用的书写方式。无论何种写法，数据类型仍然是整型，并不是其他新的类型。用八进制、十六进制形式写长整型时，同样需要加后缀 l

或者 L。

日常生活中人们习惯于用十进制的形式书写整型。C 语言提供八进制和十六进制的整型书写方式，也是为了写程序的需要。在写复杂程序时，有些情况下用八进制和十六进制的写法会更方便些。

2.3.2 整型数据的存储

计算机处理的所有信息都以二进制形式表示，即数据的存储和计算都采用二进制。首先介绍整型数据的存储格式，在 C 编译系统中每个短整数在内存中占用两个字节存储，最左边的一位（最高位）是符号位，0 代表正数，1 代表负数。

数值可以采用原码、反码和补码等不同的表示方法。为了便于计算机内的运算，一般以补码表示数值。

正整数的原码和补码相同，即符号位是 0，其余各位表示数值。例如：

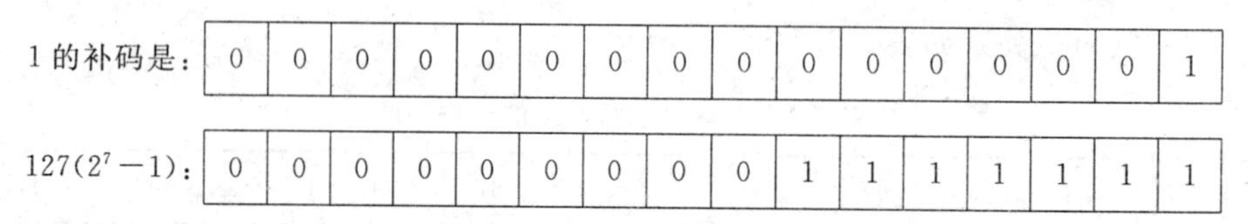

两个字节的存储单元能表示最大正整数是 $2^{15}-1$，即 32 767。

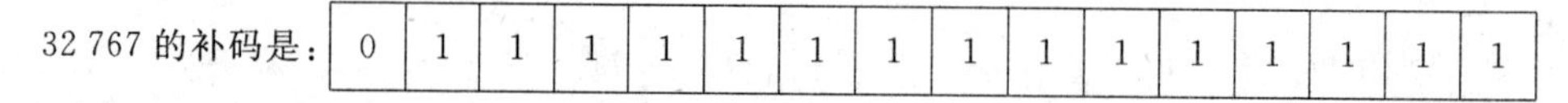

负数的原码、反码和补码不同：

(1) 原码：各位表示数值的绝对值。

(2) 反码：各位对原码取反。

(3) 补码：反码加 1。

例如：以短整型数据（一个短整数占 16 位）为例，求 −10 的补码：

① 取 −10 的绝对值 10；

② 10 的绝对值的二进制形式为 0000000000001010；

③ 对 1010 取反得 1111111111110101（一个短整数占 16 位）。

再加 1 得 1111111111110110，如图 2-2 所示。

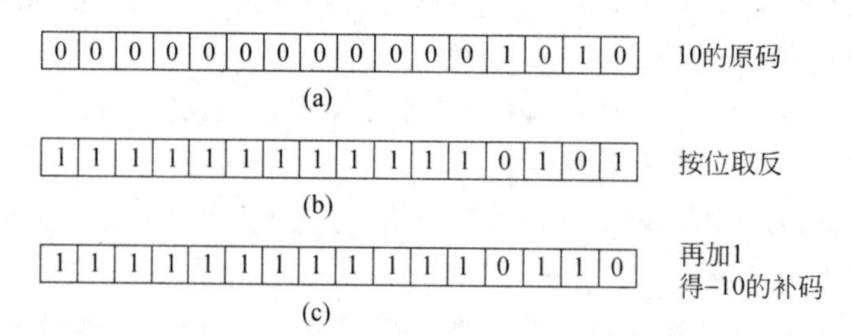

图 2-2 短整型 −10 的原码、反码、补码

可见短整型的 16 位中，最左面的一位表示符号位，当此位为 0，表示数值为正；为 1 时则数值为负。

2.3.3 整型变量的定义与初始化

C 语言规定在程序中要用到的变量都必须先定义，对变量的定义一般都放在函数的开始部分声明。如：

【例 2-2】 整型变量的定义与使用。

```
#include <stdio.h>
main()
{   short a,b;
    int c;
    unsigned e;
    a=-1;b=523;c=623789;e=89;
    printf("a=%d,b=%d,c=%d,    e=%u\n",a,b,c,e);
}
```

程序运行的结果为：

```
a=-1,b=523,c=623789,e=89
```

在程序中常需要对一些变量预先设置初值，C 允许在定义变量的同时使变量初始化。如：

```
int a=3;  相当于 int a; a=3;
```

2.4 实型数据

2.4.1 实型数据的表示

实数类型的数据即实型数据。C 语言中实型数据又称浮点型数据。一般 C 语言提供了三种表示实数的类型：单精度浮点数类型，简称浮点类型，类型名为 float；双精度浮点数类型，简称双精度类型，类型名为 double；长双精度类型，类型名为 long double。所有整数类型和实数类型统称为算术类型。表 2-3 给出了浮点数的相关规定。

表 2-3 实型数据

类 型	字节数	有效数字	数 值 范 围
float	4	7	$-3.4\times10^{-38}\sim 3.4\times10^{38}$
double	8	16	$-1.7\times10^{-308}\sim 1.7\times10^{308}$
long double	16	19	$-3.4\times10^{-4932}\sim 3.4\times10^{4932}$

C语言中，实型数据有以下两种表示形式。

(1) 十进制数形式：由数码0～9和小数点组成。

例如：0.0、25.0、5.789、0.13、5.0、300、－267.8230等均为合法的实数。注意，必须有小数点。

(2) 指数形式：由十进制数、加阶码标志“e”或“E”以及阶码(只能为整数，可以带符号)组成。

其一般形式为：

```
a E n (a为十进制数, n为十进制整数)
```

其值为 $a\times10^n$。

例如：2.1E5 (等于 2.1×10^5)

3.7E－2 (等于 3.7×10^{-2})

0.5E7 (等于 0.5×10^7)

－2.8E－2 (等于 -2.8×10^{-2})

2.4.2 实型数据的存储

一个实型数据在一般的计算机中是占4个字节。与整型数据的存储方式不同，实型数据不管是小数形式还是指数形式都是以指数形式存储。系统把一个实型数据分成小数部分和指数部分，分别存放，指数部分采用规范化的指数形式。实数9.345 67在内存中的存放形式可以用图2-3所示。图中是用十进制数来示意的，实际上在计算机中是用二进制数来表示小数部分以及用2的幂次来表示指数部分的。

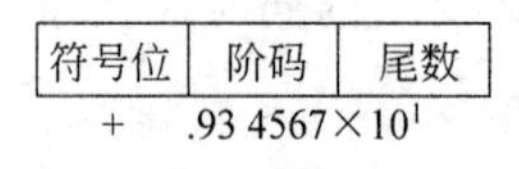

图2-3　实型数据的存储

实型数据的存储格式不属于本书的范围，在此不进行详细的讨论。

2.4.3 实型变量的定义与初始化

对每一个实型变量都应在使用之前加以定义或初始化。如：

```
float x,y;
float m=12.8;
double min;
long double t;
```

需要说明的是一个实型常量可以赋给一个float型或double型变量。根据变量的类型来截取实型常量中相应的有效数字。假定x已指定为单精度实型变量：

```
float x;
x=4321.123 456;
```

由于float型变量只能接收7位有效数字，因此实际存储x的值只有4321.123是有效的。如果将 x 改为 double 型，则能接收上述 10 位数字并存储在变量 x 中。

注意：实型数据的舍入误差。

由于实型变量是用有限的存储单元存储的，因此能提供的有效数字总是有限的，在有效位外的数字将被舍去。由此可能会产生一些误差。

2.5 字符型数据

字符类型的数据即字符型数据。字符类型数据主要用于程序的输入输出。此外，文字处理方面的应用程序也必须能使用和处理字符形式的数据。

字符类型的数据的类型名是 char。字符类型的数据包括计算机所用编码字符集中的所有字符。常用的 ASCII 字符集，其中的字符包括所有大小写英文字母、数字、各种标点符号字符，还有一些控制字符，一共 128 个。扩展的 ASCII 字符集包括 256 个字符。字符集的所有字符都是字符类型的值。在程序执行时，其中的字符就用对应的编码表示，一个字符通常占用一个字节。在内存中存储它的 ASCII 码，例如字符常量'A'的 ASCII 码为 65，它在内存中存放的形式如图 2-4 所示。

0	1	0	0	0	0	0	1

图 2-4　字符数据的存储

C 语言中字符的书写形式是用单引号括起的单个字符，例如'a'、'B'、'4'等。还有一些特殊的控制字符无法这样写出，例如换行字符等。C 语言为它们规定了特殊写法：以反斜杠(\)开头的一个字符或一个数字序列，这类字符称为转义字符。在这种写法中，转义字符的作用就是表明反斜杠后面的字符不取原来的意义。转义字符在 C 语言程序中起着特殊作用，如：换行字符'\n'，退格字符'\b'等。表 2-4 中列出了 C 语言中的转义字符及这些字符的含义，还说明了采用八进制和十六进制编码形式写字符的方式。

表 2-4　转义字符表

转义字符	转义字符的意义	ASCII 代码
\n	回车换行	10
\t	横向跳到下一制表位置	9
\b	退格	8
\r	回车	13
\f	走纸换页	12
\\	反斜线符"\"	92
\'	单引号符	39
\"	双引号符	34
\a	鸣铃	7
\ddd	1～3 位八进制数所代表的字符	
\xhh	1～2 位十六进制数所代表的字符	

C 程序里，字符串是用双引号括起的一串字符。如：

```
"C programming", "Fun"
```

在字符串中也可以出现转义字符，例如“I\'m a new student.”，实际打印输出：

```
I'm a new student.
```

一般在C程序中出现的字符串主要用于输入输出。如：在简单C程序里一般有下面一行：

```
printf("Hello World!\n");，圆括号里就是一个字符串
```

注意：字符和字符串是不同的，字符是单引号括起来的单个字符，如‘a’；字符串是一对双引号括起来的一串字符"a"。

表2-4中列出的字符称为“转义字符”，意思是将(\)后面的字符转换成另外的意思。如‘\n’中的‘n’不代表字母n而作为“换行”符。

表中倒数第2行是用ASCII码(八进制数)表示一个字符，例如‘\101’代表ASCII码(十进制数)为65的字符“A”。‘\012’(十进制ASCII码为10)代表“换行”。最后1行是用ASCII码(十六进制数)表示一个字符，例如‘\x48’代表ASCII码(十进制数)为72的字符“H”。用表2-5中的方法可以表示任何可输出的字母字符、专用字符、图形字符和控制字符。

每个字符常量占用内存一个字节大小，其具体存放的是该字符对应的ASCII代码值。如，‘A’所对应的是十进制65；‘a’所对应的是十进制97。因此C语言规定，一个字符常量也可以看成是“整型常量”，其值就是ASCII代码值。因此可以把字符常量作为整型常量来使用。

例如：‘A’＋20＋‘\101’＝65＋20＋65＝150。

2.6 运算符和表达式

日常生活中人们会进行各种各样的数据运算。在C语言中将如何表示这些运算呢？

2.6.1 C运算符与表达式简介

1. 运算符

C语言提供了多种运算符，把除了控制语句和输入输出以外的几乎所有的基本操作都作为运算符处理。按其功能可分为：算术运算符、关系运算符、逻辑运算符、逗号运算符、位运算符、赋值运算符等。

C语言运算符一般可分为以下几类：

(1) 算术运算符 + - * / %

(2) 关系运算符 > >= < <= == !=

(3) 逻辑运算符 ! && ||

(4) 位运算符 << >> ~ | ^ &

(5) 赋值运算符　=及其扩展赋值运算符

(6) 条件运算符　?:

(7) 逗号运算符　,

(8) 指针运算符　*　&

(9) 求字节数运算符　sizeof

(10) 类型转换运算符　(类型)

(11) 分量运算符　.　->

(12) 下标运算符　[ ]

(13) 其他　如函数调用运算符 ()

关于运算符的优先级、结合性等参见附录 B。

不同的运算符要求有不同的操作数(也称运算对象)个数,运算符按其参加运算对象的个数分为:单目运算符、双目运算符和三目运算符。如+(加)和-(减)为双目运算符,要求在运算符两侧各有一个运算对象;而像++和-(负号)运算符是单目运算符,只能在运算符的一侧出现运算对象;条件运算符是C语言中唯一的三目运算符,如 x>y? x:y。

不同的运算符具有不同的优先级,同一优先级运算符的运算次序由运算符结合性决定。运算符的结合性是指如果一个操作数左边和右边的两个运算符的优先级相同,应该优先运算的方向(结合的方向)。C语言运算符的结合性分为左结合性(自左至右)和右结合性(自左至左)两种。

2. 表达式

表达式是用运算符和括号把操作数连接起来所构成的式子。操作数可以是常量、变量和函数。C语言表达式的类型有:算术表达式、赋值表达式、关系表达式、逻辑表达式、条件表达式和逗号表达式等。

每个表达式不管多么复杂,都有一个值。这个值就是对操作数依照表达式中运算符规定的运算后计算出来的结果。求表达式的值是由计算机系统来完成的,但程序设计者必须明了其运算步骤,特别要注意:其运算方向(结合性)、运算符号的优先级和数据类型的转换及计算结果的类型等方面的问题,否则就得不到正确的结果。

2.6.2　算术运算符和算术表达式

1. 算术运算符

C语言中基本的算术运算符有以下 5 种。

(1) 加法运算符+:加法运算符为双目运算符,即应有两个量参与加法运算。如 a+b、4+8 等。具有左结合性。

(2) 减法运算符-:减法运算符为双目运算符。但"-"也可作负值运算符,此时为单目运算,如-x、-5 等具有左结合性。

(3) 乘法运算符*:双目运算,具有左结合性。

(4) 除法运算符/：双目运算，具有左结合性。参与运算量均为整型时，结果也为整型，舍去小数。如果运算量中有一个是实型，则结果为双精度实型。

(5) 求余运算符(模运算符)%：双目运算，具有左结合性。要求参与运算的量均为整型。求余运算的结果等于两数相除后的余数。

C语言规定：

(1) %(取模运算符)，仅用于整型变量或整型常量的运算，如：7%3，其值为1。

(2) /(除运算符)，当对两个整型的数据相除时结果为整数，如：7/3，其值为2，舍去小数部分，相当于整除操作。

2. 算术表达式

表达式是由常量、变量、函数和运算符组合起来的式子。一个表达式有一个值及其类型，它们等于计算表达式所得结果的值和类型。表达式求值按运算符的优先级和结合性规定的顺序进行。单个的常量、变量、函数可以看做是表达式的特例。

算术表达式是由算术运算符和括号连接起来的式子。

算术表达式：用算术运算符和括号将运算对象(也称操作数)连接起来的、符合C语法规则的式子。

以下是算术表达式的例子：

```
a+b
(a*2)/c
(x+r)*8-(a+b)/7
++i
sin(x)+sin(y)
(++i)-(j++)+(k--)
```

运算符的优先级：C语言中，运算符的运算优先级共分为15级。1级最高，15级最低。在表达式中，优先级较高的先于优先级较低的进行运算。而在一个运算量两侧的运算符优先级相同时，则按运算符的结合性所规定的结合方向处理。

运算符的结合性：C语言中各运算符的结合性分为两种，即左结合性(自左至右)和右结合性(自右至左)。例如算术运算符的结合性是自左至右，即先左后右。如有表达式x－y＋z，则y应先与－号结合，执行x－y运算，然后再执行＋z的运算。这种自左至右的结合方向就称为"左结合性"。而自右至左的结合方向称为"右结合性"。最典型的右结合性运算符是赋值运算符。如x＝y＝z，由于＝的右结合性，应先执行y＝z再执行x＝(y＝z)运算。C语言运算符中有不少为右结合性，应注意区别，以避免理解错误。

【例2-3】 整型数的5种算术运算。

```
#include <stdio.h>
main()
{
    int x,y,r;
        x=12;
```

```
y=7;
    r=x %y;
    printf("x=%d,y=%d\n",x,y);
    printf("x+y=%d\n",x+y);
    printf("x-y=%d\n",x-y);
    printf("x*y=%d\n",x*y);
    printf("x/y=%d,余数=%d\n",x/y,r);
}
```

程序运行的结果为：

```
x=12,y=7
x+y=19
x-y=5
x*y=84
x/y=1,余数=5
```

3. 自增自减运算符

(1) 自加运算符(++)是单目运算符，结合性为自右至左，分前置自加和后置自加两种。

前置自加：左值操作数在自加运算符++的右侧，如++i。前置自加是i先加1，然后引用i，例如：

```
i=1
n=++i
```

计算n=++i，相当于先计算i=i+1，然后再计算n=i，计算结果为n=2，i=2。

后置自加：左值操作数在自加运算符++的左侧，如i++。后置自加是先引用i，然后i加1，例如：

```
i=1
n=i++
```

计算n=i++，相当于先计算n=i，然后再计算i=i+1，计算结果为n=1，i=2。

(2) 自减运算符(--)是单目运算符，结合性为自右至左，分前置自减和后置自减两种。

前置自减：左值操作数在自减运算符--的右侧，如--i。前置自减是i先减1，然后引用i，例如：

```
i=1
n=--i
```

计算n=--i，相当于先计算i=i-1，然后再计算n=i，计算结果为n=0，i=0。

后置自减：左值操作数在自减运算符--的左侧，如i--。后置自减是先引用i，然后i减1，例如：

```
i=1
n=i--
```

计算 n=i--，相当于先计算 n=i，然后再计算 i=i−1，计算结果为 n=1,i=0。

【例 2-4】 自增、自减运算符前置、后置形式的差异。

```
#include <stdio.h>
main()
{   int k1,k2,x,y;
    k1=k2=10;
    x=k1++;
y=++k2;
    printf("k1=%d,k2=%d ,x=%d,y=%d\n",k1,k2,x,y);
    k1=k2=10;
    x=--k1;
y=k2--;
    printf("k1=%d,k2=%d,x=%d,y=%d\n",k1,k2,x,y);
}
```

程序运行的结果为：

```
k1=11,k2=11,x=10,y=11
k1=9,k2=9,x=9,y=10
```

注意：

(1) 自增运算符(++)和自减运算符(--),只能用于变量,而不能用于常量或表达式。因为常量的值是不允许改变的,而对于表达式,如(a+b)++也是不合法的。

(2) ++和--运算符的优先级别是一样的,见附录 B,从中可以看到它们的结合方向是“自右向左”。如果有−i++,因为负号运算符和++运算符的优先级别一样,那么表达式的计算就要按结合方向,负号运算符和++运算符的结合方向都是“自右向左”,所以整个式子可以看作−(i++);即先从右边开始计算,++和变量 i 结合,然后再同负号运算符结合。如果 i 的初值为 5,由于是后置形式,那么整个表达式的值为−5,i 最终的结果为 6。

(3) 这两个运算符经常用到循环语句中,对循环变量增 1 或减 1,来控制循环的执行次数。

2.6.3 赋值运算符和赋值表达式

1. 赋值运算符

赋值号=就是赋值运算符,它的作用是将一个数据赋给一个变量。如：

```
a=3;
```

也可以将一个表达式的值赋给一个变量,如：

```
r=x%y;
```

2. 复合的赋值运算符

在C语言中，可以在赋值运算符之前加上其他运算符，构成复合赋值运算符。共有10种复合赋值运算符：

```
+=   -=   *=   /=   %=   <<=   >>=   &=   ^=   |=
```

前5种是算术运算符组成的复合赋值运算符，由算术运算符和复合赋值运算符结合在一起；后5种是位运算符组成的复合赋值运算符，由位运算符和赋值运算符结合在一起。参加算术复合赋值运算的两个运算数，先进行算术运算，然后将其结果赋给第一个运算数。

例如：

```
x+=3;          等价于     x=x+3;
y*=y+z;        等价于     y=y*(y+z);
x%=3;          等价于     x=x%3;
```

3. 赋值表达式

由赋值运算符将一个变量和一个表达式连接起来的式子称为赋值表达式，其一般形式为：

```
变量 赋值运算符 表达式
```

它的作用是将赋值运算符右边的表达式的值赋给左边的变量。既然右边的是表达式就肯定有一个值，赋值表达式的值就是变量最终的值。如果赋值运算符两侧的变量和表达式的类型不同时，系统将自动进行类型转换。转换的原则是：以赋值号左边的类型为准。

在赋值表达式的一般形式中，表达式仍可以是一个赋值表达式，也就是说，赋值表达式是可以嵌套的。同时也说明很重要的一点：赋值表达式可以放在任何可以放置表达式的地方。

如：x=(y=1)，括号内的表达式也是一个赋值表达式。其运算过程为：先把常量1赋给变量y，赋值表达式y=1的值为1，再将这个表达式的值赋给变量x，因此运算结果x和y的值都是1，整个赋值表达式的值也是1。

C语言规定，赋值运算是右结合性，即从右至左进行运算，因此表达式x=(y=1)中的括号可以省略，写成：x=y=1。

下面再看几个例子：

```
a=b=c=2;               整个表达式的值为2,a,b,c的值也为2
a=3+(c=4);             整个表达式的值为7,a的值也为7,c的值为4
x=(y=6)/(z=5);         整个表达式的值为整型1,y的值为6,z的值为5
```

赋值表达式中的赋值运算符也可以包含复合的赋值运算符。

例如：a+=a-=a*a;也是一个赋值表达式。如果 a 的初值为 10,此赋值表达式的求解步骤如下：

① 先进行“a-=a*a”的运算,它相当于 a=a－a*a=10－100=－90;

② 再进行“a+=－90”的运算,相当于 a=a+(－90)=－90－90=－180。

将赋值表达式作为表达式的一种,使赋值操作不仅可以出现在赋值语句中,而且可以以表达式形式出现在其他语句(如输出语句、循环语句等)中,如：

```
printf("%d\n",a=b);
```

如果 b 的值为 8, 则输出 a 的值(也是表达式 a=b 的值)为 8。在一个语句中完成了赋值和输出双重功能。这是 C 语言灵活性的一种表现。

2.6.4 逗号运算符和逗号表达式

逗号运算符(,)是 C 语言中一个比较特殊的运算符,它的作用是将若干个表达式连接起来。

逗号表达式的一般形式为：

```
表达式 1,表达式 2
```

如：

```
3+5,4*3
```

另外,逗号表达式还可以扩展为：

```
表达式 1,表达式 2,表达式 3,…,表达式 n
```

这样用逗号把若干独立的运算表达式结合成为一个表达式称为逗号表达式。

又如：

```
a=3, b=5, c=a*b
```

也是一个逗号表达式,它是由三个独立的表达式结合而成的。

【说明】

(1) 逗号表达式的求解过程是：先计算表达式 1 的值,再计算表达式 2 的值,……,一直计算到表达式 n 的值,因此又称逗号表达式为顺序求解表达式。整个逗号表达式的值是最后一个表达式 n 的值。如：

```
i=1,j=3,k=5;      整个逗号表达式的值是 5
x=8*2, x*4;       整个逗号表达式的值是 64,x 的值是 16
```

(2) 逗号表达式可以嵌套,即一个逗号表达式又可以与另一个表达式组成一个新的表达式,如：(x=8*2,x*4),x*2;整个逗号表达式的值是 32,x 的值是 16。

(3) 逗号表达式也可以作为赋值运算的右边表达式来使用,如：x=(i=4,j=6,k=8);整个表达式为赋值表达式,将逗号表达式 i=4,j=6,k=8 的值赋给 x,x 的值为 8。

(4) 逗号运算符的优先级是最低的，因此下面两个表达式的作用是不同的。

① x=(z=5,5*2)；

② x=z=5,5*2。

表达式①为赋值表达式，将一个逗号表达式的值赋给 x，x 的值为 10，z 的值为 5。表达式②为逗号表达式，它包括一个赋值表达式和一个算术表达式，整个表达式的值为 10，x 和 z 的值都为 5。

(5) 逗号表达式用的地方不太多，一般情况是在 for 语句中给循环变量赋初值时才用到。程序中并不是所有的逗号都要看成逗号运算符，尤其是在函数调用时，各个参数是用逗号隔开的，这时逗号就不是逗号运算符。区分下面例子逗号的功能。

例如：

```
printf("%d,%d,%d",(a,b,c),a,b);
printf("%d,%d,%d",x,y,z);
printf("a=%c,b=%c,c=%c\n",c1,c2,c3);
printf("\t\b%c %c",c4,c5);
```

2.6.5 关系运算符和关系表达式

1. 关系运算符

关系运算是逻辑运算的一种简单形式，主要用于比较。C 语言中的关系运算符有以下 6 种：

<(小于)　<=(小于等于)　>(大于)　>=(大于等于)　==(等于)　!=(不等于)

关系运算符的优先级低于算术运算符的优先级，并且等于(==)和不等于(!=)运算符的优先级低于其他 4 种关系运算符的优先级。关系运算符均为二元运算符。

例如：x>=y　x==y 等。

2. 关系表达式

关系表达式是指由关系运算符将两个表达式连接起来的有意义的式子。关系表达式的值只有两个，“真”和“假”，在 C 语言中“真”用 1 表示，“假”用 0 表示。当关系式成立时其值为真，否则为假。

2.6.6 逻辑运算符和逻辑表达式

1. 逻辑运算符

为了表示复杂的条件，需要将若干个关系表达式连接起来，C 语言提供的逻辑运算符就是为实现这一目的的，逻辑运算符有 &&(逻辑与)、||(逻辑或)、!(逻辑非)。

2. 逻辑表达式

逻辑表达式是用逻辑运算符将关系表达式或逻辑量连接起来的有意义的式子。逻辑表达式的值也只有两个,“真”和“假”,其表示方法同关系表达式。

2.6.7 条件运算符和条件表达式

条件运算符(?:)是三目运算符,结合性为自右至左。条件表达式的一般格式:

```
表达式 1?表达式 2: 表达式 3
```

表达式 1 可以是任何表达式,常用关系表达式和逻辑表达式。表达式 2 和表达式 3 是任何表达式。如果表达式 1 为非 0,执行表达式 2;否则执行表达式 3。

2.6.8 位运算符和位运算表达式

位运算是对二进制位的运算,能实现汇编语言的某些功能。因此,C 语言既具有高级语言的优点,又具有低级语言的某些功能,适合开发系统软件。本小节仅对位运算做一简单介绍。

1. 位运算符

按运算符类别和优先级从高到低方法,将位运算符的优先级和结合性列在表 2-5 中。

表 2-5 位运算符的优先级和结合性

运算符类别	运算符	操作数个数	结合性	优 先 级
位移运算符	<< >>	2 双目运算符	自左至右	介于算术运算符和关系运算符之间
位逻辑运算符	~ 优先级高	1 单目运算符	自右至左	与自加、自减运算符同级
	& 优先级高 ^ | 优先级低	2 双目运算符	自左至右	介于关系运算符和逻辑运符之间

* 位运算的操作数必须是整型和字符型。

2. 位运算

1) &(位与)

位与的运算规则是:0&0=0, 0&1=0, 1&0=0, 1&1=1。

2) |(位或)

位或的运算规则是:0|0=0, 0|1=1, 1|0=1, 1|1=1。

3) ^(位异或)

位异或的运算规则是:0^0=0,0^1=1,1^0=1,1^1=0。

4) ~(取反)

取反的运算规则是:~0=1,~1=0。

5) <<(左移)

左移 n 位,相当该数乘以 2 的 n 次幂,低位补 n 个 0。

6）>>（右移）

右移 n 位，相当该数除以 2 的 n 次幂。对于正数和无符号数，高位补 n 个 0；对于负数，高位补 n 个 1。

3. 复合赋值运算符

在赋值运算符＝前加位运算符，构成赋值运算符与位运算符结合的复合赋值运算符。如：<<=　>>=　&=　^=　|=

2.7 数据类型转换

在计算表达式时，不但要考虑运算符的优先级和结合性，还要分析运算对象的数据类型。不同类型的数据在一起运算时，需要转换为相同的数据类型。转换的方式有两种，一种是自动转换（又称为隐式转换），一种是强制转换（又称为显式转换）。

1. 表达式类型的自动转换

自动转换发生在不同数据类型的数据在进行混合运算时，由编译系统自动完成。而且，对某些数据类型，即使是两个运算对象的数据类型完全相同，也要做转换，例如 float，char。

转换的原则是为两个运算对象的计算结果尽可能提供多的存储空间，即先将数据长度短的数据转换成数据长度长的数据，然后再进行计算，计算结果为数据长度为长的数据类型。

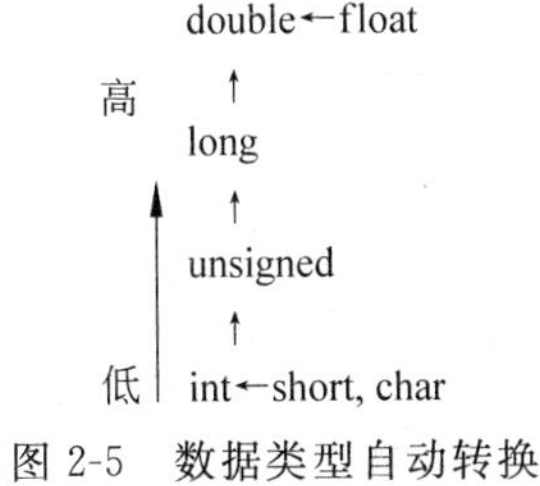

图 2-5　数据类型自动转换

具体转换的规则如图 2-5 所示。

图 2-5 中横向向左的箭头表示必定的转换，即当遇到 short、char 时，系统一律将其转换为 int 参与运算；当遇到 float 时，系统一律将其转换为 double 参与运算。

纵向箭头表示当运算对象为不同类型时转换的方向。对于其他的数据类型，两个运算对象的数据类型不同时，使用纵向箭头表示的方向由低到高做转换。若两个运算对象的数据类型相同，不做转换。

例如，两个运算对象分别是 int 类型和 long 类型，则需要将 int 类型的数据转换为 long 类型的数据参与运算；而若两个运算对象都是 int 类型的数据，则仍以 int 类型参与运算。

假设已定义变量 i 为 int，f 为 float，d 为 double，e 为 long，有下面表达式：

```
10+'a'+i*f-d/e
```

该表达式的最终结果应为 double 型。

2. 赋值类型的自动转换

上面讨论的自动转换主要是针对算术表达式的，现在讨论的是：表达式计算完以后要赋值给一个变量，如何进行数据类型的转换。

转换的基本原则如下所示。

(1) 当整型数据赋给浮点型变量时，数值上不发生任何变化，但有效位增加。如：

```
float f;
f=4;
```

内存中变量 f 的值为 4.000000。

(2) 当单精度、双精度浮点型数据赋值给整型变量时，浮点数的小数部分将被舍弃。如：

```
int x;
x=4.35;
```

内存中变量 x 的值为 4。

(3) 将字符型数据赋给整型变量时，由于字符型数据在运算时根据其 ASCII 码值自动转化为整型数据，所以将字符型数据的 ASCII 码值存储到变量中。如：

```
int x;
x='a';
```

内存中变量 x 的值为 65。

(4) 将有符号的整型数据赋给长整型数据，要进行符号扩展。将无符号的整型数据赋给长整型变量时，只需将高位补 0 即可。

3. 强制类型转换

在 C 语言中，可以利用强制类型转换运算符将一个表达式转换成所需类型。

其一般形式为：

```
(类型名)(表达式);
```

例如：

```
(double)a;          将 a 转换成 double 类型
int(x+y);           将 x+y 的值转换成整型
(float)(5%3);       将 5%3 的值转换成 float 型
```

注意：表达式应该用括号括起来。如果写成

```
(int)x+y
```

则只将 x 转换成整型，然后与 y 相加。

需要说明的是，在强制类型转换时，得到一个所需类型的中间变量，原来变量的类型

未发生变化。例如：

```
(int)x;
```

如果 x 原指定为 float 型，进行强制类型转换运算后得到一个 int 型的中间变量，它的值等于 x 的整型部分，而 x 的类型不变（仍为 float 型）。见例 2-5。

【例 2-5】 强制类型转换。

```
#include <stdio.h>
main()
{
    float x;
    int i;
    x=13.62;
    i=(int)x;
    printf("x=%f,i=%d\n",x,i);
}
```

程序运行的结果为：

```
x=13.620 000, i=13
```

x 类型仍为 float 型，值仍为 13.62。

有时运算表达式必须借助强制类型转换运算否则不能实现目的，如%要求两侧均为整型量，若 x 为 float 型，则"x%3"不合法，必须用"(int)x % 3"。从附录 B 可以看到，强制类型转换运算优先级高于 % 运算符，因此先进行(int)x 的运算，得到一个整型的中间变量，然后再对 3 求余。此外，在函数调用时，有时为了使实参类型与形参类型一致，可以用强制类型转换运算符得到一个所需类型的参数。

2.8 综合程序举例

【例 2-6】 测试数据类型。

```
#include <stdio.h>
main( )
{   printf("  ***运行结果***\n");
    printf("               char:%d字节\n",sizeof(char));
    printf(" unsigned char:%d字节\n",sizeof(unsigned char));
    printf("               short:%d字节\n",sizeof(short));
    printf(" unsigned short:%d字节\n",sizeof(unsigned short));
    printf("               int:%d字节\n",sizeof(int));
    printf(" unsigned int:%d字节\n",sizeof(unsigned int));
    printf("               long:%d字节\n",sizeof(long));
    printf(" unsigned long:%d字节\n",sizeof(unsigned long));
```

```
    printf("           float:%d字节\n",sizeof(float));
    printf("           double:%d字节\n",sizeof(double));
}
```

程序运行的结果为：

```
***运行结果***
        char:1字节
unsigned char:1字节
        short:2字节
unsigned short:2字节
        int:4字节
unsigned int:4字节
        long:4字节
unsigned long:4字节
        float:4字节
        double:8字节
```

类型可用运算符 sizeof 测试。sizeof 的操作数可以是类型名、变量名和表达式，求值结果是字节数。

【例 2-7】 数据类型的自动转换。

```
#include <stdio.h>
main()
{   char ch='A'; short sn=12;
    float x=17.17,y=30.6;
    int n=8; unsigned long m=70L;
    printf("  *** 运行结果 ***\n");
    printf("    int←char+short:\n");
    printf("          ch:%d字节\n",sizeof(ch));
    printf("          sn:%d字节\n",sizeof(sn));
    printf("          ch+sn:%d字节\n",sizeof(ch+sn));
    printf("\n double←float+float:\n");
    printf("          x:%d字节\n",sizeof(x));
    printf("          y:%d字节\n",sizeof(y));
    printf("          x+y:%d字节\n",sizeof(x+y));
    printf("\n unsigned long←int*unsigned long:\n");
    printf("          n:%d字节\n",sizeof(n));
    printf("          m:%d字节\n",sizeof(m));
    printf("          n*m:%d字节\n",sizeof(n*m));
}
```

程序运行的结果为：

```
***运行结果***
```

```
int←char+short:
    ch:1 字节
    sn:2 字节
    ch+sn:4 字节
double←float+float:
    x:4 字节
    y:4 字节
    x+y:4 字节
unsigned long←int * unsigned long:
    n:4 字节
    m:4 字节
    n * m:4 字节
```

【例 2-8】 分析下面程序的运行结果。

```
#include <stdio.h>
main( )
{   int x, y;
    x=100;
    y= (x=x-10, x/10);
    printf("y=%d",y);
}
```

程序运行的结果为：

```
y=9
```

【分析】 因为 x 的初始值为 100,减 10 后变为 90,90 除 10 为 9 赋给 y。

【例 2-9】 分析下面程序的运行结果。

```
#include <stdio.h>
main( )
{   int m,n, k;
    m=10; n=15;
    k= (--m) + (--n);
    printf("m=%d,n=%d,k=%d\n",m,n,k);
    m=10, n=15;
    k= (m--) + (n--);
    printf("m=%d,n=%d,k=%d\n",m,n,k);
}
```

程序运行的结果为：

```
m=9,n=14,k=23
m=9,n=14,k=25
```

习 题 2

2.1 C语言中基本数据类型有哪些?

2.2 字符常量与字符串常量有什么不同?

2.3 简述标识符的命名规则。

2.4 C语言中对于++运算符在变量前面与在变量后面有何不同?

2.5 简述有三个表达式的逗号表达式的求解过程。

2.6 简述转义字符\n、\0、\t的功能。

第3章

顺序结构

3.1 C程序的语句

3.1.1 C语句概述

C程序的执行部分是由语句组成的，程序的功能也是由执行语句实现的。

C语句可分为以下5类：

(1) 表达式语句；

(2) 函数调用语句；

(3) 控制语句；

(4) 复合语句；

(5) 空语句。

1. 表达式语句

表达式语句由表达式加上分号“;”组成。其一般形式为：

```
表达式;
```

执行表达式语句就是计算表达式的值。

例如：c=a*b；就是将变量a与b中的值相乘求出的积赋给变量c。

2. 函数调用语句

由函数名、实际参数加上分号“;”组成。其一般形式为：

```
函数名(实际参数表);
```

执行函数语句就是调用函数体并把实际参数赋予函数定义中的形式参数，然后执行被调函数体中的语句，求取函数值。例如printf("student")；调用库函数中的格式输出函数，输出字符串"student"。

3. 控制语句

控制语句用于控制程序的流程以实现程序的各种结构方式，它们由特定的语句定义符组成。

C 语言有 9 种控制语句，可分成以下 3 类：

1）条件判断语句

if 语句、switch 语句。

2）循环执行语句

do while 语句、while 语句、for 语句。

3）转向语句

break 语句、goto 语句、continue 语句、return 语句。

4. 复合语句

把多个语句用大括号{}括起来组成的一组语句称为复合语句。在程序中应把复合语句看成是单条语句，而不是多条语句，例如

```
{
    x=y+2;
    z=y*3;
    printf("%d%d",x,z);
}
```

是一条复合语句。复合语句内的各条语句都必须以分号“;”结尾，在括号}外不能加分号。

5. 空语句

只有分号“;”组成的语句称为空语句。空语句是什么也不执行的语句。在程序中空语句可用来作空循环体或者等待以后编程。

3.1.2 赋值语句

赋值语句是由赋值表达式加上分号构成的表达式语句。

其一般形式为：

```
变量=表达式;
```

赋值语句的功能和特点都与赋值表达式相同，它是程序中使用最多的语句之一。在赋值语句的使用中需要注意以下几点：

(1) 赋值运算符＝右边的表达式可以是另一个赋值表达式，因此，下述形式

```
变量=(变量=表达式);
```

是成立的，从而形成嵌套赋值的情形。其展开之后的一般形式为：

```
变量=变量=…=表达式;
```

例如:

```
x=y=z=2;
```

按照赋值运算符的右结合性,该表达式实际上等效于:

```
z=2;
y=z;
x=y;
```

(2) 注意在变量说明中给变量赋初值和赋值语句的区别。给变量赋初值是变量说明的一部分,赋初值后的变量与其后的其他同类变量之间仍必须用逗号间隔,而赋值语句则必须用分号结尾。

如:

```
int x=1,y=2,z=3;
```

不能写为:

```
int x=1;y=2;z=3;
```

(3) 在变量说明中,不允许连续给多个变量赋初值。如下述说明是错误的:

```
int x=y=z=2;
```

必须写为:

```
int x=2,y=2,z=2;
```

而赋值语句允许连续赋值,如下述说明是正确的:

```
x=y=z=2;
```

(4) 注意赋值表达式和赋值语句的区别。赋值表达式是一种表达式,它可以出现在任何允许表达式出现的地方,而赋值语句则不能。

下述语句是合法的:

```
if((x=y+3)>0) z=x;
```

该语句的功能是:若表达式 x=y+3 大于 0 则执行 z=x 语句。

下述语句是非法的:

if((x=y+3;)>0) z=x; 因为=y+3;是语句,不能出现在表达式中。

3.2 数据输出函数

C 语言本身不提供数据输入输出语句,所有的数据输入输出操作都是由函数的调用来实现的。

3.2.1 printf 函数

printf 函数称为格式输出函数，其关键字最末一个字母 f 即为“格式”(format)之意。其功能是按用户要求的格式，把指定的数据输出到显示器屏幕上。

printf 函数是一个标准库函数，它的函数原型在头文件“stdio. h”中。因为 printf 函数使用频繁，大多数 C 语言编译系统不要求在使用 printf 函数之前必须包含“stdio. h”文件。

printf 函数调用的一般形式为：

```
printf("格式控制字符串",输出表列)
```

1. 输出表列

输出表列中给出了各个输出项，要求格式字符串和各输出项在数量和类型上应该一一对应。

【例 3-1】 输出函数应用实例一。

```
#include <stdio.h>
void main()
{int a=65,b=66;
printf("%d,%d\n",a,b);
printf("%c %c\n",a,b);
printf("a=%d,b=%d\n",a,b);
}
```

程序运行的结果为：

```
65, 66
A  B
a=65,b=66
```

本例中三次输出了 a 和 b 的值，但由于格式控制串不同，输出的结果也不相同，第 4 行的 printf 函数格式控制串中有一个非格式字符逗号“,”，因此输出的 a，b 值之间有一个逗号“,”。第 5 行的格式串要求按字符型输出 a，b 值，但在格式控制串中是用空格分隔的，因此输出结果 A 和 B 之间要原样输出这个空格。第 6 行中为了提示输出结果又增加了非格式字符串“a=”和“b=”以及逗号，输出时这些都要原样输出。

2. 格式字符串

格式控制字符串用于指定输出格式。格式控制字符串可由格式字符串和非格式字符串两种组成。格式字符串是以%开头的字符串，在%后面跟有各种格式字符，以说明输出数据的类型、形式、长度、小数位数等。如%d 表示按十进制整型输出，“%ld”表示按十进制长整型输出，%c 表示按字符型输出等。

非格式字符串在输出时原样输出，在显示中起提示作用。

格式字符串的一般形式为：

```
%[标志][输出最小宽度][.精度][长度]类型
```

其中方括号[ ]中的项为可选项。各项的意义介绍如下：

(1) 类型：类型字符用以表示输出数据的类型，其格式符和含义如表 3-1 所示。

表 3-1　printf 函数中格式字符含义

表示输出类型的格式字符	格式字符含义
d	以十进制形式输出带符号整数(正数不输出符号)
o	以八进制形式输出无符号整数(不输出前缀 0)
x	以十六进制形式输出无符号整数(不输出前缀 0X)
u	以十进制形式输出无符号整数
f	以小数形式输出单、双精度实数
e	以指数形式输出单、双精度实数
g	以%f%e 中较短的输出宽度输出单、双精度实数
c	输出单个字符
s	输出字符串

(2) 标志：常用标志字符为－、＋，其含义如表 3-2 所示。

表 3-2　标志含义

标志格式字符	标 志 含 义	标志格式字符	标 志 含 义
－	结果左对齐，右边填空格	＋	结果右对齐，左边填空格

(3) 输出最小宽度：用十进制整数来表示输出的最少位数。若实际位数多于定义的宽度，则按实际位数输出，若实际位数少于定义的宽度则补以空格。

(4) 精度：精度格式符以"."开头，后跟十进制整数。本项的意义是：如果输出数字，则表示小数的位数；如果输出的是字符，则表示输出字符的个数；若实际位数大于所定义的精度数，则截去超过的部分。

(5) 附加格式符：附加格式符为 h、l 两种。h 表示按短整型量输出，l 表示按长整型量输出。

【例 3-2】 输出函数应用实例二。

```
#include <stdio.h>
void main()
{
    int a=12;
    float b=123.456789;
    double c=12345678.1234567;
    char d='p';
    printf("a=%d,%5d,%o,%x\n",a,a,a,a);
```

```
    printf("b=%f,%lf,%5.4lf,%e\n",b,b,b,b);
    printf("c=%lf,%f,%8.4lf\n",c,c,c);
    printf("d=%c,%8c\n",d,d);
    printf("%s,%3s,%8s,%8.2s,%-8.2s,%.3s\n","abcd","abcd","abcd","abcd","
abcd","abcd");
}
```

程序运行的结果为：

```
a=12, 12,14,c
b=123.456787, 123.456787,123.4568,1.234568e+002
c=12345678.123457, 12345678.123457, 12345678.1235
d=p,      p
abcd,abcd,    abcd,      ab,ab      ,abc
```

本例第8行中以4种格式输出整型变量a的值，其中“%5d”要求输出宽度为5，而a值为12只有两位故补3个空格。第9行中以4种格式输出实型量b的值，没有指定小数位数时，小数位数为6位。“%f”和“%lf”格式的输出相同，说明“l”符对“f”类型无影响。“%5.4lf”指定输出宽度为5，精度为4，由于实际长度超过5故应该按实际位数输出，小数位数超过4位部分被截去。“%e”是以指数形式输出实数，数值按规范化指数形式输出(小数点前必须有而且只有1位非零数字)，小数位数为6位，指数部分占5位，其中“e”占1位，指数符号位(正负号)占1位，指数占3位。第10行输出双精度实型变量c的值，“%8.4lf”由于指定精度为4位故截去了超过4位的部分。第11行输出字符型变量d的值，其中“%8c”指定输出宽度为8故在输出字符p之前补加7个空格。第12行，输出字符串，用%s格式符。其中“%s”输出字符串中的全部字符；对于“%3s”，因为字符串“abcd”中字符个数超过了宽度的限制，所以输出字符串的全部字符，对于“%8s”，由于宽度8位多于字符串“abcd”中字符的个数，且该宽度为正数，因此左补4个空格；对于“%8.2s”，其中的.2是从字符串左边截取字符的位数，而8是输出字符串的总位数，且为正，因此只输出字符串“abcd”的前两位，且左补6个空格；对于“%－8.2s”，与“%8.2s”输出类似，但由于是负数，因此在右边补6个空格；对于“%.3s”，是从左边开始截取三个字符，此格式中无整数，表示无宽度限制，正常输出三个字符即可。

3.2.2 putchar 函数

putchar 函数是字符输出函数，其功能是在显示器上输出单个字符。

其一般形式为：

```
putchar(字符常量/字符变量/整型变量)
```

例如：

```
putchar('A'); 输出大写字母 A
putchar(x); 输出字符变量 x 的值
```

putchar('\n')；换行回车，对控制字符则执行控制功能，不在屏幕上显示。

putchar 函数的原型在头文件"stdio.h"中，使用它之前必须要用文件包含命令。

【例 3-3】 输出函数应用实例三。

```
#include<stdio.h>
void main( )
{    char a='H',b='a',c='p',d='y';
     putchar(a);
     putchar(b);
     putchar(c);
     putchar(d);
     putchar('\n');
}
```

程序运行的结果为：

```
Happy
```

3.3 数据输入函数

C 语言的数据输入操作与输出操作一样也是由函数的调用完成的。本节介绍从标准输入设备——键盘上输入数据的函数 scanf 和 getchar。

3.3.1 scanf 函数

scanf 函数称为格式输入函数，即按用户指定的格式从键盘上把数据输入到指定的变量之中。

scanf 函数是一个标准库函数，它的函数原型在头文件"stdio.h"中，与 printf 函数相同，大多数 C 语言编译系统允许在使用 scanf 函数之前不必包含 stdio.h 文件。

scanf 函数的一般形式为：

```
scanf("格式控制字符串",地址表列);
```

其中，格式控制字符串的作用与 printf 函数相同，地址表列中给出各变量的地址。

1. 地址表列

地址是由地址运算符"&"与变量名组成的。例如，&a，&b 分别表示变量 a 和变量 b 的地址。这个地址就是编译系统在内存中给 a，b 变量分配存储单元的首地址。在 C 语言中，应该把变量的值和变量的地址这两个不同的概念区别开来。变量的地址是 C 编译系统分配的，用户不必关心具体的地址是多少。在赋值表达式中给变量赋值，如 a=567；在赋值号左边是变量名，不能写地址，而 scanf 函数在本质上也是给变量赋值，但要求写变量的地址,如 &a。这两者在形式上是不同的。& 是一个取地址运算符,&a 是一个表达式,其功能是求变量的地址。

2. 格式控制字符串

格式字符串的一般形式为:

```
%[*][输入数据宽度][长度]类型
```

其中有方括号[]的项为任选项。各项的意义如下:

(1) 类型:表示输入数据的类型,其格式符和含义如表 3-3 所示。

表 3-3 scanf 函数中格式字符含义

格式	字 符 含 义	格式	字 符 含 义
d	输入十进制整数	f 或 e	输入实型数(用小数形式或指数形式)
o	输入八进制整数	c	输入单个字符
x	输入十六进制整数	s	输入字符串
u	输入无符号十进制整数		

(2) “*”符:用以表示该输入项,读入后不赋予相应的变量,即跳过该输入值。

如:

```
scanf("%d %*d %d",&a,&b);
```

当输入为:1 2 3 时,把 1 赋予 a,2 被跳过,3 赋予 b。

(3) 宽度:用十进制整数指定输入的宽度(即字符数)。

例如:

```
scanf("%4d",&a);
```

输入:12345678

只把 1234 赋予变量 a,其余部分舍去。

又如:

```
scanf("%4d%4d",&a,&b);
```

输入:12345678

将把 1234 赋予 a,而把 5678 赋予 b。

(4) 附加格式符:附加格式符为 l 和 h,l 表示输入长整型数据(如%ld) 和双精度浮点数(如%lf)。h 表示输入短整型数据。

使用 scanf 函数还必须注意以下几点:

① scanf 函数中没有精度控制。

如 scanf("%5.2f",&a);是非法的,不能输入小数为两位的实数。

② scanf 中要求给出变量地址,如给出变量名则会出错。

例如当 a 是简单变量时,scanf("%d",a);是非法的,应改为 scnaf("%d",&a);。

③ 在输入多个数值数据时，若格式控制串中没有非格式字符作输入数据之间的间隔，要用空格、回车或 Tab 键作间隔。

④ 在输入字符数据时，若格式控制串中无非格式字符，则认为所有输入的字符均为有效字符。

如：

```
scanf("%c%c%c",&a,&b,&c);
```

如果输入：x　y　z 时，则把'x'赋予 a，' '(空格)赋予 b，'y'赋予 c。

只有输入：xyz 时，才能把'x'赋于 a，'y'赋予 b，'z'赋予 c。

如果在格式控制中加入空格作为间隔，则输入时各数据之间可加空格。

⑤ 如果格式控制串中有非格式字符则输入时也要输入该非格式字符。

例如：

```
scanf("%d,%d,%d",&a,&b,&c);
```

其中用非格式符“ ,”作间隔符，故输入时应为：

```
5,6,7(回车)
```

又如：

```
scanf("a=%d,b=%d,c=%d",&a,&b,&c);
```

则输入应为：

```
a=5,b=6,c=7(回车)
```

【例 3-4】 输入函数应用实例一。

```
#include<stdio.h>
void main()
{   int a,b;
    float c;
    printf("Input a,b,c\n");
    scanf("%d%d%f",&a,&b,&c);
    printf("a=%d,b=%d,c=%.2f\n",a,b,c);
}
```

程序运行的结果为：

```
Input a,b,c
10(空格)20(空格)30.5(回车)
a=10,b=20,c=30.50
```

在本例中，由于 scanf 函数本身不能显示提示串，故先调用 printf 函数在屏幕上输出提示，请用户输入 a、b、c 的值。然后调用 scanf 函数，此时程序暂停进入用户屏幕等待用户输入。用户输入“10(空格)20(空格)30.5”后按下 Enter 键，程序继续执行，显示输出结果。在 scanf 函数的格式串中由于没有非格式字符在“%d%d%d”之间作为输入时的间隔，因此在输入时要用一个以上的空格或 Tab 或回车键作为每两个输入数之间的间隔。

如：

```
10(空格)20(空格)30.5(回车)
```

或

```
10(回车)
20(回车)
30.5(回车)
```

还应注意：输入的数据类型不同，格式控制字符串符号也是不同的。如例 3-4 中，a、b、c 三个变量类型不同，a 和 b 是基本整型变量，c 是单精度实型变量，格式控制符分别用%d、%d 和%f 表示。

【例 3-5】 输入函数应用实例二。

```
#include <stdio.h>
void main()
{
    char a,b;
    printf("Input character a,b\n");
    scanf("%c %c",&a,&b);
    printf("\n%c%c\n",a,b);
}
```

程序运行的结果为：

```
Input character a,b
m(空格)n(回车)
mn
```

本例表示 scanf 格式控制串"%c %c"之间有空格时，输入的数据之间由空格间隔。如果格式控制串是"%c%c"，中间没有空格时，输入的数据之间也不能有空格。

3.3.2 getchar 函数

getchar 函数是字符输入函数，其功能是从终端键盘输入一个字符。

getchar 函数没有参数，其一般形式为：

```
getchar()
```

函数的值就是从输入设备(一般为键盘)得到的字符。

getchar 函数的函数原型在头文件“stdio.h”中，使用它之前必须要用文件包含命令。

【例 3-6】 从键盘输入三个字符,然后输出这三个字符。

```
#include<stdio.h>
void main()
{   char a,b,c;
    printf("\nInput character a,b,c\n");
    a=getchar();
    b=getchar();
    c=getchar();
    putchar(a);
    putchar(b);
    putchar(c);
    putchar('\n');
}
```

程序运行的结果为:

```
Input character a,b,c
ABC(回车)
ABC
```

3.4 标准库函数

库函数一般是指编译系统提供的可在C源程序中调用的函数。将这些可调用的函数放到一个文件里,供编程人员使用,一般是放到.lib文件里的。

库函数可分为两类,一类是C语言标准规定的库函数,一类是编译器特定的库函数。

C语言标准函数库就是编程软件本身自带的常用的函数库。使用C语言的一半价值在于使用其标准库函数。

由于版权原因,库函数的源代码一般是不可见的,但在头文件中可以看到它对外的接口。

为什么应该使用标准库函数而不要自己编写函数?

标准库函数有三点好处:准确性、高效性和可移植性。

准确性:编译程序的开发商通常会保证标准库函数的准确性。更重要的是,至少开发商做了全面的测试来证实其准确性,这使其更加全面(有些昂贵的测试工具能使这项工作更加容易)。

高效性:优秀的C程序员会大量使用标准库函数,编译程序开发商也知道这一点。如果开发商能提供一套出色的标准库函数,就会在竞争中占优势。当对相互竞争的编译程序的效率进行比较时,程序员要在多套编译程序中选择自己心仪的程序,一套出色的标准库函数将起到决定性的作用。因此,开发商比程序员更有动力,并且有更多的时间,去开发一套高效的标准库函数。

可移植性:在软件要求不断变化的情况下,标准库函数在任何计算机上,对任何编译程序都具有同样的功能,并且表达同样的含义,因此它们是C程序员编写程序的依靠之一。

标准库函数被分类放在头文件中，在头文件中包含了调用函数时所需要的有关信息。头文件的扩展名为.h，h是head的缩写，#include命令都是放在程序的开头，因此这类文件被称为头文件。如在使用标准输入输出库函数时要用到"stdio.h"头文件中提供的信息，stdio是standard input &output的缩写，它包含了与标准输入输出函数有关的变量定义和宏定义以及对函数的声明；对字符串进行操作的标准函数原型在头文件"string.h"中，有关数学的标准函数原型在头文件"math.h"中，有关字符串操作的函数原型在头文件"string.h"中等。

不同的编译系统所提供的函数库中函数的数量、名字和功能是不完全相同的。但是有些通用的函数如printf和scanf等，各种编译系统都提供，成为各种系统的标准输入输出函数。

在使用系统标准库函数时，要用预编译命令#include将有关的头文件包括到用户的源文件中。

如在程序中要调用标准输入输出库函数时，文件开头应该加入以下预编译命令：

```
#include <stdio.h>
```

或者

```
#include "stdio.h"
```

以上两个命令作用相同，都是合法的。二者的区别是，用#include <stdio.h>时，系统到存放C库函数头文件的目录中寻找要包含的文件，这是标准方式；用#include "stdio.h"时，系统先在用户当前目录中寻找要包含的文件，若找不到，再按标准方式查找。

有的C语言编译系统允许在使用printf和scanf函数时可以不用加#include <stdio.h>命令，但有的编译系统则不允许。因此在程序中尽量不省略该命令。

【例3-7】 从键盘输入一个实数，输出它的绝对值。

```
#include <stdio.h>
#include <math.h>
void main()
{
    float f,s;
    printf("Input a number:");
    scanf("%f",&f);
    s=fabs(f);
    printf("%.2f\n",s);
}
```

程序运行的结果为：

```
Input a number:
-5(回车)
5
```

3.5 顺序结构程序举例

顺序结构程序中的语句执行顺序是按照程序中的语句顺序执行的，其中没有判断与循环语句而使程序执行顺序发生变化，如图 3-1 所示。

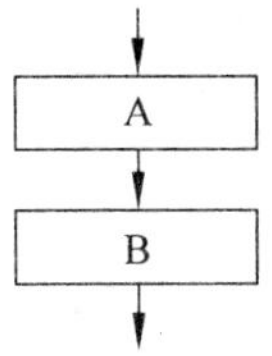

A
B

图 3-1 程序的顺序执行形式

【例 3-8】 输出小写英文字母 a 和 b 的 ASCII 码值和它们对应的大写英文字母。

```
#include <stdio.h>
void main( )
{
    char a,b;
    a='a';b='b';
    printf("%d,%d \n%c,%c \n",a,b,a-32,b-32);
}
```

程序运行的结果为：

```
97,98
A,B
```

在计算机中，每个字符存储的是它所对应的 ASCII 编码，英文大小写字母转换利用了它们的 ASCII 编码值。比如大写字母 A 的 ASCII 编码值是 65，小写字母 a 的 ASCII 编码值是 97，因此小写英文字母的 ASCII 编码值比相应大写英文字母大 32。

【例 3-9】 将输入的角度转换成弧度。

```
#include <stdio.h>
void main()
{   int degree;
    float radian;
    printf("Input degree<int>");
    scanf("%d",&degree);
    radian=3.14159*degree/180;
    printf("%d degrees equal to %f radians. \n",degree,radian);
}
```

程序运行的结果为：

```
Input degree<int>
60(回车)
60 degrees equal to 1.047197 radians
```

假设输入的角度是整数，则表示角度的变量 degree 定义为整型变量，而弧度经过计算得出的应是实数，因此表示弧度的变量 radian 定义为实型变量，输出时分别按照它们的数据类型输出。

【例 3-10】 计算投资收益。输入一次支付的投资金额现值 P、投资期 n 年和年利率 i，根据等值复利公式计算到期后的终值(本息和)F。

等值复利公式：$F=P(1+i)^n$

```
#include <stdio.h>
#include <math.h>
void main( )
{   float P,F,i;
    int n;
    printf("Input Principal to P:");
    scanf("%f",&P);
    printf("Input year to n:");
    scanf("%d",&n);
    printf("Input rate to i:");
    scanf("%f",&i);
    F=P*pow((1+i),n);
    printf("F=%.2f\n",F);
}
```

程序运行的结果为：

```
Input Principal to P:
50000(回车)
Input year to n:
5(回车)
Input rate to i:
0.0375(回车)
F=60104.99
```

在此例中，用到了 pow 函数，这是 C 语言中用来求指数运算的函数。它的参数有两个，第一个参数为底，第二个参数为幂。pow 函数原型在头文件“math.h”中，因此要用在程序开头将该头文件包含到程序里。

【例 3-11】 逆序输出一个三位正整数的每一位数字。

```
#include <stdio.h>
void main()
{
    int d1,d2,d3,i;
    printf("请输入一个三位正整数：");
    scanf("%d",&i);
    d1=i/100;
    d2=i%100/10;
    d3=i%10;
    printf("\n%d->%d%d%d\n",i,d3,d2,d1);
}
```

程序运行的结果为：

```
请输入一个三位正整数：
135(回车)
135->531
```

此例的关键是将一个三位正整数拆分成为三个一位数，分别存放在三个变量中，然后从后往前输出。在这个程序中，充分利用了整除运算和求余运算，轻松地将一个三位正整数的每一位分离出来。i/100 分离出来了百位数字，这是因为 i 与 100 都是整型数据，所以这里的除法将是整除，即结果为 i 除以 100 的整数商，如 135/100 得 1，任何一个三位正整数除以 100 的整数商一定是这个三位正整数的百位数字。i%100/10 分离出来了十位数字。例如 135%100 得的余数是 35，再将 35 除以 10，即 35/10，商为 3，这就是十位数字。i%10 的结果是 i 除以 10 的余数，如 135%10 的结果是 5，这是 i 的个位数字，求出 3 个数字后，从后往前输出即可得到输出结果。

【例 3-12】 将连续输入的 4 个数字字符拼成一个 int 型的数值。如输入 4 个字符分别是'1'、'2'、'4'、'8'，应该得到一个整型数值 1248。

```
#include <stdio.h>
void main()
{   char d1,d2,d3,d4;
    int i;
    printf("请输入 4 个数字字符：");
    d1=getchar();
    d2=getchar();
    d3=getchar();
    d4=getchar();
    i=(d1-'0')*1000+(d2-'0')*100+(d3-'0')*10+(d4-'0')*1;
    printf("这个值是%d \n",i);
}
```

程序运行输出结果：

```
请输入 4 个数字字符：
1248(回车)
这个值是 1248
```

在这个程序中，首先定义了 4 个用于保存数字字符的变量，然后连续 4 次调用标准函数 grtchar( )实现接收 4 个数字字符的操作。需要特别提醒的是：在输入 4 个数字字符时，不能使用分隔符(空格或回车符)，一定要连续地输入，否则将会产生错误的结果(空格或回车符也是一个字符，会被保存到内存变量中)。

在计算机中，数字 0 与字符'0'是不同的。字符'0'所存储的 ASCII 编码值是 48，字符'6'所存储的 ASCII 编码值是 54，所以'0'+'6'=48+54=102，它与 0+6=6 的含义完全不同。

如果希望将这些数字字符拼接成整型数值，需要将它们分别转换成相应的整型数值。

例如将数字字符‘1’转换成整型数值1。由于在ASCII码编码表中，从字符‘0’到‘9’的ASCII编码是连续的，所以用数字字符减去字符‘0’得到的就是这个数字字符所对应的整型数值。在程序中，(d1－'0')、(d2－'0')、(d3－'0')、(d4－'0')正是用来实现这个操作的。由于d1对应的整型数值应该位于千位；d2对应的整型数值应该位于百位；d3对应的整型数值应该位于十位；d4对应的整型数值应该位于个位。所以它们转换后的整型数值分别乘以1000、100、10、1，最后再相加起来就得到了最终结果。

习 题 3

3.1 从键盘输入一个圆的半径，输出圆的面积。输出时要有文字说明，取两位小数。

3.2 输入一个华氏温度，要求输出摄氏温度，输出结果小数取2位。公式：C=5/9(F－32)

3.3 输入两个长整型数，输出它们(整数除)的商和余数。

3.4 输入两个整数，输出它们(实数除)的商，并输出商的第二位小数位(例如：15/8.0=1.875，1.875的第二位小数位是7)。

3.5 编写程序，从键盘输入三个双精度数a、b、c，计算总和、平均值、$x=a^2+b^2+c^2$的值，并计算x平方根的值。所有运行数据保留三位小数，第四位四舍五入。

3.6 输入两个小写字母分别赋值给字符变量ch1与ch2，将它们转换成大写字母，并交换ch1与ch2的值，最后输出ch1与ch2的值。

3.7 输入秒数，将它转换，用小时、分钟、秒来表示。例如输入7278秒，则输出：2小时1分18秒。

3.8 输入两个复数的实部和虚部，输出这两个复数积的实部和虚部。两复数的积按下面的公式计算：$(a+bi)\cdot(c+di)=(ac-bd)+(ad+bc)i$。

第4章

选 择 结 构

4.1 关 系 运 算

4.1.1 关系运算符

在生活中我们经常会遇到比较几个数的大小的情况，在程序中也会经常需要比较多个数据量的大小关系，以决定程序下一步的工作。需要注意的是，程序中的数据比较不只是数值比较，还会有字符比较等。比较两个数据量的运算符称为关系运算符。在C语言中有以下关系运算符：<(小于)、<=(小于或等于)、>(大于)、>=(大于或等于)、==(等于)、!=(不等于)。

关系运算符都是双目运算符，其结合性均为左结合。

关系运算符的优先级低于算术运算符，高于赋值运算符。在6个关系运算符中，<、<=、>、>=的优先级相同，高于==和!=，==和!=的优先级相同。

关系运算符要求两个操作数是同一数据类型，其结果为一个逻辑值，即关系成立时其值为真(true)，用1表示；关系不成立时，其值为假(false)，用0表示。

4.1.2 关系表达式

关系表达式的一般形式为：

表达式 关系运算符 表达式

例如：a+b>c−d，x>3/2，'a'+1<c，−i−5*j==k+1，都是合法的关系表达式。

由于表达式也可以是另一个关系表达式，因此关系表达式允许出现嵌套的情况。

例如：a>(b>c)，a!=(c==d)等。

关系表达式的值是逻辑值“真”和“假”，用“1”和“0”表示。

例如：10>0的值为“真”，结果即为1。(a=5)>(b=10)由于5>10不成立，故其值为假，结果即为0。

【例 4-1】 输出关系表达式的值。

```
#include <stdio.h>
void main()
{
    char c='k';
    int i=1,j=2,k=3;
    printf("%d,%d\n",'a'+5<c,-i-2*j>=k+1);
    printf("%d,%d\n",i+j+k==-2*j,k==j==i+5);
}
```

程序运行的结果为：

```
1,0
0,0
```

在本例中求出了各种关系运算符的值。字符变量是以它对应的 ASCII 码参与运算的。对于含多个关系运算符的表达式，如 k==j==i+5，根据运算符的左结合性，先计算 k==j，该式不成立，其值为 0，再计算 0==i+5，也不成立，故表达式值为 0。

4.2 逻辑运算

4.2.1 逻辑运算符

关系运算是对两个数据进行比较得出真假的结果，用 1 或者 0 表示结果。当需要描述的条件比较复杂，涉及的操作数较多时，用关系表达式就难以正确表达。例如，判断变量 x 是否在 1～10 之间，即需要表示代数式 $1 \leqslant x \leqslant 10$ 时，在 C 语言中不能用 1<=x<=10 这样的表达式来表示，一般采用逻辑表达式 x≥1&&x≤10 来表达代数式 $1 \leqslant x \leqslant 10$。

C 语言提供了三种逻辑运算符：

(1) &&(与运算)；

(2) ||(或运算)；

(3) !(非运算)。

与运算符 && 和或运算符 || 均为双目运算符，具有左结合性。

非运算符!为单目运算符，具有右结合性。

逻辑运算符和其他运算符优先级的关系可表示如下：

从高到低：!(非)→算术运算符→关系运算符→&& 和 ||→赋值运算符。

按照运算符的优先顺序可以得出：

```
a>b && c>d        等价于    (a>b) && (c>d)
!b==c||d<a        等价于    ((!b)==c)||(d<a)
a+b>c && x+y<b    等价于    ((a+b)>c) && ((x+y)<b)
```

4.2.2 逻辑表达式

逻辑表达式的一般形式为：

表达式 逻辑运算符 表达式

其中的表达式可以又是逻辑表达式，从而可以组成嵌套表达式。

例如：(a&&b)&&c 根据逻辑运算符的左结合性，也可写为：a&&b&&c。

逻辑运算的值也为"真"和"假"两种，用"1"和"0 "来表示。其求值规则如下：

(1) 与运算 && 参与运算的两个量都为真时，结果才为真，否则为假。例如，4>0&&3>2，由于 4>0 为真，3>2 也为真，逻辑与的结果也为真。

(2) 或运算 || 参与运算的两个量只要有一个为真，结果就为真。两个量都为假时，结果为假。例如：4>0||6>7，由于 4>0 为真，逻辑或的结果也就为真。

(3) 非运算 ! 参与运算量为真时，结果为假；参与运算量为假时，结果为真。

例如：!(4>0)的结果为假。

逻辑运算规则见表 4-1，其中 T 表示真，F 表示假。

表 4-1 逻辑运算规则

数据 a	数据 b	a&&b	a||b	!a	!b
T	T	T	T	F	F
T	F	F	T	F	T
F	T	F	T	T	F
F	F	F	F	T	T

虽然 C 编译在给出逻辑运算值时，以"1"代表"真"，"0 "代表"假"。但反过来在判断一个量是为"真"还是为"假"时，以"0"代表"假"，以"非 0"的数据作为"真"。

例如：由于 1 和 2 均为非"0"，因此 1&&2 的逻辑运算结果为"真"，即为 1。又如：3||0 的逻辑运算结果为"真"，即为 1。

【例 4-2】 输出逻辑表达式的值。

```
#include <stdio.h>
void main()
{
    char c='k';
    int i=1,j=2,k=3;
    float x=4e+3,y=0.6;
    printf("%d,%d\n",!x*!y,!!!x);
    printf("%d,%d\n",x||i&&j-3,i<j&&x<y);
    printf("%d,%d\n",i==5&&c&&(j=8),x+y||i+j+k);
}
```

程序运行的结果为：

```
0,0
1,0
0,1
```

本例中!x 和!y 分别为 0,!x * !y 也为 0,故其输出值为 0。由于 x 为非 0,故!!!x 的逻辑值为 0。对 x||i&&j－3 表达式,先计算 j－3 的值为非 0,再求 i&&j－3 的逻辑值为 1,故 x||i&&j－3 的逻辑值为 1。对 i＜j&&x＜y 表达式,由于 i＜j 的值为 1,而 x＜y 为 0,故表达式的值为 0。对 i==5&&c&&(j=8)表达式,由于 i==5 为假,即值为 0,该表达式由两个与运算表达组成,所以整个表达式的值为 0,对于表达式中 j＝8 的赋值表达式,由于与运算符左边已经为 0,所以整个表达式的值为 0,该赋值表达式不执行,j 中的值仍为 2。对于表达式 x＋ y||i＋j＋k,由于 x＋y 的值为非 0,故整个或表达式的值为 1。

4.3 if 语 句

用 if 语句可以构成分支结构。它根据给定的条件进行判断,以决定执行某个分支程序段。

4.3.1 if 语句和选择结构

C 语言的 if 语句有 3 种基本形式。

1. 基本形式

```
if(表达式) 语句;
```

其语义是：如果表达式的值为真,则执行其后的语句,否则不执行该语句,其执行过程如图 4-1 所示。

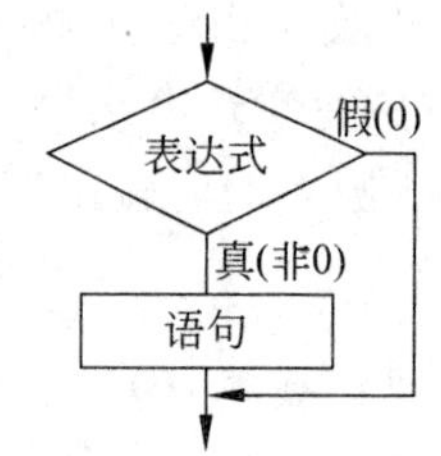

图 4-1 if 语句执行形式

【例 4-3】 输入两个整数,输出其中的大数。

```
#include <stdio.h>
void main( )
{
    int x,y,max;
    printf("\nInput two numbers: ");
    scanf("%d%d",&x,&y);
    max=x;
    if (max<y) max=y;
    printf("max=%d\n",max);
}
```

程序运行的结果为：

```
Input two numbers:
```

```
3 (空格)5(回车)
max=5
```

本例程序中，输入两个数 x，y。把 x 先赋予变量 max，再用 if 语句判别 max 和 y 的大小，如 max 小于 y，则把 y 赋予 max。因此 max 中总是大数，最后输出 max 的值。

2. if-else 形式

```
if(表达式)
    语句 1;
else
    语句 2;
```

其语义是：如果表达式的值为真，则执行语句 1，否则执行语句 2，其执行过程如图 4-2 所示。

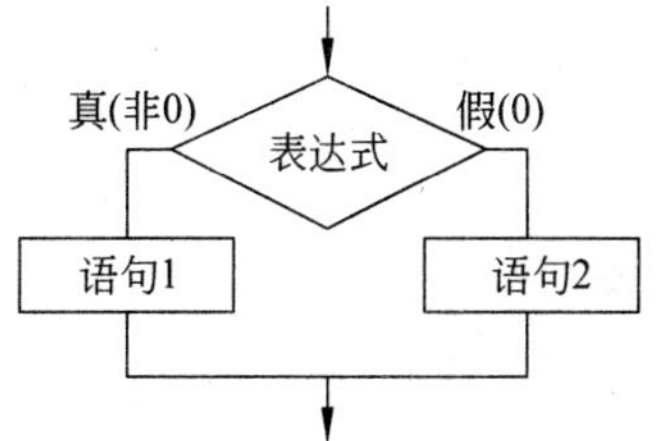

图 4-2　if-else 语句执行形式

将例 4-3 的程序修改如下：

```
#include <stdio.h>
void main( )
{
    int x, y;
    printf("Input two numbers: ");
    scanf("%d%d",&x,&y);
    if(x>y)
        printf("max=%d\n",x);
    else
        printf("max=%d\n",y);
}
```

程序运行的结果为：

```
Iinput two numbers:
8 (空格)6(回车)
max=8
```

该程序改用 if-else 语句判别 x，y 的大小，若 x 大，则输出 x，否则输出 y。

3. if-else-if 形式

当有多个分支选择时，可采用 if-else-if 语句，其一般形式为：

```
if(表达式 1)
    语句 1;
else if(表达式 2)
    语句 2;
else if(表达式 3)
    语句 3;
…
```

```
else if(表达式 m)
    语句 m;
else
    语句 n;
```

其语义是：依次判断表达式的值，当出现某个值为真时，则执行其对应的语句。然后跳出整个 if 语句之外继续执行后面的程序。如果所有的表达式均为假，则执行语句 n，然后继续执行后续程序。if-else-if 语句执行形式如图 4-3 所示。

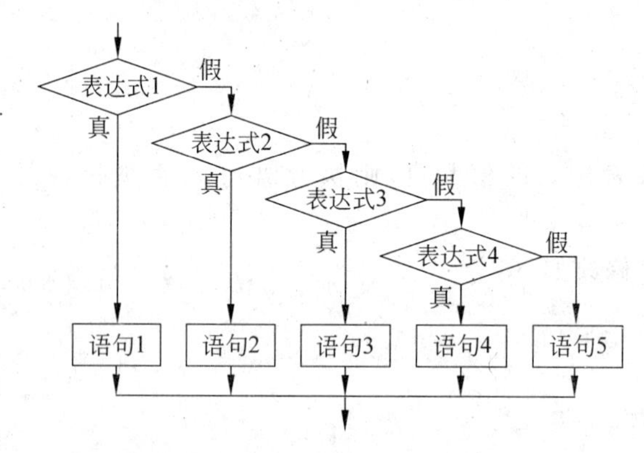

图 4-3　if-else-if 语句执行形式

【例 4-4】　输入一个字符，判断它是数字字符、英文字母还是其他字符。

```
#include <stdio.h>
void main()
{
    char c;
    printf("Iinput a character: ");
    c=getchar();
    if(c>='0'&&c<='9')
        printf("This is a digit\n");
    else if(c>='A'&&c<='Z'|| c>='a'&&c<='z')
        printf("This is a English letter\n");
    else
        printf("This is an other character\n");
}
```

程序运行的结果为：

屏幕显示：Input a character:
用户输入：a(回车)
输出结果：This is a English letter

本例要求判别键盘输入字符的类别，可以根据输入字符 ASCII 码来判别类型。由 ASCII 码表可知 ASCII 值小于 32 的为控制字符。在“0”和“9”之间的为数字，在“A”和

"Z"之间或者在"a"和"z"之间为英文字母，其余则为其他字符。这是一个多分支选择的问题，用 if-else-if 语句编程，判断输入字符 ASCII 码所在的范围，分别给出不同的输出。例如输入为"a"，它在"a"和"z"之间，输出显示它为英文字符。

4. 使用 if 语句时应注意的问题

使用 if 语句时应注意的问题如下：

(1) 在三种形式的 if 语句中，在 if 关键字之后均为表达式。该表达式通常是逻辑表达式或关系表达式，但也可以是其他表达式，如赋值表达式等，甚至也可以是一个变量。

例如：

```
if(a=10)和 if(b)
```

以上都是允许的。只要表达式的值为非 0，即为"真"。如在 if(a=10)中表达式是赋值语句，即将 10 赋给 a，表达式的值永远为非 0，所以其后的语句总是要执行的，当然这种情况在程序中不一定会出现，但在语法上是合法的。

又如，有程序段：

```
if(a=b)
    printf("%d",a);
else
    printf("a=0");
```

本语句的语义是：把 b 值赋予 a，如果 b 的值为非 0 则输出该值，否则输出"a=0"字符串。

(2) 在 if 语句中，条件判断表达式必须用括号括起来。

(3) 在 if 语句的三种形式中，所有的语句应为单个语句，如果要想在满足条件时执行一组(多个)语句，则必须把这一组语句用{} 括起来组成一个复合语句。但要注意的是在}之后不能再加分号。

例如：

```
if(a>b)
{
    a=1;
    b=2;
}
    else
{
    a=10;
    b=20;
}
```

4.3.2 if 语句的嵌套

当 if 语句中的执行语句又是 if 语句时，则构成了 if 语句嵌套的情形。

其一般形式可表示如下：

```
if(表达式)
    if(表达式)
        语句;
```

或者为

```
if(表达式)
    if(表达式)
        语句;
    else
        语句;
else
    if(表达式)
        语句;
    else
        语句;
```

在嵌套内的 if 语句可能又是 if-else 型的，这将会出现多个 if 和多个 else 重叠的情况，这时要特别注意 if 和 else 的配对问题。例如：

```
if(表达式 1)
if(表达式 2)
    语句 1;
else
    语句 2;
```

其中的 else 究竟是与哪一个 if 配对呢？一种情况理解为：

```
if(表达式 1)
    if(表达式 2)
        语句 1;
else
        语句 2;
```

另一种情况理解为：

```
if(表达式 1)
    if(表达式 2)
        语句 1;
else
        语句 2;
```

为了避免这种二义性，C 语言规定，else 总是与它前面最近的且没有与其他 else 配过对的 if 配对，因此对上述例子应按后一种情况理解。

【例 4-5】 比较两个数的大小关系。

```
#include <stdio.h>
void main( )
{
    int a,b;
    printf("Please input A and B: ");
    scanf("%d%d",&a,&b);
    if(a!=b)
        if(a>b) printf("A>B\n");
        else printf("A<B\n");
    else printf("A=B\n");
}
```

程序运行的结果为：

```
Please input A and B:
5(空格) 6(回车)
A<B
```

本例中用了 if 语句的嵌套结构。采用嵌套结构实质上是为了进行多分支选择，该例实际上有三种选择即 A>B、A<B 或 A=B。这种问题用 if-else-if 语句也可以完成。而且程序更加清晰。因此，在一般情况下较少使用 if 语句的嵌套结构，以使程序更便于阅读理解。

例 4-5 的另一种程序。

```
#include <stdio.h>
void main( )
{
    int a,b;
    printf("please input A,B: ");
    scanf("%d%d",&a,&b);
    if(a==b) printf("A=B\n");
    else if(a>b) printf("A>B\n");
    else printf("A<B\n");
}
```

程序运行的结果为：

```
Please input A and B:
5(空格) 6(回车)
A<B
```

4.3.3 条件运算符和条件表达式

如果在条件语句中，只执行单个的赋值语句，常可使用条件表达式来实现。不但使程序简洁，也提高了运行效率。

条件运算符由？和：组成，它是一个三目运算符，即有三个参与运算的量。

由条件运算符组成条件表达式的一般形式为：

```
表达式 1? 表达式 2: 表达式 3
```

其求值规则为：如果表达式 1 的值为真，则以表达式 2 的值作为整个条件表达式的值，否则以表达式 2 的值作为整个条件表达式的值。

条件表达式通常用于赋值语句之中。

例如条件分支语句：

```
if(a>b) max=a;
else max=b;
```

可用条件表达式写为

```
max=(a>b)?a:b;
```

执行该语句的语义是：如 a>b 为真，则把 a 赋予 max，否则把 b 赋予 max。

使用条件表达式时，还应注意以下几点：

(1) 条件运算符的运算优先级低于关系运算符和算术运算符，但高于赋值符。因此 max=(a>b)? a:b 可以去掉括号而写为 max=a>b? a:b。

(2) 条件运算符？和：是一对运算符，不能分开单独使用。

(3) 条件运算符的结合方向是自右至左。

例如：

a>b? a:c>d? c:d 应理解为：a>b? a:(c>d? c:d)。

这是条件表达式嵌套的情形，即左边的条件表达式中的表达式 3 又是一个条件表达式。

将例 4-3 的程序用条件表达式方式编程：

```
#include <stdio.h>
void main()
{   int x,y;
    printf("\n Input two numbers: ");
    scanf("%d%d",&x,&y);
    printf("max=%d\n",x>y?x:y);
}
```

程序运行的结果为：

```
Input two numbers:
```

```
5(空格) 6(回车)
max=6
```

4.4 switch 语句与 break 语句

实现多分支选择语句除了 if 语句之外,C 语言还提供了另一种用于多分支选择的 switch 语句,其一般形式为:

```
switch(表达式)
{
    case 常量表达式 1: 语句 1;
    case 常量表达式 2: 语句 2;
    …
    case 常量表达式 n: 语句 n;
    default: 语句 n+1;
}
```

其语义是:计算表达式的值。并逐个与其后的常量表达式值相比较,当表达式的值与某个常量表达式的值相等时,即执行其后的语句,然后不再与后面其他的常量表达式进行比较,而是继续执行后面所有 case 后的语句。如果表达式的值与所有 case 后的常量表达式均不相同时,则执行 default 后的语句。

为了只执行需要执行的语句,而不继续执行不需要执行的语句,C 语言提供了 break 语句,专用于跳出 switch 语句,break 语句没有参数。

【例 4-6】 输入一个数字,如果该数字是 1～7,输出星期一～星期日的英文单词,否则,输出 error。

用 switch 语句但没用 break 语句的程序:

```
#include <stdio.h>
void main()
{
    int a;
    printf("Input integer number: ");
    scanf("%d",&a);
    switch (a)
    {
        case 1:printf("Monday\n");
        case 2:printf("Tuesday\n");
        case 3:printf("Wednesday\n");
        case 4:printf("Thursday\n");
        case 5:printf("Friday\n");
        case 6:printf("Saturday\n");
        case 7:printf("Sunday\n");
```

```
        default:printf("Error\n");
    }
}
```

程序运行的结果为：

```
Input integer number:
5(回车)
Friday
Saturday
Sunday
Error
```

本程序是要求输入一个数字，输出一个英文单词。但是当输入 5 之后，却执行了 case 5 以及以后的所有语句，输出了 Friday 及以后的所有单词。这当然是用户不希望的结果。为什么会出现这种情况呢？这恰恰反映了 switch 语句的一个特点。在 switch 语句中，“case 常量表达式”只相当于一个语句标号，表达式的值和某标号相等则转向该标号执行，但不能在执行完该标号的语句后自动跳出整个 switch 语句，所以出现了继续执行所有后面 case 语句的情况。这是与前面介绍的 if 语句完全不同的，应特别注意。为了避免上述情况，在每个语句后面加上 break 语句，用于跳出 switch 语句。修改例 4-6 的程序，在每一 case 语句之后增加 break 语句，执行一个语句之后可跳出 switch 语句，从而避免输出不需要的结果。

例 4-6 的正确程序：

```
#include <stdio.h>
void main( )
{
    int a;
    printf("Input integer number: ");
    scanf("%d",&a);
    switch (a)
    {
        case 1:printf("Monday\n");break;
        case 2:printf("Tuesday\n"); break;
        case 3:printf("Wednesday\n");break;
        case 4:printf("Thursday\n");break;
        case 5:printf("Friday\n");break;
        case 6:printf("Saturday\n");break;
        case 7:printf("Sunday\n");break;
        default:printf("error\n");
    }
}
```

程序运行的结果为：

```
Input integer number:
5(回车)
Friday
```

本程序在每个 case 语句后面增加了 break 语句，当表达式的值和某标号相等则转向该标号执行后，执行 break 语句便能在执行完该标号的语句后自动跳出整个 switch 语句。

在使用 switch 语句时还应注意以下几点：

(1) 在 case 后的各常量表达式的值不能相同，否则会出现错误。

(2) 在 case 后，允许有多个语句，可以不用{}括起来。

(3) 各 case 和 default 子句的先后顺序可以变动，而不会影响程序执行结果。

(4) default 子句可以省略不用。

4.5 选择结构程序举例

【例 4-7】 输入一个整数，判断它是奇数还是偶数。

```
#include <stdio.h>
void main()
{
    int a;
    printf("Input a number: ");
    scanf("%d",&a);
    if(a%2==0)
        printf("%d is a even number.\n",a);
    else
        printf("%d is a odd number.\n",a);
}
```

程序运行的结果为：

```
Input a number:
123(回车)
123 is a odd number.
```

【例 4-8】 有一个函数：

$$y=\begin{cases}x & (x<5)\\ 2x+1 & (5\leqslant x<10)\\ 4x\div 6 & (x\geqslant 10)\end{cases}$$

编写一个程序，输入一个 x 值，输出相应的 y 值。

根据题意用 N-S 图(如图 4-4 所示)来表示该题的算法。

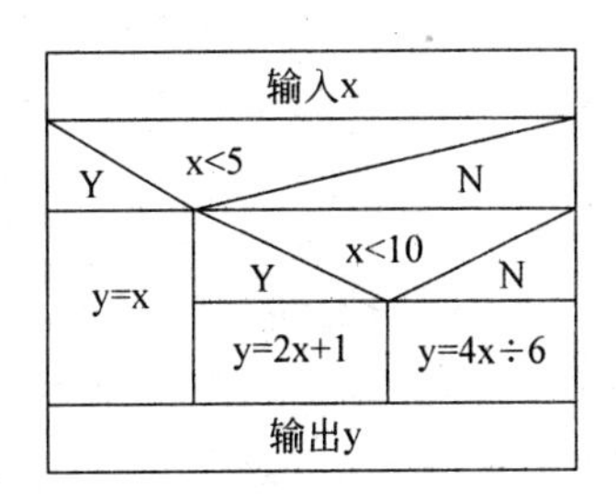

图 4-4　N-S 图

```c
#include <stdio.h>
void main()
{
    float x,y;
    printf("Input a numbers to x: ");
    scanf("%f",&x);
    if(x<5)    y=x;
    else if(x<10)    y=2*x+1;
        else y=4*x/6;
    printf("x=%.2f,y=%.2f\n",x,y);
}
```

程序运行的结果为：

```
Input a numbers to x:
5(回车)
x=5.00,y=11.00
```

本程序中有三个判断表达式，本例用了 if 语句的嵌套形式，读者可用其他方式实现。

【例 4-9】 计算器程序。用户输入运算数和运算符，输出计算结果。

```c
#include <stdio.h>
void main()
{
    float a,b;
    char c;
    printf("Input expression: a+(-,*,/)b \n");
    scanf("%f%c%f",&a,&c,&b);
    switch(c)
    {
        case '+': printf("sum=%.2f\n",a+b);break;
        case '-': printf("difference=%.2f\n",a-b);break;
        case '*': printf("product=%.2f\n",a*b);break;
        case '/': if(b==0)
            printf("input error\n");
        else
            printf("quotient=%.2f\n",a/b);break;
        default: printf("input error\n");
    }
}
```

程序运行的结果为：

```
Input expression: a+(-,*,/)b
5.5+6.1(回车)
11.60
```

在本程序中，switch 语句用于判断运算符，然后输出运算值。当输入运算符不是+、-、*、/时给出错误提示。注意在 case 语句中，'+'和+是不同的，'+'是一个字符型数据，而+是一个算术运算符，其他减、乘和除符号也是一样。

【例 4-10】 任意输入三个数，判断这三个数是否可以构成一个三角形。若能构成三角形，则输出该三角形的面积；否则输出错误信息。

构成三角形的三条边必须满足两个条件：一是各边长必须大于 0；二是任意两边的边长之和必须大于第三边的边长。

```
#include <stdio.h>
#include <math.h>
void main()
{   float a,b,c,s,area;
    printf("请输入三角形的三条边长: \n");
    scanf("%f%f%f",&a,&b,&c);
    if(a<=0||b<=0||c<=0)
        {printf("该三条边不能构成三角形\n"); }
    else
        {if(a+b<=c||a+c<=b||b+c<=a)
        {printf("该三条边不能构成三角形\n");}
    else
        {s=(a+b+c)/2;
        area=sqrt(s*(s-a)*(s-b)*(s-c));
        printf("边长: %5.2f,%5.2f,%5.2f 构成的三角形面积为: %10.2f\n",a,b,c,area);
        }
    }
}
```

【例 4-11】 从键盘输入一个年份，判定其是否是闰年，如果是闰年，输出 Yes，否则输出 No。

闰年的条件：

(1) 能被 4 整除但不能被 100 整除的年份都是闰年；

(2) 能被 100 整除，又能被 400 整除的年份是闰年。

不符合以上两个条件的年份不是闰年。

```
#include <stdio.h>
void main ()
{
    int year;
    printf("请输入年份:");
    scanf("%d",&year);
    if((year%400==0)||(year%4==0&&year%100!=0))
        printf("%d 年是闰年!\n",year);
    else
```

```
        printf("%d年不是闰年!\n",year);
    }
```

【例 4-12】 定期存款利息问题。存款利率 3 个月为年化利率 1.71%,6 个月为 1.98%,12 个月为 2.25%,24 个月为 2.79%,36 个月为 3.33%,60 个月为 3.60%。输入存款金额和存期(月),计算到期时的利息。

```
#include <stdio.h>
void main ()
{   float money, interest;
    int month;
    printf("请输入存款金额(元):");
    scanf("%f",&money);
    printf("请输入存期(月):");
    scanf("%d",&month);
    switch(month)
    {   case 3:interest=money * 1.71/100/12 * 3;break;
        case 6:interest=money * 1.98/100/12 * 6;break;
        case 12:interest=money * 2.25/100/12 * 12;break;
        case 24:interest=money * 2.79/100/12 * 24;break;
        case 36:interest=money * 3.33/100/12 * 36;break;
        case 60:interest=money * 3.60/100/12 * 60;break;
        default:printf("输入存期有误\n"); exit(0);
    }
    printf("%.2f元%d个月定期存款的利息为:%.2f元\n", money,month, interest);
}
```

习 题 4

4.1 输入一个整数,输出它的绝对值。

4.2 输入一个整数,判断它是奇数还是偶数,如果是奇数,输出该数,否则不输出。

4.3 从键盘输入一个字符,判断其是否是大写字母,如果是大写字母,则转换为小写字母,否则不转换。

4.4 根据下面函数,输入 x 值,输出 y 值。

$$y=\begin{cases}2x & x<0\\4x-2 & 0\leqslant x<10\\6x(x+3) & x\geqslant 10\end{cases}$$

4.5 输入一个不多于四位的正整数,求出它是几位数。

4.6 从键盘输入一个百分制成绩,要求输出成绩等级'A'、'B'、'C'、'D'、'E'。其中'A'对应的是 90 分(含 90 分)以上的成绩,'B'对应的是 80~89 分的成绩,'C'对应的是 70~79 分的成绩,'D'对应的是 60~69 分的成绩,'E'对应的是小于 60 分的成绩。如果输入的数值小于 0 或大于 100 要有“输入成绩错误”的信息显示。

4.7 求 $ax^2+bx+c=0$ 方程的解。

4.8 编程计算应纳个人所得税，输入月收入，输出本月应该缴纳的个人所得税。个人所得税缴纳标准：扣除标准 2000 元/月，超过 2000 元部分按下列税率计算：

收入≤500 元，税率 5%；

500 元<收入≤2000 元，税率 10%；

2000 元<收入≤5000 元，税率 15 %；

5000 元<收入≤20 000 元，税率 20 %；

20 000 元<收入≤40 000 元，税率 25%；

40 000 元<收入≤60 000 元，税率 30%；

60 000 元<收入≤80 000 元，税率 35%；

80 000 元<收入≤100 000 元，税率 40%；

收入≥100 000 元，税率 45%。

第5章

循 环 结 构

作为结构化程序设计的三种基本结构之一，循环结构通常用于需要重复执行的操作。计算机运算速度快，最擅长重复性的工作，因此程序设计时可以把复杂的求解过程转换成易理解的，简单重复的过程。例如，若干数据的输入、求和；数学公式的计算；有规律数列的求解等，使用循环结构简单、方便、清晰、易读。循环结构根据条件判断的先后，分为“当型”循环和“直到型”循环。

C语言提供了4种实现循环的方法：while语句，do-while语句，for语句，另外，用goto语句和if语句也可以构成循环结构，但较少用。本书将着重介绍前三种常用循环语句。

5.1 循 环 语 句

5.1.1 while语句

“当型”循环，即先判断表达式，后执行循环体。由while语句构成的循环就属于“当型”循环。

while语句的一般形式是：

```
while (表达式)
循环体;
```

其中，表达式可以是任意类型，表示循环条件；循环体是重复执行的操作，可以是一个可执行语句，如果循环体内包含一个以上的语句，应该用花括号括起来，组成复合语句。

while语句的执行过程是：计算while后面括号里表达式的值，当表达式的值为真(非0)时，执行循环体，然后返回while语句再次判断表达式的值，反复执行循环体；当表达式的值为假(0)时，退出while循环，循环结束。

while语句的流程图如图5-1所示。

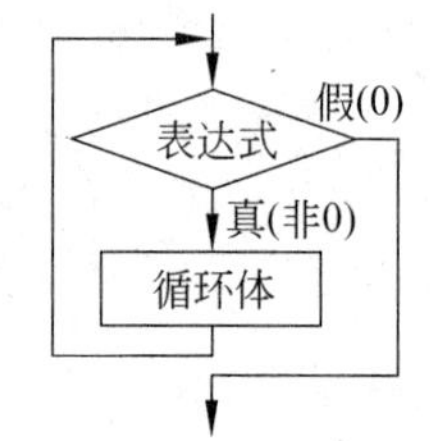

图5-1 while语句的流程图

【例 5-1】 用 while 语句构成循环，求 1＋2＋3＋…＋n。

```
#include<stdio.h>
void main( )
{
    int i,n,sum;
    i=1;
    sum=0;
    printf("Input n: \n");
    scanf("%d",&n);
    while(i<=n)
    {   sum=sum+i;
        i++;
    }
    printf("sum=%d\n", sum);
}
```

程序运行的结果为：

```
Input n:
100(回车)
sum=5050
```

注意：在循环体中一定要有使循环趋向于结束的语句。例如，在本例中循环体内的语句“i++;”，使 i 增值，当满足循环条件 i>n 时，循环结束；如果没有语句“i++;”，则 i 的值始终不变，循环永不结束，陷入了死循环。

5.1.2 do-while 语句

“直到型”循环是先执行循环体，后判断表达式。由 do-while 语句构成的循环是“直到型”循环。

do-while 语句的一般形式是：

```
do
循环体;
while (表达式);
```

同样地，do-while 语句中的表达式可以是任意类型，表示循环条件；循环体如果包含一个以上的语句，应该用大括号括起来，组成复合语句。

do-while 语句的执行过程是：先执行一次循环体，然后计算 while 后面括号里表达式的值，当表达式的值为真(非 0)时，返回重新执行循环体，如此反复，直到表达式的值结果为假(0)，循环结束。

do-while 语句的流程图如图 5-2 所示。

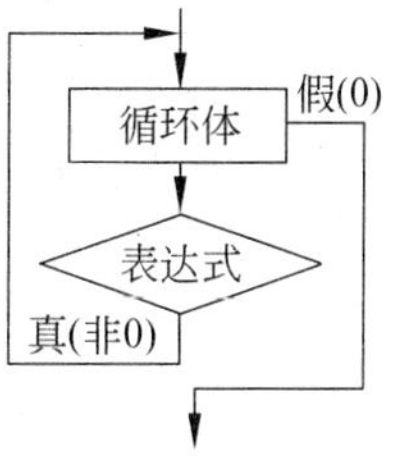

图 5-2 do-while 语句的流程图

【例 5-2】 用 do-while 语句构成循环，求 n 以内的奇数和。

```
#include<stdio.h>
void main()
{   int i,n,sum;
    i=1;
    sum=0;
    printf("Input n: \n");
    scanf("%d",&n);
    do
    {   sum=sum+i;
        i=i+2;
    }
    while(i<=n);
    printf("sum=%d\n",sum);
}
```

程序运行的结果为：

```
Input n:
100(回车)
sum=2500
```

【说明】

对于 while 和 do-while 语句，当 while 后面的表达式的值一开始为真(非 0)时，二者完全等价，do-while 语句和 while 语句可以互相转换。但是如果 while 后面的表达式的值一开始就为假(0)时，while 循环的循环体 1 次也不执行，而 do-while 循环的循环体至少执行 1 次。两种循环的结果不同，此时 do-while 语句和 while 语句不可互换。

5.1.3 for 语句

在 C 语言的循环结构中使用更为灵活和广泛的是 for 语句，for 语句属于"当型"循环。

for 语句的一般形式是：

```
for(表达式 1;表达式 2;表达式 3)
循环体;
```

for 语句的执行过程如下：

(1) 先计算表达式 1。

(2) 再计算表达式 2，若其值为非 0(真)，则执行循环体，然后执行步骤(3)。若为 0(假)，则结束循环，执行 for 语句的后继语句。

(3) 计算表达式 3，转回步骤(2)。

for 语句的流程图如图 5-3 所示。

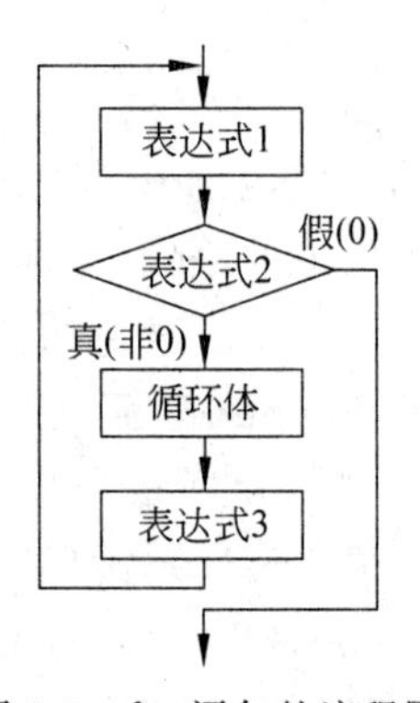

图 5-3 for 语句的流程图

通常，表达式 1 是给循环变量赋初值；表达式 2 表示循环条件；表达式 3 是循环变量增值。

因此 for 语句通常也可以写成如下形式：

```
for(循环变量赋初值;循环条件;循环变量增值)
循环体
```

【例 5-3】 用 for 语句求 n!。

解题思路：这里设 n 为小于等于 12 的整数。

```
#include<stdio.h>
void main()
{
    int i,n,f;
    f=1;
    printf("Input n: \n");
    scanf("%d",&n);
    for(i=1;i<=n;i++)
        f=f*i;
    printf("%d!=%d\n",n,f);
}
```

程序运行的结果为：

```
Input n:
10(回车)
10!=3628800
```

当 n>12 时，阶乘 f 的值会超出整型范围，此时可以定义 f 为 double 类型，试着自己编写 n 较大(n>12)时，求 n!的程序。

【说明】

(1) for 语句中的"表达式 1"可以省略，但";"不能省略。如：

```
for(i=1;i<=10;i++)
f=f*i;
```

可以写成：

```
i=1;
for(;i<=10;i++)
f=f*i;
```

(2) for 语句中的"表达式 3"也可以省略，同样";"不能省略。如：

```
for(i=1;i<=10;i++)
f=f*i;
```

也可以写成：

```
for(i=1;i<=10;)
{   f=f*i;
    i++;
}
```

(3) for 语句中的“表达式 1”和“表达式 3”同时省略时完全等同于 while 语句。如:

```
i=1;
for(;i<=10;)
{   f=f*i;
    i++;
}
```

等同于

```
i=1;
while (i<=10)
{   f=f*i;
    i++;
}
```

(4) 如果 for 语句中的“表达式 2”省略,则认为表达式 2 的值始终为非 0(真),除非在循环体内有跳出循环的语句如 break、exit 等,否则循环将会无限进行下去,陷入死循环。特例:

```
for(;;) 语句
```

相当于

```
while(1) 语句
```

(5)“表达式 1”和“表达式 3” 可以是一个简单的表达式,也可以是逗号表达式。如:

```
for (f=1,i=1;i<=10; f=f*i,i++);
```

相当于

```
f=1;
for(i=1;i<=10;i++)
f=f*i;
```

一般地,为了避免语句显得杂乱,使得可读性降低,建议不要把与循环控制无关的内容放到 for 语句的表达式中。

除了使用以上三种语句来构成循环,用 goto 语句和 if 语句也可以构成循环,但 goto 语句的用法不符合结构化原则,一般主张限制使用。

goto 语句也称为无条件转移语句,其一般形式是:

```
goto 语句标号;
```

其中,语句标号用标识符表示,它的命名规则与变量名相同,注意不能用整数做语句标号。遇到 goto 语句即无条件转到语句标号所标定的语句去执行。

【例 5-4】 用 if 语句和 goto 语句构成循环,求 n 以内的偶数和。

```
#include<stdio.h>
void main()
{
    int i,n,sum;
    i=2;
    sum=0;
    printf("Input n: \n");
    scanf("%d",&n);
loop: if(i<=n)
    {
        sum=sum+i;
        i+=2;
        goto loop;
    }
    printf("sum=%d\n",sum);
}
```

程序运行的结果为:

```
Input n:
100(回车)
sum=2550
```

5.2 循环的嵌套

循环的嵌套,即在一个循环体内又完整地包含另一个循环。内嵌的循环体内还可以嵌套循环,这就是多层循环,但每一层循环在逻辑上应是完整的,互相不允许交叉。以上介绍的 while 循环、do-while 循环和 for 循环,三种循环可以互相嵌套,例如:

(1)

```
while()
    {…
        do
            {…}
        while();
        …
    }
```

(2)

```
for(;;)
    {
        for(;;)
        {…}
    }
```

(3)

```
for( ; ; )
    {…
        while( )
            { }
        …
    }
```

等等,都属于循环的嵌套。

【例 5-5】 打印九九乘法表。

解题思路:本题采用嵌套的 for 循环,其中外循环控制行,i 由 1 增到 9;内循环控制列,j 由 1 增到 i,使得输出的九九乘法表是下三角的形式。

```
#include<stdio.h>
void main()
{
    int i,j;
    for(i=1;i<=9;i++)
    {
      for(j=1;j<=i;j++)
        printf("%d*%d=%d\t",i,j,i*j);
    printf("\n");
    }
}
```

程序运行的结果为:

```
1*1=1
2*1=2  2*2=4
3*1=3  3*2=6   3*3=9
4*1=4  4*2=8   4*3=12  4*4=16
5*1=5  5*2=10  5*3=15  5*4=20  5*5=25
6*1=6  6*2=12  6*3=18  6*4=24  6*5=30  6*6=36
7*1=7  7*2=14  7*3=21  7*4=28  7*5=35  7*6=42  7*7=49
8*1=8  8*2=16  8*3=24  8*4=32  8*5=40  8*6=48  8*7=56  8*8=64
9*1=9  9*2=18  9*3=27  9*4=36  9*5=45  9*6=54  9*7=63  9*8=72 9*9=81
```

5.3 结束循环的语句

C 语言中通常使用 break 语句和 continue 语句来结束循环。

5.3.1 break 语句

break 语句的一般形式为:

```
break;
```

在 switch 结构中，使用 break 语句可以使流程跳出 switch 结构；而在循环结构中，break 语句可以使流程跳出循环体，即提前结束循环。

【例 5-6】 break 语句应用举例。

```
#include<stdio.h>
void main()
{
    int i;
    for(i=1;i<=10;i++)
    {   printf("%d\t",i);
        if(i>=5) break;
    }
    printf("\n");
}
```

程序运行的结果为：

```
1  2  3  4  5
```

虽然 for 语句规定的循环是 i 从 1 到 10，但当 i>=5 时，执行 break 语句，提前结束循环，不再执行余下的几次循环。break 语句只能用于循环语句和 switch 语句中。

5.3.2 continue 语句

continue 语句的一般形式为：

```
continue;
```

其作用是结束本次循环，即跳过循环体中下面未执行的语句，接着进行循环条件的判定。

【例 5-7】 求输入的负整数之和。

```
#include<stdio.h>
void main()
{
    int n,i,sum=0;
    for (i=1;i<=10;i++)
    {   scanf("%d",&n);
        if (n>0) continue;
        sum=sum+n;
    }
    printf("sum=%d\n",sum);
}
```

当 n>0 时，执行 continue 语句，结束本次循环（即跳过 sum＝sum＋n；语句），只有

n<=0 时才执行 sum=sum+n;语句。

continue 语句和 break 语句的区别是：continue 语句只结束本次循环，继续判断循环条件表达式的值是否为真，如果为真再次执行循环体，如果为假则退出循环；而 break 语句则是结束整个循环，不再判断循环条件是否成立。

5.4 循环结构应用举例

【例 5-8】 编写程序，求 1!+2!+3!+…n!。

```
#include<stdio.h>
void main()
{
    int i, n;
    double f=1,sum=0;
    printf("Input n: \n");
    scanf("%d",&n);
    for(i=1;i<=n;i++)
    {   f=f*i;
        sum=sum+f;
    }
    printf("sum=%e\n",sum);
}
```

程序运行的结果为：

```
Input n:
10(回车)
sum=4.037913e+006
```

【例 5-9】 求 fibonacci 数列的前 20 个数。该数列为：1,1,2,3,5,8,13,21…即前两个数为 1,1。从第 3 个数开始为其前面两个数之和。

解题思路：fibonacci 数列来自古典数学问题：一对兔子，出生后第 3 个月起每个月都生一对兔子。小兔子长到第 3 个月后每个月又生一对兔子。假如所有的兔子都不死，求每个月兔子的总数。本题可由已知的两项 f1,f2，得到新项 f=f1+f2，然后把 f2 作为新的 f1，f 作为新的 f2，继续求下一新项 f，如此循环下去。

```
#include<stdio.h>
void main()
{
    int i;
    int f1=1,f2=1,f;
    printf("%15d%15d",f1,f2);
    for(i=3; i<=20; i++)
```

```
    {
        f=f1+f2;
        f1=f2;
            f2=f;
        printf("%15d",f);
        if(i%4==0) printf("\n");
    }
}
```

程序运行的结果为：

```
    1        1        2        3
    5        8       13       21
   34       55       89      144
  233      377      610      987
 1597     2584     4181     6765
```

if(i%4==0) printf("\n");语句的作用是使4个数为一行。

【例5-10】 求200以内的全部素数。

解题思路：素数即质数，除了1和它本身，不能被其他数整除。本题采用嵌套的for循环，其中内循环判断n是否素数采用如下算法：让n被2到$\sqrt{n}$除，如果n能被2～$\sqrt{n}$之间任何一个整数整除，则使用break语句提前结束循环。观察一下内循环结束时，内循环循环变量i的值，如果i<=k(即$\sqrt{n}$)，说明n能被2～$\sqrt{n}$之间的一个整数整除，循环已提前结束；如果i>k(即$\sqrt{n}$)，说明n不能被2～$\sqrt{n}$之间的任何整数整除，循环条件i<=k(即$\sqrt{n}$)为假时才结束循环。因此，如果i>k，n是素数，输出n值。外循环n取2～100的数即可。注意，1不是素数，2是素数。

```
#include<stdio.h>
#include<math.h>
void main()
{
    int n, i,k,num=0;
    for(n=2;n<=100; n++)
    {
        k=sqrt(n);
        for (i=2;i<=k;i++)
        if (n%i==0) break;
        if(i>k)
        {
            printf("%5d",n);
            num=num+1;
            if(num%5==0) printf("\n");
        }
    }
```

```
    printf ("\n");
}
```

程序运行的结果为：

```
  2    3    5    7   11
 13   17   19   23   29
 31   37   41   43   47
 53   59   61   67   71
 73   79   83   89   97
```

【例 5-11】 利用格里高利公式求 π 的近似值，直到某一项的绝对值小于 10^{-6} 为止。公式为 $\pi/4 \approx 1-1/3+1/5-1/7+\cdots$。

解题思路：可以设计一个变量来控制符号，初值 s=1，每次循环使 s=-s，则每一项 s*1.0/n 的符号依次分别取正、负、正、负……。

```
#include <stdio.h>
#include <math.h>
void main()
{   int s=1,n=1;
    double pi=0;
    while (fabs(s*1.0/n)>1e-6)
    {   pi=pi+s*1.0/n;
        n=n+2;
        s=-s;
    }
    pi=pi*4;
    printf("pi=%.6lf\n",pi);
}
```

程序运行的结果为：

```
pi=3.141591
```

【例 5-12】 编写程序，打印出如下图案。

```
*******
 *****
  ***
   *
```

解题思路：根据图案的形状，可以设计如下打印：

第 1 行：打印 0 个空格，7 个星；

第 2 行：打印 1 个空格，5 个星；

第 3 行：打印 2 个空格，3 个星；

第 4 行：打印 3 个空格，1 个星。

用 for 嵌套打印，其中外循环控制行，i 由 1 增到 4。内循环包括两个 for 语句：

第 1 个 for 语句打印空格，j 由 0 增到 i－1，即随着 i 由 1 增到 4，i－1 分别取 0，1，2，3；

第 2 个 for 语句打印星，k 由 1 增到 7－2 * (i－1)，即随着 i 由 1 增到 4，7－2 * (i－1)分别取 7，5，3，1。

```
#include <stdio.h>
void main( )
{
    int i,j,k;
    for(i=1;i<=4;i++)
    {   for(j=0;j<=i-1;j++)
        printf(" ");
    for(k=1;k<=7-2*(i-1);k++)
        printf("*");
    printf("\n");
    }
}
```

试一试：如果打印如下图案，应如何编写程序。

```
   *
  ***
 *****
*******
```

【例 5-13】 用牛顿迭代法求一元方程 $x^3-3x^2-x+3=0$ 在 0.5 附近的根。

解题思路：牛顿迭代法又称切线法，具体算法：对于方程 $f(x)=0$，由初值 x_0 求出 $f(x_0)$，过 $(x_0,f(x_0))$ 点作 $f(x)$ 的切线，交 x 轴于 x_1；再由 x_1 求出 $f(x_1)$，过 $(x_1,f(x_1))$ 点作 $f(x)$ 的切线，交 x 轴于 x_2；再由 x_2 求出 $f(x_2)$，过 $(x_2,f(x_2))$ 点作 $f(x)$ 的切线，交 x 轴于 x_3……如此继续，直到前后两次求出的 x 值(x_{n+1} 和 x_n)满足 $|x_{n+1}-x_n|<$ 给定误差(例如 10^{-6})。由图 5-4 可以得出 $f'(x_0)=\frac{f(x_0)}{x_0-x_1}$。

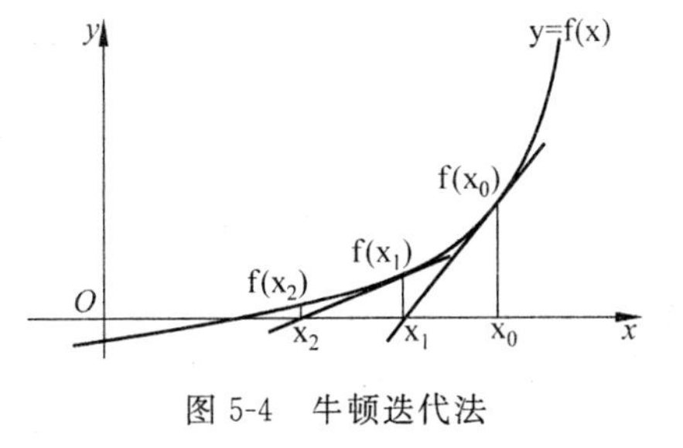

图 5-4　牛顿迭代法

由此可以得到迭代公式：$x_1=x_0-\frac{f(x_0)}{f'(x_0)}$。

其中，$f(x)=x^3-3x^2-x+3$ 可写成 $f(x)=((x-3)*x-1)*x+3$。

$f'(x)=3x^2-6x-1$ 可写成 $f'(x)=(3*x-6)*x-1$（在程序中，用 f1 表示 $f'(x)$）。

这种表示方法运算时节省时间，当然，也可以使用 pow(x,y)函数求乘方。

```
#include<math.h>
#include<stdio.h>
void main()
{   float x=0.5,x0,f,f1;
```

```
    do
    {   x0=x;
        f=((x0-3)*x0-1)*x0+3;
        f1=(3*x0-6)*x0-1;
        x=x0-f/f1;
    }
while(fabs(x-x0)>=1e-6);
printf("x=%.2f\n",x);
}
```

程序运行的结果为：

```
x=1.00
```

习 题 5

5.1 常用的三种循环之间有什么区别和联系？

5.2 continue 语句和 break 语句的区别是什么？

5.3 自己总结一下循环嵌套的执行过程是怎样的。

5.4 编写程序，求 1+1/2!+1/3!+…+1/10!。

5.5 有一分数序列：2/1，3/2，5/3，8/5，13/8，21/13，…编写程序，求出这个数列的前 30 项之和。

5.6 用“辗转相除法”求两个正整数的最大公约数。

5.7 编写程序，用迭代法求某数 a 的平方根。已知求平方根的迭代公式为：$x_{n+1}=1/2(x_n+a/x_n)$，要求前后两次求出的差的绝对值小于 10^{-5}。

5.8 编写程序，打印出以下图案。

```
   *
  ***
 *****
*******
 *****
  ***
   *
```

5.9 求水仙花数。所谓水仙花数，是指一个三位数 abc，如果满足 $a^3+b^3+c^3=abc$，则 abc 是水仙花数。

5.10 编写程序求解“百钱买百鸡”问题。中国古代数学家张丘建在他的《算经》中提出了著名的“百钱买百鸡问题”：鸡翁一，值钱五，鸡母一，值钱三，鸡雏三，值钱一，百钱买百鸡，问翁、母、雏各几何？即：5 文钱可以买 1 只公鸡，3 文钱可以买一只母鸡，1 文钱可以买 3 只小鸡。用 100 文钱买 100 只鸡，那么各有公鸡、母鸡、小鸡多少只？

第6章

数　组

在前面几章中用到的数据类型有整型、实型、字符型，它们都是基本数据类型。在实际生活中，对数据的处理要求千变万化，仅依赖于已有的基本数据类型是不够的。C语言提供了一种较复杂的数据类型，即数组。

本章主要介绍基本数据类型的一维数组和二维数组的定义及初始化，数组元素的引用，字符型数组及字符串的处理方法。

6.1　数组的概念

通过前几章的学习，我们知道求3个整数中的最大值，可以定义3个整型变量进行比较。但是如果求100个整数中的最大值，是否可以定义100个整型变量进行比较呢？可以想象程序该是多么烦琐，这样做完全没有必要。对此，C语言提供了一种较复杂的数据类型，即数组。当需要处理大量的同类型数据时，如一组学生的成绩、一串字符等，利用数组是非常方便的。数组属于C语言的构造数据类型。构造数据类型是由基本数据类型或已有的类型按一定规则组成的。C语言的构造类型包括：数组类型、结构体类型、共用体类型。

数组是一组具有相同类型的数据的有序集合。数组的每个分量称为数组元素。数组的特点是：一个数组的所有元素具有同一数据类型；数组中的各个元素用不同的下标来区别；数组在内存中占有连续的存储单元，数组名表示数组在内存中的首地址。

数组分一维数组和多维数组。只有一个下标的数组称为一维数组，有两个下标的数组称为二维数组，以此类推。二维数组是最常用的多维数组。数组的使用将使程序变得简洁、灵活、易读。

6.2　一维数组

6.2.1　一维数组的定义

在C语言中，数组和简单变量一样，必须“先定义，后使用”，以便编译程序在内存中给数组分配空间。数组定义除了说明数组的类型和数组名，还需指定数组长度。

一维数组定义的一般形式为：

类型说明符 数组名[常量表达式]；

其中，类型说明符指定该数组的所有元素的数据类型；数组名取名规则和变量名相同，遵循标识符命名规则；常量表达式的值指定了该数组中数组元素的个数，即指定了数组长度。例如：

```
int a[10];
```

定义了一个一维数组 a，数组中有 10 个元素，每个元素均为整型。10 个元素分别依次记为 a[0]，a[1]，a[2]，a[3]，a[4]，a[5]，a[6]，a[7]，a[8]，a[9]。编译系统在内存中开辟了 10 个连续的存储单元按下标递增的顺序用来存放这 10 个元素，如图 6-1 所示。

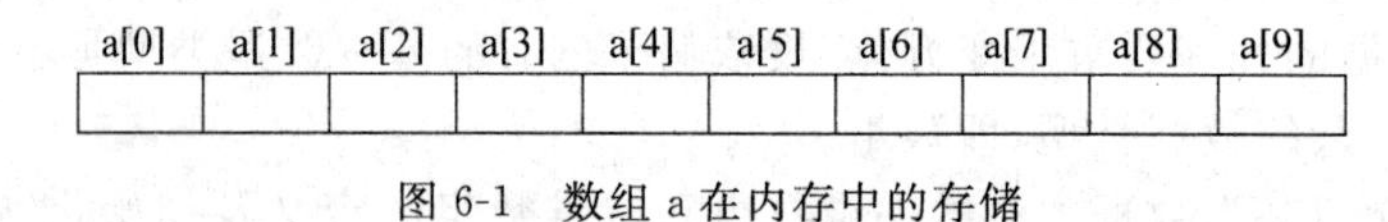

图 6-1　数组 a 在内存中的存储

在定义数组时，需要注意以下几点：

(1) 数组名不能与其他变量名等标识符重名。数组名后的常量表达式是用方括号括起来的，而不是圆括号。

(2) 可以同时定义多个同类型的数组和变量。例如：int i,j,a[10],b[20]。

(3) C 语言的数组元素下标是从 0 开始的。数组 a 的 10 个元素为 a[0]，a[1]，a[2]，a[3]，a[4]，a[5]，a[6]，a[7]，a[8]，a[9]，没有 a[10]。在 C 语言中，不对数组做边界检查，如果程序中出现了下标越界，可能会造成程序运行结果的错误。因此要注意下标不能过界。

(4) C 语言不允许对数组的长度作动态定义，即定义数组时，变量不能作数组长度。例如下面的数组定义是错误的：

```
#include<stdio.h>
void main()
{
    int n=10, a[n];
    …
}
```

除了数值常量，还可以用符号常量作数组长度。例如下面的数组定义会经常见到：

```
#define N 10
#include<stdio.h>
void main()
{
    int a[N];
    …
}
```

6.2.2 一维数组的引用

数组元素是组成数组的基本单元。数组元素的使用方法与同类型的简单变量完全相同，在可以使用简单变量的任何地方，都可以使用同类型的数组元素。数组元素通常也称为下标变量，可以参加各种运算。其标识方法为数组名后跟一个下标，下标表示了元素在数组中的顺序号。

数组元素的一般引用形式为：

数组名[下标]

其中，下标通常为整型常量或整型表达式，若为实型数据，系统自动取整。例如：a[5]，a[m+n]，a[2*3]等都是合法的数组元素。

数组必须先定义，后使用。在C语言中，使用数值型数组时，只能逐个引用数组元素，而不能一次引用整个数组。例如：

```
for(i=0; i<10; i++)
    printf ("%d", a[i]);
```

使用循环语句逐个输出有10个元素的数组的每个元素。而不能用一个语句使用数组名输出整个数组，下面的写法是错误的：

```
printf("%d", a);
```

【例 6-1】 编写程序，从键盘输入10个整数，找出其中的最小数并输出。

```
#include <stdio.h>
void main( )
{   int a[10],i,min;
    printf("Input 10 numbers please:\n");
    for(i=0; i<10; i++)
        scanf("%d", &a[i]);
    min=a[0];
    for(i=1; i<10; i++)
        if(min>a[i]) min=a[i];
    printf("MIN=%d\n", min);
}
```

程序运行的结果为：

```
Input 10 numbers please:
23 64 85 68 7 54 4 100 16 31(回车)
MIN=4
```

6.2.3 一维数组的初始化

数组的初始化，是指在定义数组的同时对数组元素赋以初值。初始化是在编译时进行的，不占用运行时间。

一维数值的初始化可以有以下几种形式：

(1) 定义数组时对数组的全部元素赋初值。

例如：

```
int a[10]={1,2,3,4,5,6,7,8,9,10};
```

即在定义数组时用一对花括号将要赋给数组各元素的值括起来，各值之间用逗号间隔，按其顺序赋给该数组。经定义和初始化后，a[0]=1，a[1]=2，a[2]=3，a[3]=4，a[4]=5，a[5]=6，a[6]=7，a[7]=8，a[8]=9，a[9]=10。

如果各数组元素的值全部相等，也必须逐个赋值，而不允许给数组整体赋初值。例如：整型数组 a[10]的 10 个元素全都为 1，不能写成：int a[10]=1;

初始化应写成：

```
int a[10]={1,1,1,1,1,1,1,1,1,1};
```

(2) 定义数组时对数组的全部元素赋初值时，也可以省略数组长度。例如：

```
int a[10]={1,2,3,4,5,6,7,8,9,10};
```

可写为：

```
int a[ ]={1,2,3,4,5,6,7,8,9,10};
```

系统会根据花括号{}中的初值个数，自动确定 a 数组长度为 10。

(3) 定义数组时只对数组的部分元素赋初值，则未赋值元素自动取 0 值。

数组初始化时的初值表至少有 1 个元素，不能为空。当初值表的初值个数多于数组的元素个数，则多出的初值被忽略；如果初值表的初值个数少于数组的元素个数，则多出的数组元素自动取 0 值。例如：

```
int a[10]={ 1,2,3,4,5};
```

经定义和初始化后，a[0]=1，a[1]=2，a[2]=3，a[3]=4，a[4]=5，a[5]=0，a[6]=0，a[7]=0，a[8]=0，a[9]=0。按照下标递增的顺序依次赋值，后 5 个元素系统自动赋 0 值，注意数组长度不可以缺省。当初始值数据缺少前几个或中间的某个数据时，相应的逗号不能省略，默认的数据自动为 0，例如：

```
int a[10]={ , , 3, ,5 };
```

经定义和初始化后，a[0]=0，a[1]=0，a[2]=3，a[3]=0，a[4]=5，a[5]=0，a[6]=0，a[7]=0，a[8]=0，a[9]=0。

(4) 静态(static)数组不进行初始化，则系统对所有元素自动赋 0 值。

6.2.4 一维数组应用举例

【例 6-2】 编写程序，从键盘输入 10 个学生 C 语言的成绩，求出总分及平均分。

```
#include<stdio.h>
void main( )
{
    int i, score[10];
    float sum=0,aver=0.0;
    printf("Input 10 numbers please:\n");
    for (i=0;i<10;i++)
    {
        scanf("%d",&score [i]);
        sum=sum+score [i];
    }
    aver=sum/10.0;
    printf("sum=%10.2f\n",sum);
    printf("average=%10.2f\n",aver);
}
```

程序运行的结果为：

```
Input 10 numbers please:
28 78 44 5 -79 109 9 35 46 -16(回车)
sum=259.00
average=25.90
```

【例 6-3】 编写程序，用数组来求解 Fibonacci 数列前 20 项：1,1,2,3,5,8,13,21…。算法提示：分析 Fibonacci 数列，有如下关系式成立：

```
f[0]=f[1]=1;
f[n]=f[n-2]+f[n-1] (n≥2)
#include<stdio.h>
void main()
{
    int i,f[20]={1,1};
    for(i=2;i<20;i++)
    f[i]=f[i-2]+f[i-1];
    for(i=0;i<20;i++)
    {
        if(i%4==0) printf("\n");
        printf("%10d",f[i]);
    }
    printf("\n");
}
```

程序运行的结果为：

```
   1         1         2         3
   5         8        13        21
  34        55        89       144
 233       377       610       987
1597      2584      4181      6765
```

【例 6-4】 编写程序,用冒泡排序法对 10 个整数排序(由小到大)。

算法提示:冒泡排序法是一种常用的排序方法,将相邻两个数比较,将小数调到前头。设有 n 个数要求从小到大排列,冒泡排序法的算法分为如下的 n−1 个步骤:

第 1 趟:由上向下,相邻两数比较,将小数调到前头。反复执行 n−1 次,第 n 个数最大,即大数沉底。

第 2 趟:由上向下,相邻两数比较,将小数调到前头。反复执行 n−2 次,后 2 个数排好。

……

第 k 趟:由上向下,相邻两数比较,将小数调到前头。反复执行 n−k 次,后 k 个数排好。

……

第 n−1 趟:由上向下,相邻两数比较,将小数调到前头。执行 1 次,排序结束。

例如,“98,76,85,64,53”的排序过程示意如下,其中加下划线的数据是已排好的,不用再比较。

第 1 趟:比较 4 次。

第 1 次	第 2 次	第 3 次	第 4 次	结果
98	76	76	76	76
76	98	85	85	85
85	85	98	64	64
64	64	64	98	53
53	53	53	53	98

第 2 趟:比较 3 次。

第 1 次	第 2 次	第 3 次	结果
76	76	76	76
85	85	64	64
64	64	85	53
53	53	53	85
98	98	98	98

第 3 趟：比较 2 次。

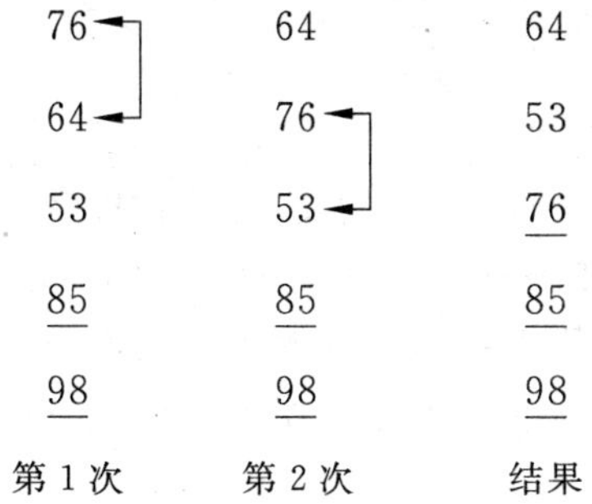

第 1 次	第 2 次	结果
76	64	64
64	76	53
53	53	76
85	85	85
98	98	98

第 4 趟：比较 1 次。

第 1 次	结果
64	53
53	64
76	76
85	85
98	98

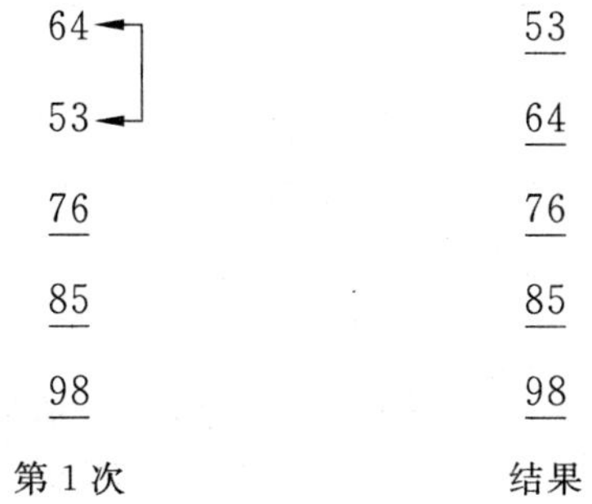

可以看出，如果有 n 个数进行排序，则要进行 n－1 趟比较。在第 i 趟比较中要进行 n－i 次两两比较，现设 n＝10。

```
#include<stdio.h>
void main()
{
    int x[10];
    int i,j,s;
    printf("Input 10 numbers please:\n");
    for(i=0;i<10;i++)
    scanf("%d",&x[i]);
    printf("\n");
    for(i=0;i<9;i++)
        for (j=0;j<9-i;j++)
            if (x[j]>x[j+1])
                {s=x[j];x[j]=x[j+1];x[j+1]=s;}
    printf("The sorted 10 numbers: \n");
    for(i=0;i<10;i++)
        printf("%d ",x[i]);
    printf("\n");
}
```

程序运行的结果为：

```
Input 10 numbers please:
42 28 5 2 14 86 20 100 -40 -23(回车)
The sorted 10 numbers:
-40 -23 2 5 14 20 28 42 86 100
```

【例 6-5】 编写程序,用选择排序法对 10 个整数排序(由小到大)。

算法提示:选择排序法是另一种常用的排序方法,以由小到大排序为例,从所有元素中选取最小元素与第 1 个元素交换,接着从剩下的元素中选取最小元素与第 2 个元素交换,再从剩下的元素中选取最小元素与第 3 个元素交换,以此类推,直到剩下的元素个数为 1。

例如,以"56,40,43,25,18"的排序过程示意选择排序法如下,其中加下划线的数据是剩下的元素中的最小元素。

原始数据:56　40　43　25　<u>18</u>

第 1 趟:【18】　40　43　<u>25</u>　56

第 2 趟:【18　25】　43　<u>40</u>　56

第 3 趟:【18　25　40】　<u>43</u>　56

第 4 趟:【18　25　40　43】　56

可以看出,如果有 n 个数进行排序,则要进行 n－1 趟比较。而第 i 趟比较是从下标为 i＋1 的元素开始,到最后一个元素(即下标为 n－1 的元素)比较完毕,现设 n＝10。

```
#include<stdio.h>
void main()
{
    int i,j,min,t,a[10];
    printf("Input 10 numbers please:\n");
    for(i=0;i<10;i++)
        scanf("%d",&a[i]);
    for(i=0;i<9;i++)
    {   min=i;
        for(j=i+1;j<10;j++)
            if(a[min]>a[j]) min=j;
        t=a[i];
        a[i]=a[min];
        a[min]=t;
    }
printf("The sorted 10 numbers: \n");
for(i=0;i<10;i++)
    printf("%d ",a[i]);
printf("\n");
}
```

程序运行的结果为:

```
Input 10 numbers please:
```

```
56 33 2 -5 12 75 20 90 -41 -18(回车)
The sorted 10 numbers:
-41 -18 -5 2 12 20 33 56 75 90
```

6.3 二维数组

6.3.1 二维数组的定义

n维数组是指有n个下标的数组，n维数组的使用方法与二维数组类似，本书主要介绍二维数组的使用。

二维数组定义的一般形式为：

```
类型说明符 数组名[常量表达式][常量表达式];
```

例如：

```
float a[4][3];
```

定义了a为4行3列的二维数组，共有4×3=12个元素。数据的逻辑结构是：

$$\begin{pmatrix} a[0][0] & a[0][1] & a[0][2] \\ a[1][0] & a[1][1] & a[1][2] \\ a[2][0] & a[2][1] & a[2][2] \\ a[3][0] & a[3][1] & a[3][2] \end{pmatrix}$$

【说明】

(1) 二维数组和一维数组一样，数组元素的下标从0开始，因此a的下标最大的元素是a[3][2]，而不是a[4][3]。

(2) 可以把二维数组看做是一种特殊的一维数组，它的每个元素又是一个一维数组。

例如，可以把a看做是一个一维数组，它由a[0]、a[1]、a[2]、a[3]共4个元素组成；而a[0]、a[1]、a[2]、a[3] 又可以看做是四个一维数组的名字。其中，a[0]由a[0][0]、a[0][1]、a[0][2]三个元素组成；a[1]由a[1][0]、a[1][1]、a[1][2]三个元素组成；a[2]由a[2][0]、a[2][1]、a[2][2]三个元素组成；a[3]由a[3][0]、a[3][1]、a[3][2]三个元素组成。即：

$$a\begin{cases} a[0]: & \underline{a[0]}[0] & \underline{a[0]}[1] & \underline{a[0]}[2] \\ a[1]: & \underline{a[1]}[0] & \underline{a[1]}[1] & \underline{a[1]}[2] \\ a[2]: & \underline{a[2]}[0] & \underline{a[2]}[1] & \underline{a[2]}[2] \\ a[3]: & \underline{a[3]}[0] & \underline{a[3]}[1] & \underline{a[3]}[2] \end{cases}$$

C语言的这种处理方法在指针表示时很方便实用。

(3) C语言中二维数组的元素在内存中排列的顺序是：按行存放。

二维数组中的两个下标自然地形成了表格中的行列对应关系。而实际上在计算机内，由于存储器是连续编址的，即存储单元是按一维线性排列的，所以二维数组在计算机内存中是：先顺序存放第一行的元素，再存放第二行的元素……即按行存放。二维数组 a 的元素在内存中的存放顺序如图 6-2 所示。

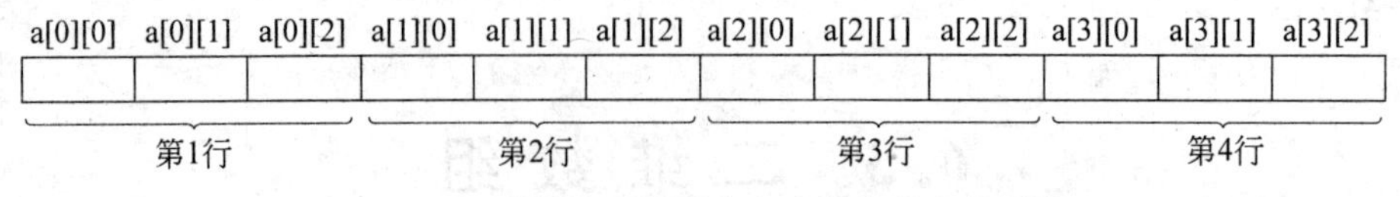

图 6-2　二维数组 a 的元素在内存中的存放顺序

同样地，多维数组元素在内存中排列的顺序也是按行存放。如定义三维数组：

```
int b[2][3][3];
```

其在内存中的排列顺序如下，其中，第一维的下标变化最慢，最后一维的下标变化最快：

先存放 b[0][0][0]、b[0][0][1]、b[0][0][2]，再存放 b[0][1][0]、b[0][1][1]、b[0][1][2]，再存放 b[0][2][0]、b[0][2][1]、b[0][2][2]，接着存放 b[1][0][0]、b[1][0][1]、b[1][0][2]，接着存放 b[1][1][0]、b[1][1][1]、b[1][1][2]，最后存放 b[1][2][0]、b[1][2][1]、b[1][2][2]。

6.3.2　二维数组的引用

与一维数组的引用形式类似，二维数组的元素的引用形式为：

```
数组名[下标][下标]
```

数组名后面带两个方括号的下标，下标同样可以是整型常量或整型表达式，如为小数，系统自动取整。如 x[2][3]，x[5－2][6/2]都为正确的引用形式。

和一维数组一样，也可对二维数组和多维数组的元素进行与变量相同的操作，例如：

```
a[0][0]=a[2][1]/2;
```

【说明】

(1) 注意数组元素下标不要越界。例如：

```
int a[3][4];
a[3][4]=5;
```

a[3][4]超过了数组的范围，是错误的。a 为 3 行 4 列的数组，它可用的行下标值最大为 2，列下标值最大为 3。在程序设计中一定要注意检查数组元素下标是否越界。

(2) 不能一次引用整个二维数组，只能逐个引用数组元素。通常用 for 循环的嵌套对二维数组元素逐个引用：

```
int a[3][4];
for(i=0;i<3;i++)
    for(j=0;j<4;j++)
        scanf("%d", &a[i][j]);
```

6.3.3 二维数组的初始化

可以在定义二维数组的同时对二维数组元素赋以初值，二维数组的初始化有以下几种形式：

(1) 按行对二维数组初始化。例如：

```
int a[3][3]={{1,2,3},{4,5,6},{7,8,9}};
```

这是按行赋值，这种方式清楚直观。常量表中的第一对花括号中的数据赋给数组 a 的第一行元素，第二对花括号中的数据赋给 a 的第二行元素，第三对花括号中的数据赋给 a 的第三行元素。初始化后数组 a 的元素值如图 6-3 所示。

a[0][0]	a[0][1]	a[0][2]	a[1][0]	a[1][1]	a[1][2]	a[2][0]	a[2][1]	a[2][2]
1	2	3	4	5	6	7	8	9

图 6-3 初始化后数组 a 的元素值

(2) 按二维数组在内存中的存放顺序初始化。例如：

```
int a[3][3]={1,2,3,4,5,6,7,8,9};
```

这种方式将所有初始化值写在一个花括号中，依次赋给数组的各元素，初始化结果与前一种方式相同，如图 6-3 所示。

(3) 二维数组的部分元素赋初值，未赋初值的元素将自动设为零。如：

```
int a[3][3]={{1},{4},{7}};
```

相当于：

```
int a[3][3]={{1,0,0},{4,0,0},{7,0,0}};
```

再如：

```
int b[4][3]={{1},{},{2,3},{4,5,6}};
```

赋初值后数组各元素为

$$\begin{bmatrix} 1 & 0 & 0 \\ 0 & 0 & 0 \\ 2 & 3 & 0 \\ 4 & 5 & 6 \end{bmatrix}$$

(4) 对全部元素赋初值，则数组的第一维长度可以省略，但第二维长度不能省略。编译系统在编译程序时通过对初始值表中所包含的元素值的个数进行检测，能够自动确定这个二维数组的第一维长度。

例如

```
int a[3][3]={1,2,3,4,5,6,7,8,9};
```

可以写成

```
int a[ ][3]={1,2,3,4,5,6,7,8,9};
```

只对部分元素赋初值也可以省略第一维长度，但应分行赋初值。

例如

```
int a[ ][3]={{1,2},{4},{7}};
```

系统能根据初始值分行情况自动确定该数组第一维的长度为3。

6.3.4 二维数组应用举例

【例 6-6】 编写程序，求一个3×3整型矩阵主对角线元素之和。

解题思路：分析如下3×3矩阵：

$$\begin{bmatrix} a[0][0] & a[0][1] & a[0][2] \\ a[1][0] & a[1][1] & a[1][2] \\ a[2][0] & a[2][1] & a[2][2] \end{bmatrix}$$

发现主对角线上的元素a[0][0]、a[1][1]、a[2][2]的行、列下标相等，因此求主对角线元素之和可编写源程序如下：

```
#include<stdio.h>
void main()
{   int i,j;
    int a[3][3],sum=0;
    for(i=0;i<3;i++)
        for(j=0;j<3;j++)
            scanf("%d",& a[i][j]);
    for(i=0;i<3;i++)
        sum=sum+a[i][i];
    printf("sum=%d\n",sum);
}
```

程序运行的结果为：

```
12 30 46(回车)
88 53 61(回车)
74 90 29(回车)
```

输出结果为：

```
sum=94
```

【例 6-7】 编写程序，求一个N行M列二维数组的最小元素及其所在位置。

解题思路：以4行3列二维数组为例，共12个元素，求4×3二维数组的最小元素等同于求12个数中的最小值。

```
#define N 4
#define M 3
#include<stdio.h>
void main()
{
    int i,j,row=0,col=0,min;
    int a[N][M];
    for(i=0;i<N;i++)
    for(j=0;j<M;j++)
        scanf("%d",& a[i][j]);
    min=a[0][0];
    for (i=0;i<N;i++)
        for (j=0;j<M;j++)
    if (a[i][j]<min)
{       min=a[i][j];
            row=i;
            col=j;
}
    printf("min=%d,row=%d,col=%d\n",min,row,col);
}
```

程序运行的结果为：

```
61  20  17(回车)
35  48  59(回车)
22  15  100(回车)
50  73  86(回车)
min=15,row=2,col=1
```

【例 6-8】 编写程序，输入 5 名学生的 3 门课程的成绩，计算并输出每名学生的平均分和每门课程的平均分。

算法提示：可设一个二维数组 a[5][3]存放 5 名学生的 3 门课程的成绩。再设两个一维数组 b[5]和 c[3]，其中 b[5]存放每名学生的平均分，c[3]存放每门课程的平均分。

```
#include<stdio.h>
void main( )
{
    int a[5][3], i,j;
    float b[5],c[3],sum;
    printf("input scores: \n");
    for(i=0;i<5;i++)
        for(j=0;j<3;j++)
            scanf("%d",&a[i][j]);
    for(i=0;i<5;i++)
```

```
    {
        sum=0;
        for(j=0;j<3;j++)
            sum=sum+a[i][j];
        b[i]=sum/3.0;
    }
    for(j=0;j<3;j++)
    {
        sum=0;
        for(i=0;i<5;i++)
            sum=sum+a[i][j];
        c[j]=sum/5.0;
    }
for(i=0;i<5;i++)
    printf("No. %d : %8.2f \n", i+1, b[i]);
printf("English: %8.2f \nMath: %8.2f \nC languag: %8.2f\n ",c[0],c[1],c[2]);
}
```

程序运行的结果为：

```
input scores:
87 72 83(回车)
72 89 85(回车)
80 78 71(回车)
89 62 85(回车)
70 86 90(回车)
No.1: 80.67
No.2: 82.00
No.3: 76.33
No.4: 78.67
No.5: 82.00
English: 79.60
Math: 77.40
C languag: 82.80
```

6.4 字 符 数 组

字符数组是用来存放字符型数据的数组。字符数组与数值数组在存放和处理数据时的方法有所不同。在C语言中，字符数组与字符串有着密切的联系，它们之间有很多共性，但又有区别。字符数组中的一个元素存放一个字符，一个一维数组可以存放一个字符串，一个二维数组则可存放多个字符串。

6.4.1 字符数组的定义

字符数组定义的一般形式是：

```
char 数组名[常量表达式];
```

例如：

```
char s [5];
```

该语句定义了一个元素个数为 5 的字符数组，可以存放 5 个字符型的数据。

字符数组的每一个元素可以当做一个字符型变量使用。例如，用赋值语句可以对上述字符数组 s 的元素逐个赋初值：

```
s[0]='H', s[1]='E'; s[2]='L';s[3]='L';s[4]='O';
```

s[0]	s[1]	s[2]	s[3]	s[4]
H	E	L	L	O

图 6-4　赋值以后数组 s 的状态

赋值以后数组 s 的状态如图 6-4 所示。

6.4.2 字符数组的初始化

字符数组的初始化通常采用两种方式：

(1) 给字符数组中的各元素逐个赋初值。即把所赋初值依次放在一对大括号中。以一维字符数组为例，例如：

```
char s[5]={'H','E','L','L','O'};
```

赋值后各元素的值如图 6-4 所示。

与数值数组的初始化一样，字符数组初始化，对部分未赋初值的元素，系统自动设定 0 值字符，即字符'\0'。如果字符数组长度小于初始化的初值个数，则作为语法错误处理。例如：

```
char str [10]={'s','t','u','d','e','n','t'};
```

赋值后数组 str 各元素的值如图 6-5 所示。

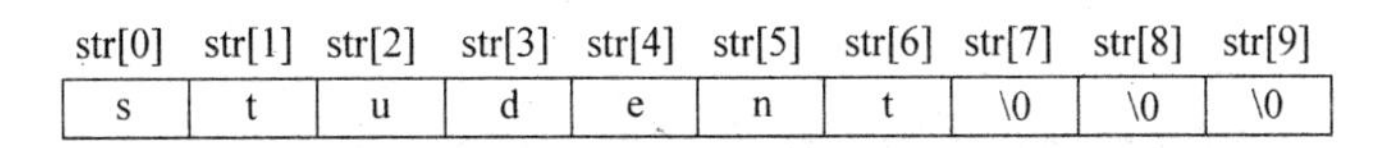

str[0]	str[1]	str[2]	str[3]	str[4]	str[5]	str[6]	str[7]	str[8]	str[9]
s	t	u	d	e	n	t	\0	\0	\0

图 6-5　赋值后数组 str 各元素的值

同样地，字符数组对全部元素赋初值时也可以省略长度说明。例如：

```
char s[ ]={'H','E','L','L','O'};
```

系统根据大括号{}中的初值个数，自动确定 s 数组长度为 5。

也可以对二维字符数组进行初始化，例如：

```
char st [2][5]={ {'C','h ','i','n','a'},{'J','a ','p','a','n'}};
```

赋值后的数组 st 如图 6-6 所示。

(2) 给字符数组用字符串直接赋初值。

实际应用中,这种方法更常用。例如:

C	h	i	n	a
J	a	p	a	h

图 6-6　赋值后的数组 st

```
char str [10]={"student"};
```

赋值后各元素的值如图 6-5 所示。

实际应用中,用字符串给字符数组直接赋初值的方法更简洁,使用更广泛。

6.4.3　字符数组的引用

与其他类型数组的引用形式一样,字符数组的引用也是数组名后面跟方括号括着的下标:数组名[下标]([下标]…)。下标的个数取决于数组的维数。举一个二维数组引用的例子。

【例 6-9】 输出两个城市的名称。

```
#include<stdio.h>
void main ()
{
    char str[2][7]={ {'B','e','i','j','i','n','g'},{'T','i','a','n','j','i','n'}};
    int i,j;
    for(i=0;i<2;i++)
    {   for(j=0;j<7;j++)
        printf("%c",str[i][j]);
        printf("\n");
    }
}
```

程序运行的结果为:

```
Beijing
Tianjin
```

6.4.4　字符串

在 C 语言中,字符串是借助于字符数组来存放的。C 语言规定:把字符'\0'作为“字符串结束标志”。'\0'称为“空操作符”,ASCII 代码值为 0,是一个转义字符。

'\0'作为字符串结束标志占用存储空间,但不计入串的实际长度。在遇到第一个'\0'时,表示字符串结束,由它前面的字符组成字符串。例如,定义了一个字符数组 s,有 10 个元素,放入一个字符串,前第 7 个字符为普通字符,后 3 个字符都为'\0',则此字符串的有效字符为 7 个,即字符串的长度为 7。

通常,在字符串常量的末尾,系统会自动添加一个'\0'作为结束符。因此用字符串常量对字符数组初始化时,数组的长度至少要比字符串实际长度大 1。如果在一个字符数组中先后存放多个不同长度的字符串，则应使数组长度大于最长的字符串的长度。字符数组与字符串的主要区别是：字符串存放在字符数组中，但字符数组与字符串可以不等长。字符串以'\0'作为结束标记，字符数组并不要求它的最后一个字符为'\0'，甚至可以不包含'\0'。例如：

```
char s [10]={"student"};
```

字符数组的长度为 10，而字符串的长度为 7。

如果定义：

```
char s[ ]={ 's', 't','u','d','e','n','t'};
```

则系统自动设定字符数组 s 的长度为 7。

但是如果定义：

```
char s[ ]={"student"};
```

系统会在字符串常量的末尾自动添加一个'\0'，因此自动设定字符数组 s 的长度为 8。而字符串的长度为 7。另外：

```
char s[ ]="student";
```

这种省略大括号的写法，其作用与 char s[ ]={'s', 't','u','d','e','n','t', '\0'};等价。

6.4.5 字符数组的输入输出

在 C 语言中，字符数组的输入输出可以利用"%c"格式说明符或字符输入、输出函数逐个输入、输出字符；另外，还可以利用"%s"格式说明符或字符串输入、输出函数对整个字符串进行输入和输出。其中，字符输入、输出函数在前面已经介绍过，字符串输入、输出函数将在 6.4.6 节的字符串处理函数中介绍，现在主要介绍利用"%c"和"%s"格式说明符对字符数组进行输入输出。

(1) 用格式说明符"%c"实现逐个字符输入输出。例如：

```
char st[10]={"student"};
for(i=0;i<10;i++)
    printf("%c",st[i]);
```

执行以上语句，输出结果为：

```
student
```

(2) 用"%s"格式说明符对整个字符串进行输入和输出。

① 在 scanf 函数中使用格式说明"%s"可以实现字符串的整体输入。

例如：

```
char st[10];
scanf("%s",st);
```

执行以上语句,输入数据:

```
student↙
```

则系统将从 st[0]开始依次将输入字符串放入数组 st 中,在最后一个字母之后由系统自动加'\0'。如图 6-7 所示。

st[0]	st[1]	st[2]	st[3]	st[4]	st[5]	st[6]	st[7]	st[8]	st[9]
s	t	u	d	e	n	t	\0		

图 6-7　数组 st 中存入"student"

【说明】

- 用"%s"格式符输入字符串时,printf 函数中的地址项是字符数组名,表示数组的首地址,不要在 st 前再加上求地址运算符'&'。
- 用"%s"格式符输入字符串时,空格和回车都作为输入数据的分隔符而不能被读入。例如执行以上语句,输入数据:

```
A student↙
```

则只将"A"存入数组 st 中,而不是将字符串"A student"存入数组 st 中。如图 6-8 所示。

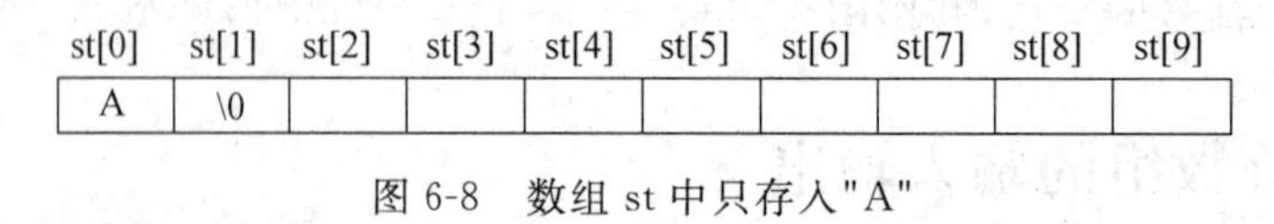

图 6-8　数组 st 中只存入"A"

- 系统不自动检测下标是否越界。因此要注意输入字符串的长度要小于字符数组所能容纳的字符个数。

② 在 printf 函数中使用格式说明"%s"可以实现字符串的整体输出。

例如:

```
printf("%s",st);
```

此处 st 是数组名,代表该数组的首地址。执行函数时,将从这一地址开始,依次输出存储单元中的字符,直到遇到第一个'\0'为止。'\0'是结束标志,不在输出字符之列。输出结束后不自动换行。例如:

```
char st[10];
scanf("%s",st);
```

执行以上语句,输入数据:

```
student↙
```

输出结果:

```
student
```

6.4.6 字符串处理函数

在C语言中，对字符串的处理需要借助字符串函数来完成，C语言为用户提供了丰富的字符串处理函数，用户在编程时可以直接调用这些函数。使用字符串输入、输出函数，应在源程序文件开头包含头文件"stdio.h"；使用字符串比较、连接、合并等函数，则应包含头文件"string.h"。

下面介绍一些常用的字符串处理函数。

1. 字符串输入函数

形式：

```
gets(字符数组)
```

功能：从终端读入字符串(包括空格符)到字符数组，直到遇到一个换行符为止。但换行符不作为串的内容，系统自动在串后加'\0'。

返回值：字符数组的首地址。

注意： gets( )函数和使用%s格式的scanf( )函数在输入时的区别是：对于scanf( )函数，“回车”或“空格”都是字符串结束标志；而对于gets( )函数，只有“回车”才是字符串结束标志，“空格”则是字符串的一部分。

例如：

```
char str[10];
gets(str);
```

输入数据：

```
A student↙
```

则将字符串"A student"送给字符数组str(包括空格和系统自动加的'\0'，共10个字符)，如图6-9所示。

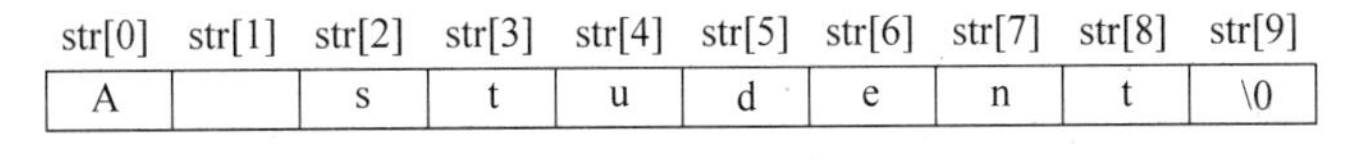

str[0]	str[1]	str[2]	str[3]	str[4]	str[5]	str[6]	str[7]	str[8]	str[9]
A		s	t	u	d	e	n	t	\0

图6-9 用gets函数向数组str中存入"A student"

2. 字符串输出函数

形式：

```
puts(字符数组)
```

功能：从字符数组的首地址开始，依次输出内存中的字符，遇到第一个'\0'则结束输出，并自动输出一个换行符。

返回值：无。

例如：上面的数组 str,执行语句

```
puts(str);
```

输出结果是：

```
A student
```

3. 字符串连接函数

形式：

```
strcat(字符数组 1,字符数组 2);
```

功能：取消字符数组 1 中的字符串结束标志'\0',把字符数组 2 中的字符串连接到字符数组 1 中的字符串后面。结果放在字符数组 1 中。

返回值：字符数组 1 的首地址。

注意：

(1) 字符数组 1 的长度要足够大,以保证能够装入被连接的全部字符。

(2) 连接前两个字符串的后面都有一个'\0',连接时将字符串 1 后面的'\0'取消,只在新串末尾保留一个'\0'。

例如：

```
char s1[20]={"I am "};
char s2[ ]={"a student."};
printf("%s",strcat(sl,s2));
```

输出：

```
I am a student.
```

4. 字符串拷贝函数

形式：

```
strcpy(字符数组 1,字符串 2);
```

功能：将字符串 2 拷贝到字符数组 1 中去。

返回值：字符数组 1 的首地址。

注意：

(1) "字符数组 1"必须写成数组名形式(如 sl),"字符串 2"可以是字符串常量或已赋值的字符数组名。

(2) 字符数组 1 的长度要足够大,以保证能装入拷贝后的字符串。

(3) 拷贝时连同字符串后面的'\0'一起拷贝到字符数组 1 中。

(4) 不能用赋值语句将一个字符串常量或字符数组直接赋给一个字符数组。

例如：

```
char s1[10],s2[ ]={"student"};
```

则 sl={"student"}；或 sl=s2;是不合法的；
而 strcpy(s1 ,s2)；或 strcpy (s1,"student");是合法的，它们的作用相同。
执行后,sl 数组如图 6-10 所示。

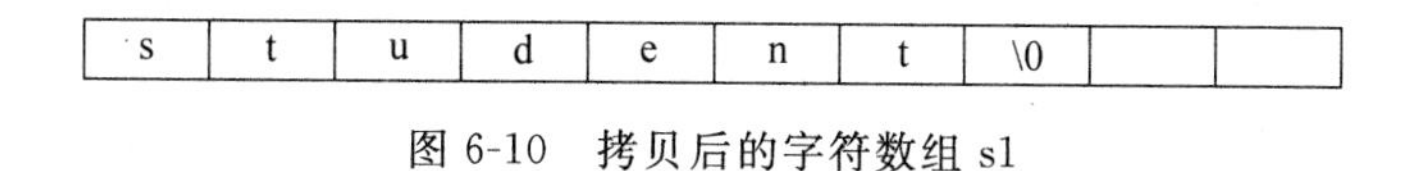

s	t	u	d	e	n	t	\0		

图 6-10 拷贝后的字符数组 s1

也可以用 strcpy 函数将字符串 2 中前面若干个字符拷贝到字符数组 1 中去。例如：

```
strcpy(s1,s2,2);
```

作用是将 s2 中前面两个字符拷贝到 sl 中去,然后再加一个'\0'。

5. 字符串比较函数

形式：

```
strcmp(字符串 1,字符串 2)
```

其中,字符串 1、2 为字符串常量或已赋值的字符数组名。
功能：比较两个字符串,比较的结果由函数值带回。
返回值：
(1) 如果字符串 1=字符串 2,函数值为 0。
(2) 如果字符串 1>字符串 2,函数值为一正整数。
(3) 如果字符串 1<字符串 2,函数值为一负整数。
注意：
(1) 字符串比较的方法是：依次对两个字符串对应位置上的字符两两进行比较,当出现第一对不相同的字符时即由这两个字符决定所在串的大小。字符大小的依据是其 ASCII 值的大小。
(2) 对两个字符串比较,不能用比较运算符。
例如：

```
strcmp(s1,s2);
strcmp("student","teacher");
strcmp(s1,"student");
```

都是合法的语句。

6. 求字符串长度函数

形式：

```
strlen(字符数组)
```

功能：求字符串的实际长度，不包括'\0'在内。
返回值：字符串的实际长度。
例如：

```
char str[10]={"student"};
printf("%d",strlen(str));
```

输出结果：

```
7
```

另外，strlen("student ")也是合法的用法。

7. 字符串大写转换成小写函数

形式：

```
strlwr(字符串)
```

功能：将字符串中所有大写字母转换成小写字母。
返回值：字符串的首地址。

8. 字符串小写转换成大写函数

形式：

```
strupr(字符串)
```

功能：将字符串中所有小写字母转换成大写字母。
返回值：字符串的首地址。

6.4.7 字符数组应用举例

【例 6-10】 已知 5 个国家名"China","America","Canada","France","Australia"，编程将它们按从小到大的顺序排列起来。

本题设一个二维字符数组 s，5 行 10 列，把 s[0]，s[1]，s[2]，s[3]，s[4]看作一维字符数组，进行处理。使用选择法进行排序。如图 6-11 所示为数组 s 的存储情况。

C	h	i	n	a	\0	\0	\0	\0	\0	s[0]
A	m	e	r	i	c	a	\0	\0	\0	s[1]
C	a	n	a	d	a	\0	\0	\0	\0	s[2]
F	r	a	n	c	e	\0	\0	\0	\0	s[3]
A	u	s	t	r	a	l	i	a	\0	s[4]

图 6-11 数组 s 的存储情况

```
#include <stdio.h>
#include <string.h>
void main( )
{
    int i,j,min;
    char t[20], name[5][20]={"China","America","France","Australia","Canada"};
```

```
    for(i=0;i<4;i++)
    {   min=i;
        for(j=i+1; j<5; j++)
            if(strcmp(name[min], name[j])>0 ) min=j;
        strcpy(t,name[i]);
        strcpy(name[i],name[min]);
        strcpy(name[min],t);
    }
    for(i=0; i<5; i++)
    printf("%s\n", name[i]);
}
```

程序运行的结果为：

```
America
Australia
Canada
China
France
```

【例 6-11】 输入一行字符，分别统计出其中英文字母、空格、数字和其他字符的个数。

本题要求输入一行字符，应使用 gets( )函数，不能使用 scanf( )函数输入。

```
#include<stdio.h>
#include <string.h>
void main()
{
    char str[80];
    int i,letter=0,space=0,digit=0,other=0;
    gets(str);
    for(i=0;str[i]!='\0';i++)
        if(str[i]>='a'&& str[i]<='z'|| str[i]>='A'&& str[i]<='Z')
        letter++;
    else if(str[i]==' ')
        space++;
    else if(str[i]>='0'&& str[i]<='9')
        digit++;
    else
        other++;
    printf("英文字母:%d,空格:%d,数字:%d,其他字符:%d\n", letter, space, digit, other);
}
```

程序运行的结果为：

```
There are 100 students in the classroom.(回车)
英文字母:30,空格:6,数字:3,其他字符:1
```

【例 6-12】 编写程序,将两个字符串连接起来,要求不使用 strcat 函数。

```
#include<stdio.h>
void main()
{
    char s1[80],s2[40];
    int i=0,j=0;
    scanf("%s",s1);
    scanf("%s",s2);
    while(s1[i]!='\0')i++;
    while(s2[j]!='\0')
    {
        s1[i]=s2[j];
        i++;
        j++;
    }
    s1[i]='\0';
    printf("%s\n",s1);
}
```

程序运行的结果为:

```
Shang(回车)
hai(回车)
Shanghai
```

习　题　6

6.1　简述字符数组与字符串的主要区别。

6.2　数组初始化时,数组的长度说明在什么情况下可以省略?

6.3　将一个数组中的值按逆序重新存放。例如,原来顺序为 1,2,3,4,5。要求改为 5,4,3,2,1。

6.4　从键盘输入 10 个整数,求出它们的平均值及比平均值大的数。

6.5　在二维数组 a[3][4]中选出各行最大的元素组成一个一维数组 b[3],并输出数组 b。

6.6　编写一程序,求数列的前 10 项:1,5,14,30…,即

```
f[1]=1;…;f[i]=f[i-1]+i*i
```

6.7　输入一行字符,统计其中有多少个单词,单词之间用空格分隔开。

6.8 输出下面的图形。

```
*****
 *****
   *****
     *****
       *****
```

6.9 打印杨辉三角形,要求打印出10行。

```
1
1  1
1  2  1
1  3  3   1
1  4  6   4   1
1  5  10  10  5  1
…
```

第7章

函　　数

7.1　函数的概念

C语言程序是由函数组成的，例如每个程序都有一个main( )函数，还有常用的printf( )函数、scanf( )函数等。一个C程序往往由一个主函数和若干个函数构成。主函数调用其他函数，其他函数间也可以相互调用。每个函数是完成特定工作的独立程序模块。

当设计解决复杂问题的程序时，C语言将一个大任务分解划分成一个个小任务，对应于每一个小任务编制一个函数去解决。这是模块化程序设计的方法，它的优点在于方便程序编写，易于修改和调试，适合多人合作，且函数代码可以复用。

【例7-1】　一个函数调用的例子。

```
#include "stdio.h"
function1( )                                      /* function1 函数的定义 */
{   printf("Programming is fun! \n ");}

function2( )                                      /* function2 函数的定义 */
{   printf("I like it!\n");}

    void main( )
    {   function1 ( );                            /* 调用 function1 函数 */
          function2 ( );                          /* 调用 function2 函数 */
}
```

程序运行的结果为：

```
Programming is fun!
I like it !
```

其中function1和function2都是用户定义的函数名，分别用来输出一行信息。

一个C程序由一个或多个源程序文件组成。一个源程序文件由一个或多个函数组成，其中必须有且仅有一个main( )函数。

C程序的执行从main函数开始，调用其他函数后流程回到main函数，在main函数中结束整个程序的运行。

从用户使用的角度来看，函数有两种：一种是库函数，每个函数都完成一定的功能，可由用户随意调用；另一种是用户自己定义的函数。

7.2 定义函数的一般形式

从函数的形式来看，函数分两类：

(1) 无参函数。通常用来执行指定的一组操作，一般不带回函数值。在例7-1中的function1和function2函数分别用于打印一行文字，是无参函数。

(2) 有参函数。在调用该类函数时，在主调函数和被调用函数之间有参数传递。

任何函数的定义都是由函数说明和函数体两部分组成。

(1) 无参函数定义的一般形式如下：

```
[函数类型] 函数名( )                                    /* 函数说明 */
{ 说明语句部分;                                          /* 函数体 */
  可执行语句部分;}
```

函数类型即函数返回值的类型，它外面的方括号表示为可选项，由于无参函数通常不需要带回函数值，因此可以不写函数类型。如例7-1中function1和function2函数前无函数类型。

(2) 有参函数定义的一般形式如下：

```
函数类型 函数名(数据类型 参数1[,数据类型 参数2,……])     /* 函数说明 */
{ 说明语句部分;                                          /* 函数体 */
  可执行语句部分;}
```

有参函数必须有函数类型，由“类型标识符”指定。同时它比无参函数多一个参数表。参数表中的参数有数据类型说明，参数之间用逗号隔开。

【例7-2】 定义一个函数，用于求两个数中的大数。

```
#include "stdio.h"
int min(int m, int n)                /* 定义一个函数min(), 函数说明部分 */
{   int result;
    if(m<n)                          /* 函数体 */
        result=m;
    else
        result=n;
```

```
    return result;
}
void main()
{   int a,b;
    printf("input two numbers:\n");
    scanf("%d,%d", &a, &b);
    printf("min=%d\n", min(a,b));
}
```

程序运行的结果为：

```
3,24(回车)
min=3
```

该例中定义了函数 min()，其功能是求 m 和 n 二者中的较小值。函数说明部分为：

```
int min(int m, int n)
```

表明函数的类型即返回值类型为 int 型。函数返回值可以是除了数组、函数以外任何合法的数据类型，如 long、double、char 以及后面要学习的指针、结构体等。

min 为该自定义函数的名称。函数名是用户自定义的标识符，需符合 C 语言对标识符的规定，由字母、数字或下划线组成。

min 函数有两个参数 m 和 n，均为 int 类型。形参表是用逗号分隔的一组变量说明，其作用是指出每一个形参的类型和形参的名称，当调用函数时，接受来自主调函数的数据，确定各参数的值。形参表说明可以有两种表示形式：

```
int min(int m, int n)
{ … }
```

和

```
int min(m, n)
int m,n;
    { … }
```

{ }内是函数体，先定义了 int 类型的变量 result，将 m 与 n 中较小的值赋给 result。语句 return result;的作用是将 result 的值作为函数值返回到主函数中。

函数体确定该函数应完成的规定的运算，应执行的规定的动作，集中体现了函数的功能。函数内部应有自己的说明语句和执行语句，但函数内定义的变量不可以与形参同名。

在调用 min 函数时，主函数 main 把实际参数 a 和 b 的值传递给形参 m 和 n，在 min 函数中求出二者中的较小值，通过 return 语句返回到主函数 main 中。

如果在定义函数时不指定函数类型，系统会默认函数类型为 int 型。

函数定义不允许嵌套，即一个函数的函数体内不能再定义另一个函数。一个函数的定义，可以放在程序中的任意位置，主函数 main( )之前或之后。

7.3 函数的值和函数参数

7.3.1 实际参数和形式参数

函数定义中出现在函数说明部分的参数称为形参,只能在该函数体内使用。函数调用时的参数称为实参。发生函数调用时,主调函数把实参的值传送给被调用函数的形参,从而实现主调函数向被调用函数的数据传送。

【例 7-3】 定义一个函数,求两个数之和。

```
#include "stdio.h"
int sum(int x,int y)                          /*定义 sum 函数*/
{   int z;
    z=x+y;
    return(z);
}
void main( )
{   int a=2,b=3,c;
    c=sum (a,b);                              /*调用 sum 函数*/
    printf("c=%d \n",c);
}
```

程序运行的结果为:

```
c=5
```

sum 函数的功能为求两数之和,因此定义函数时需要两个参数 x 与 y,但此时它们没有具体的值,是形式参数。

主函数中调用 sum 函数计算两数之和,此时需要给出具体的值,以实际参数 a 和 b 表示,将它们传递给形参 x 和 y。例 7-4 进一步阐述实参与形参的关系。

【例 7-4】 实参与形参之间的数据传递。

```
#include "stdio.h"
square (int a,int b)
{   printf("(1)a=%d,b=%d \n",a,b);            /*输出由实参传递给形参的值*/
    a=a*a;                                    /*计算形参的平方值*/
    b=b*b;
    printf("(2)a=%d,b=%d \n",a,b);            /*输出改变后形参的值*/
}

void main( )
{   int a=4,b=2;
    square (a,b);                             /*调用 square 函数*/
```

```
    printf("(3)a=%d,b=%d \n",a,b);
                                        /*调用后实参的值与调用前相同,实参向形参单向传递*/
}
```

程序运行的结果为:

```
(1) a=4, b=2
(2) a=16, b=4
(3) a=4, b=2
```

程序从 main 函数开始运行,按定义在内存中开辟了两个 int 类型的存储单元 a、b 分别赋值为 4 和 2。当调用 square 函数之后,程序的流程转向 square 函数,这时系统为 square 函数的两个形参 a 和 b 分配了两个临时的存储单元,如图 7-1(a)所示,实参 a 和 b 把值传送给对应的形参 a 和 b,实参和形参虽然同名,但它们却占用不同的存储单元。

当进入 square 函数后,首先执行一条 printf 语句,即序号为(1)的输出语句,输出 square 函数中 a 和 b 的值,由于尚未进行任何操作,因此输出 4 和 2。当执行了两条求平方值的赋值语句后,a 和 b 存储单元中的值分别为 16 和 4,见图 7-1(b),由随后的序号为(2)的输出语句验证。当退出 square 函数时,square 函数中 a 和 b 变量所占有的存储单元被释放,流程返回到 main 函数。再执行 main 函数中的最后一条序号为(3)的输出语句,输出 a 和 b 的值,可以发现 main 函数中 a 与 b 的值在调用 square 函数后没有任何变化。

上述程序表明调用函数时,实参的值单向地传递给对应的形参,因此形参值的变化不会影响对应的实参。

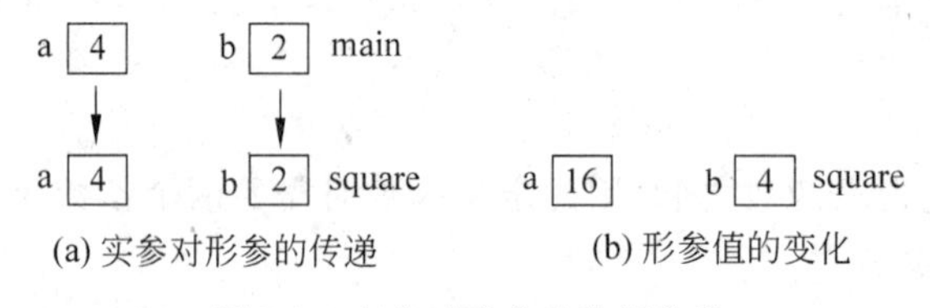

图 7-1　实参对形参的数据传递

实参必须具有确定的值,类型可以是常量、变量、表达式、函数等。应预先用赋值、输入等办法,使实参获得确定的值,以便把这些值传送给形参。

形参仅在定义它的函数内有效。当该函数被调用时,形参变量才分配内存单元;调用结束时,即刻释放所分配的内存单元。

函数调用时,简单变量做实参时,实参对形参的数据传送是单向的"值传递",只能将实参的值传送给形参,而不能把形参的值反向地传送给实参。

实参和形参占用不同的内存单元,可以同名也可以不同名,相互之间没有影响。

实参和形参必须数量相同,类型一致且一一对应。

7.3.2　函数的返回值

从函数返回值类型角度,又可以把函数分为两类:一类为有返回值函数,如例 7-2,另一类为无返回值函数,如例 7-4。

1. 函数返回值与返回语句

有参函数的返回值通过函数中的 return 语句获得。

return 语句的一般格式:

```
return (表达式);
```

或

```
return 表达式;
```

或

```
return;
```

当程序执行到 return 语句时,程序的流程就返回调用该函数的地方,对于前两种格式将"表达式"的值带给调用函数。第三种格式中 return 语句不含表达式,它的作用只是使流程返回到主调函数,并无返回值。

一个函数中可以有一个以上的 return 语句,执行到哪条 return 语句,哪条就起作用。

当函数类型为整型时,也应当在定义函数时指定,而不使用系统的默认处理。

如果函数值的类型和 return 语句中表达式的值不一致,则以函数类型为准。

【例 7-5】 返回值类型与函数类型不同。由例 7-2 修改而来(注意变量类型改动)。

```
#include "stdio.h"
int min(float m, float n)          /* 定义一个函数 min(),函数类型为整型 */
{   float result;                  /* result 为实型数据 */
    if(m<n)
        result=m;
    else
        result=n;
    return result;
}

void main()
{   float a,b;
    printf("input two numbers:\n");
    scanf("%f,%f", &a, &b);
    printf("min=%d\n", min(a,b));
}
```

程序运行的结果为:

```
input two numbers:
3.2,56.9(回车)
min=3
```

函数 min 定义为整型，而 return 语句中的 result 为实型，二者不一致，先将 result 转换为整型，然后 min (a,b)带回一个整型值 3 回主调函数 main。

2. 函数中无 return 语句

如果函数中没有 return 语句，则调用该函数带回一个不确定的值。为明确表示函数不返回值，可以将函数类型定义为"void"，即"无类型"或"空类型"。

例 7-1 中的函数定义可以修改为：

```
void function1 ( )
{…}
void function2 ( )
{…}
```

因此确保函数不带回任何值。对于不要求返回值的函数应定义为空类型，使程序具有良好的可读性并可以减少出错。

7.4　函数的调用形式

定义一个函数后，就可以对它进行调用，将实际参数传递给形式参数以实现函数的功能。

7.4.1　调用函数的一般形式

函数调用的一般形式为：

```
函数名([实际参数表]);
```

调用函数时，函数名必须与所调用自定义函数名完全一致。

实参与形参必须一一对应，且类型相同。如果类型不匹配，C 编译程序将按赋值兼容的规则进行转换。

如果实参表中包括多个参数，对实参的求值顺序随系统而异。VC++ 6.0 是按自右向左的顺序进行的。

如果调用无参函数，则可以没有实参表列，但不能省略表列外的括号。

7.4.2　调用函数的方式

C 语言中调用函数有以下几种方式：

(1) 函数表达式。

在表达式中，函数作为表达式的一项，以函数返回值参与表达式的运算。该方式要求为有返回值的函数。例如：

```
c=square (a,b)/3;
```

(2) 函数语句。

有些函数只进行某些操作而不返回函数值，对于该类函数的调用可以是一条独立的语句。如例 7-1 中的

```
function1 ( );
```

(3) 函数参数。

函数调用作为另一个函数调用的实参。实际是把该函数的返回值作为实参传递给另一个函数，因此该函数必须是有返回值的。

```
printf("min=%d\n", min(a,b));
```

其中 min(a,b)是一次函数调用，它的返回值作为 printf( )函数调用的实参。

函数调用作为函数的参数，实质上也是一种函数表达式形式，只是函数的参数为函数表达式形式。

7.4.3 对被调用函数的原型声明

正确调用函数需要注意的问题如下：

(1) 只能调用已经存在的函数。

(2) 如果调用系统库函数，应在程序文件开头使用#include 命令将有关库函数定义的信息包含到本文件中。例如，如果调用字符串库函数，就应该在文件开头包含以下命令：

```
#include <string .h>
```

或

```
#include "string.h"
```

又如，前面程序经常调用的系统基本输入输出函数的#include 命令：

```
#include <stdio .h>
```

或

```
#include "stdio .h"
```

include 命令以#号开头，系统提供的头文件以.h 作为文件的后缀，文件名用一对" "或一对尖括号＜ ＞括起来。由于#include 命令不是 C 语句，因此最后没有分号。

(3) 如果在程序中调用用户自定义函数，一般应在主调函数中对被调用函数进行原型声明。其实 stdio.h、string.h 等头文件中包含了相关函数的原型声明，原型声明的一般形式如下：

```
函数类型 函数名(参数类型 1,参数类型 2,……);
```

```
函数类型 函数名(参数类型 1,参数名 1,参数类型 2,参数名 2,……);
```

【例 7-6】 对被调函数的声明。

```
#include "stdio.h"
void main( )
{   double sum(double x,double y);               /* 对被调函数的声明 */
    double a,b,c;
    scanf( "%lf,%lf",&a,&b);
    c=sum(a,b );                                 /* 函数的调用 */
    printf( "sum is %lf \n",c);
}

double sum(double x,double y)                    /* 函数的定义 */
{
    return (x+y);
}
```

程序运行的结果为:

```
7.23,5.2(回车)
sum is 12.430000
```

程序中的函数原型声明 double sum(double x,double y);比函数定义的说明部分 double sum(double x,double y)只多一个分号,但意义不同。“定义”是指对函数功能的确立,是一个完整的、独立的函数单位。而“声明”的作用是将函数名、函数类型以及形参的类型、数量及次序通知给编译系统,用于调用该函数时系统进行对照检查。应当保证函数声明时的函数原型与函数定义时的函数说明部分写法一致,即函数类型、函数名、参数个数、类型及顺序相同。

在以下几种情况下可以不在调用函数前对被调用函数作原型说明:

(1) 如果被调用函数的定义出现在主调函数之前,可以不必说明。

如果把例 7-6 改写如下,将 sum 函数放在 main 函数的上面,就不必在 main 函数中对 sum 进行声明。

```
#include "stdio.h"
double sum(double x,double y)                    /* 函数的定义 */
{
    return (x+y);
}

void main( )
{
    double a,b,c;
    scanf( "%lf,%lf",&a,&b);
    c=sum(a,b );                                 /* 函数的调用 */
```

```
    printf( "sum is %lf \n",c);
}
```

(2) 如果在程序首部进行了函数的原型声明,则在各个主调函数中不必对其再作声明。例如:

```
int sort (char, int);                /* 以下两行原型声明语句在程序首部 */
double multi(double, double);
void main ( )
{…}             /* 如果 main 函数中有对函数 sort 和函数 multi 的调用,不必再作声明 */

int sort (char, int)                 /* 函数 sort 的定义 */
{…}

double multi(double, double)         /* 函数 multi 的定义 */
{…}
```

7.5 函数的嵌套调用

函数的嵌套调用是指在执行被调用函数时,被调用函数又调用了其他函数。其关系可表示为如图 7-2 所示。表示的是两层(加上 main 函数共 3 层函数)嵌套,其执行过程如下:

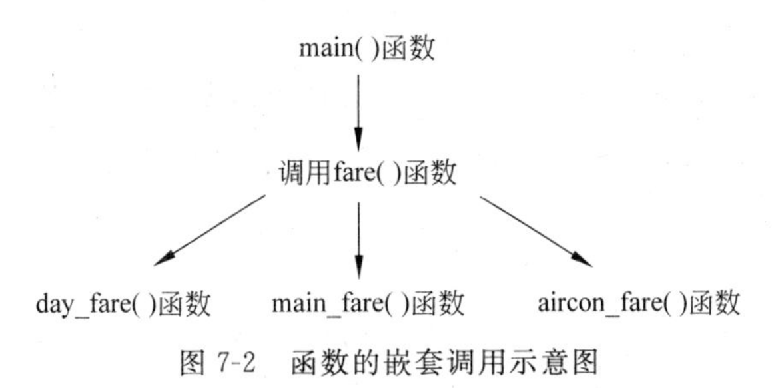

图 7-2 函数的嵌套调用示意图

(1) 执行 main 函数的开头部分,遇到调用 fare 函数的语句,流程转去 fare 函数。

(2) 执行 fare 函数的开头部分,遇到多分支选择的 switch 语句,根据参数值选择应该调用的函数。

(3) 如果调用 day_fare 函数,流程转去 day_fare 函数,执行完 day_fare 函数的全部操作。

(4) 返回调用 day_fare 函数处,即返回 fare 函数,继续执行 fare 函数中的后续语句,直到执行完 fare 函数的全部操作。

(5) 如果调用 main_fare 或者 aircon_fare 函数,操作步骤同(3)、(4)。

(6) 返回调用 fare 函数处,即返回 main 函数,继续执行 main 函数中的后续语句,直到结束。

【例 7-7】 设计一个出租车费用计算器。某市出租车白天运价 3 千米以内 8 元，超过 3 千米 1.8 元/千米；夜间（晚 22 时至次日早 6 时）运价 3 千米以内 9 元，超过 3 千米 1.9 元/千米；夏季空调车运价 9 元/3 千米，超过 3 千米 2.0 元/千米。当出租车时速低于 12 千米时，累计计时每 3 分钟收费 1 元，不足 3 分钟不计费。

计算器采用命令方式输入 1、2、3，分别选择白天、夜间和夏季空调三种情况，并且输入相应函数的参数进行计算。从键盘输入行车的千米数 mile 和慢速行驶时间 slow_time，输出应付的车费 fare。

```
#include <stdio.h>
void fare(int num);
void main( )
{
    int num;
    while(1)
    {
        printf("\t    出租车计费系统\n");
        printf("\t==========================================\n");
        printf("\t1——白天,起步价 3 千米 8 元,3 千米以外 1.8 元/千米,低速每 3 分钟 1 元\n");
        printf("\t2——夜间,起步价 3 千米 9 元,3 千米以外 2.0 元/千米,低速每 3 分钟 1 元\n");
        printf("\t3——夏季空调,起步价 3 千米 9 元,3 千米以外 2.2 元/千米,低速每 3 分钟 1 元\n");
        printf("\t 按其他数字键——退出程序\n");
        printf("请输入计费命令(1~3):");
        scanf("%d",&num);
        if(num==1||num==2||num==3)
            fare(num);                    /* 如果输入为 1、2 或 3 则调用 fare()函数 */
        else
            break;
    }
}
void fare(int num)                        /* 定义车费计算函数 fare */
{
    float day_fare(void);                 /* day_fare 函数的原型声明 */
    float night_fare(void);
    float aircon_fare(void);
    switch(num)                           /* 多分支选择计算不同情况的车费 */
    {
        case 1:
            printf("应付车费为: %.2f 元\n",day_fare());
                                                    /* 调用计算白天车费的函数 */
            break;
        case 2:
            printf("应付车费为: %.2f 元\n",night_fare());
                                                    /* 调用计算夜间车费的函数 */
```

```
            break;
        case 3:
            printf("应付车费为: %.2f 元\n",aircon_fare());
                                                    /* 调用计算空调车费的函数 */
            break;
    }
}
float day_fare(void)                                /* 定义计算白天车费的函数 */
{
    float mile, fare;
    int time;
    printf("请输入千米数和慢速行驶时间,以逗号分隔: ");
    scanf("%f,%d",&mile,&time);
    if(mile<=3.0) fare=8+time/3;
    else fare=8+(mile-3.0)*1.8+time/3;
    return fare;
}
float night_fare(void)                              /* 定义计算夜间车费的函数 */
{
    float mile, fare;
    int time;
    printf("请输入千米数和慢速行驶时间,以逗号分隔: ");
    scanf("%f,%d",&mile,&time);
    if(mile<=3.0) fare=9+time/3;
    else fare=9+(mile-3.0)*2.0+time/3;
    return fare;
}
float aircon_fare(void)                             /* 定义计算空调车费的函数 */
{
    float mile, fare;
    int time;
    printf("请输入千米数和慢速行驶时间,以逗号分隔: ");
    scanf("%f,%d",&mile,&time);
    if(mile<=3.0) fare=9+time/3;
    else fare=9+(mile-3.0)*2.2+time/3;
    return fare;
}
```

程序运行的结果为:

```
     出租车计费系统
================================================================
1——白天,起步价 3 千米 8 元,3 千米以外 1.8 元/千米,低速每 3 分钟 1 元
2——夜间,起步价 3 千米 9 元,3 千米以外 2.0 元/千米,低速每 3 分钟 1 元
3——夏季空调,起步价 3 千米 9 元,3 千米以外 2.2 元/千米,低速每 3 分钟 1 元
```

```
按其他数字键——退出程序
请输入计费命令(1~3):2↙
请输入千米数和慢速行驶时间,以逗号分隔: 5,7↙
应付车费为: 15.00元
出租车计费系统
============================================================
1——白天,起步价3千米8元,3千米以外1.8元/千米,低速每3分钟1元
2——夜间,起步价3千米9元,3千米以外2.0元/千米,低速每3分钟1元
3——夏季空调,起步价3千米9元,3千米以外2.2元/千米,低速每3分钟1元
按其他数字键——退出程序
请输入计费命令(1~3):5↙
```

程序运行时,先输入命令2,计算夜间车费。再输入其他数字键返回。

在定义函数时,函数fare( )、day_fare( )、night_fare( )和aircon_fare( )之间相互独立,并不相互从属。

程序从main函数开始执行,调用函数fare( )时,该函数再进一步调用3个收费函数。构成嵌套调用。

7.6 函数的递归调用

函数的嵌套调用指的是一个函数调用其他不同的函数。函数还可以直接或间接地调用它自身,称为函数的递归调用。

C语言允许函数的递归调用。在递归调用中,调用函数又是被调用函数,执行递归函数将反复调用其自身。

【例7-8】 用递归法计算n!。

求n!可以用以下数学关系表示:

$$n! = \begin{cases} 1 & (n=0,1) \\ n\times(n-1)! & (n>1) \end{cases}$$

根据表达式可知,当n>1时,求n!的问题可以转化为求n×(n−1)!的新问题,而求(n−1)!的解法与原来求n!的解法相同,只是运算对象由n变成了n−1,以此类推,每次转化为新问题时,运算对象就递减1,直到运算对象的值递减为1时,阶乘的值为1,这就是递归算法的结束条件。将解决n!的问题写为函数factor(n),则factor(n)的求解需要得到factor(n−1)的值。

程序如下:

```
#include "stdio.h"
float fatcor(int n)
{   float f;                          /*实型变量表示的范围远大于整型变量*/
    if (n==1|| n==0)                  /*递归算法的结束条件*/
        f=1;
```

```
    else f=n * factor(n-1);
    return(f);
}
void main()
{   int n;
    scanf("%d",&n) ;
    printf("%d !=%12.0f",n, factor(n) );
}
```

程序运行的结果为：

```
5(回车)
5!=120
```

factor()函数的执行过程如图 7-3 所示。

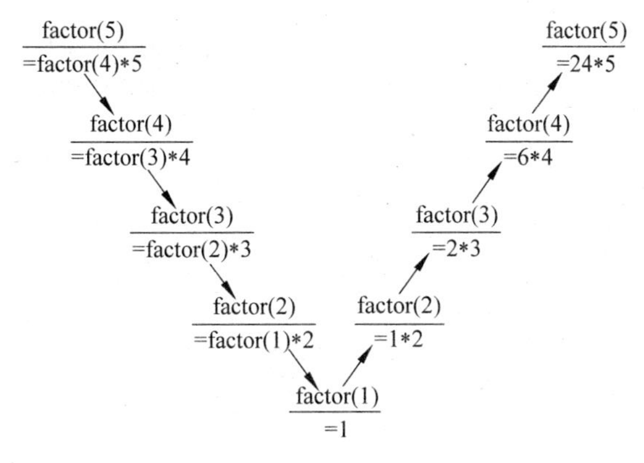

图 7-3 factor()函数的执行过程

求解可分为两个阶段：第一阶段是“回推”，即 factor(5)需要 factor(4)的函数值，而 factor(4)的值需要 factor(3)的函数值……直到 factor(1)，此时 factor(1)的值为明确的值 1，“回推”结束。再进行第二阶段，采用递推方法，从 factor(1)的值推算出 factor(2) 的值，从 factor(2)的值推算出 factor(3)的值，直到推算出 factor(5)的值为止。可见函数的递归调用必须具有一个结束递归过程的条件，否则递归过程会无限制进行下去。

一个问题要采用递归方法来解决时，必须符合以下 3 个条件：

(1) 可以把要解决的问题转化为一个新的问题，而这个新的问题的解法仍与原来的解法相同，只是所处理的对象有规律地递增或递减。

(2) 可以应用这个转化过程使问题得到解决。

(3) 必须有一个结束递归的条件。

【例 7-9】 用递归法求 Fibonacci 数列的前 20 项。

Fibonacci 数列定义如下：

$$fib(1)=1,\quad fib(2)=1;$$

$$fib(n)=fib(n-1)+fib(n-2)\quad (n>2)$$

程序如下：

```
#include<stdio.h>
void main()
{
    int fib(int n);
    int i;
    for(i=1;i<=20;i++)
    {
        printf("%10d",fib(i));
        if (i%5==0) printf("\n");
    }
}
int fib(int n)
{
    if(n==1 || n==2)
        return 1;                          /*递归的结束条件*/
    return fib(n-1)+fib(n-2);              /*函数的递归调用*/
}
```

程序运行的结果为：

```
  1         1         2         3         5
  8        13        21        34        55
 89       144       233       377       610
987      1597      2584      4181      6765
```

7.7　数组作为函数参数

数组用作函数参数有两种形式：一种是把数组元素作为实参使用；另一种是把数组名作为函数的形参和实参使用。

7.7.1　数组元素作实参

数组元素就是带下标的变量，在用法上与普通变量相同。数组元素作为函数参数的用法与普通变量相同，只能作为实际参数。在函数调用时，把数组元素的值传递给形式参数，实现单向的"值传递"。

【例 7-10】 写一函数，统计字符串中数字的个数。

```
#include "stdio.h"
int isdig(char c)
{   if (c>='0'&&c<='9')                    /*判断c是否为数字*/
        return(1);                         /*若c为数字则返回1*/
    else return(0);                        /*若c为不为数字则返回0*/
```

```
}
void main( )
{   int i,num=0;
    char str[255];
    printf("Input a string:");
    gets(str);
    for(i=0;str[i]!='\0';i++)
        if (isdig(str[i])) num++;                /*调用函数返回值为1则数字数加1*/
          printf("num=%d\n",num);
}
```

程序运行的结果为：

```
Input a string: my birthday is 1980-07-15.(回车)
num=8
```

7.7.2 数组名作函数的形参和实参

数组名作函数参数时，既可以作形参，也可以作实参，而数组元素只能作实参。数组名作函数参数时，都必须有明确的数组说明，而且形参和相对应的实参都必须是类型相同的数组。

【例 7-11】 已知某个学生 6 门课程的成绩，求总成绩。

```
#include "stdio.h"
float total(float a[ ])                         /*求总成绩函数*/
{   int i;
    float sum=0;
    for(i=0;i<6;i++)
        sum=sum+a[i];
    return sum;
}
void main( )
{   float score[6],sum;
    int i;
    printf("Input 6 scores:\n");
    for(i=0;i<6;i++)
    scanf("%f",&score[i]);
    sum=total(score);                           /*调用函数,实参为一数组名*/
    printf("total score is %8.1f\n",sum);
}
```

程序运行的结果为：

```
Input 6 scores:
85 64 78.5 74 90.5 82(回车)
```

```
sum score is 474.0
```

用数组名作函数参数，应该在调用函数和被调用函数中分别定义数组，且数据类型必须一致。本例中，形参数组 a[ ]与实参数组 score[ ]的数据类型相同。

由于 C 编译系统不检查形参数组大小，只是将实参数组的首地址传给形参数组，所以形参数组可以不指定大小，但为了传递数组元素的个数，可以在被调用函数中另外设一个参数。

用数组名作函数实参时，从本质上说是把实参数组的地址传递给形参数组，使形参数组和实参数组共用一段连续的存储空间。它们之间不再是单向的“值传递”，而是可以简单地理解成是双向的“地址传递”。如果在程序的执行过程中，形参数组中各元素的值发生变化，则其对应的实参数组元素的值同时发生变化。

【例 7-12】 用选择法对数组中的 8 个数按由小到大进行排序。

```
#include "stdio.h"
void sort_sele(int a[ ],int n)
{   int i,j,min,temp;
    for(i=0;i<n-1;i++)
    {   min=i;
        for(j=i+1;j<n;j++)
            if(a[j]<a[min]) min=j;
        temp=a[min ];
        a[min]=a[i ];
        a[i]=temp;
    }
}

void main()
{   int i;
    int arr[8];
    printf("Please input 8 number:" );
    for(i=0;i<8;i++)
        scanf("%d",&arr[i]);
    sort_sele(arr,8);
    printf("the sorted array:");
    for(i=0;i<8;i++)
        printf("%d ",arr [i]);
}
```

程序运行的结果为：

```
Please input 8 number: 5 56 14 28 39 7 45 21
the sorted array: 5 7 14 21 28 39 45 56
```

本例中调用 sort_sele()函数时，实参数组将数组 arr 的起始地址传递给形参数组 a，使得实参数组和形参数组共用一段连续的存储单元，因此当形参数组中各元素的值发生变化时，其对应的实参数组元素的值也随之变化。

7.7.3 二维数组名作函数参数

用二维数组名作函数实参时，对应的形参也可以是数组名。在被调用函数中对形参数组定义时可以指定每一维的大小，定义数组同时初始化时也可以省略第一维的大小说明，但是不能省略第二维大小的说明。以下对形参数组的说明均合法：

```
int a[2][4]; 或 int a[ ][4]={1,2,3,4,5,6,7,8};
```

二维数组名作函数实参时，与一维数组名作函数参数的情况相同，也是把实参数组的首地址传递给形参数组，并按照数组在内存中的存储顺序（按行顺序）来相互对应。

【例 7-13】 求出 3×4 矩阵中每行的平均值。

```
#include "stdio.h"
aver(int a[ ][4],float aver[3])                 /* 定义求平均值函数 */
{   int i,j,sum;
    for(i=0;i<3;i++)                            /* i 作为行下标 */
    {   sum=0;
        for(j=0;j<4;j++)
            sum=sum+a[i][j];                    /* sum 表示每行的和 */
        aver[i]=sum/4.0;                        /* aver[i]表示第 i 行的平均值 */
    }
}
void main( )
{   int i;
    int s[3][4]={{32,43,18,58},{97,68,64,15},{42,25,8,85}};
    float av [3];                               /* 存放每行的平均值 */
    aver(s,av);                                 /* 调用求平均值函数 */
    printf("the average score:\n ");
    for(i=0;i<3;i++)
        printf("%5.2f\n",av[i]);
}
```

程序运行的结果为：

```
the average score:37.75 61.00 40.00
```

7.8 局部变量与全局变量

每个变量都有自己的作用域，即有效作用的范围。从变量的作用域角度，可以将变量分为局部变量和全局变量。

7.8.1 局部变量

在一个函数内部定义的变量是内部变量，它只在该函数范围内有效，在此函数之外这些变量不再起作用。如例 7-12 中函数 sort_sele()中定义的变量 i,j,min,temp 的作用范围在该函数内部，而 main()中定义的变量 i 的作用范围仅限于 main()函数内部。因此内部变量也称为“局部变量”。

例如：

```
float f1(int x)                      /* 函数 f1 */
{  float y,z;  \
   ...          } x,y,z 的作用域
}              /

int f2(int a,int b)                  /* 函数 f2 */
{   int c;     \
    ...         } a,b,c 的作用域
}              /
char f3(int d)                       /* 函数 f3 */
{   int e;     \
    ...         } d,e 的作用域
}              /
main()                               /* 主函数 */
{   int m,n;   \
    ...         } m,n 的作用域
}              /
```

关于局部变量的作用域说明如下：

(1) 主函数 main()中定义的局部变量，也只能在主函数中使用，其他函数不能使用。如例 7-13 中 main()函数中的变量 m,n 只在 main()函数内部使用。主函数中也不能使用其他函数中定义的局部变量。因为主函数也是一个函数，与其他函数具有平行关系。

(2) 形参变量也是局部变量，属于被调用函数，如例 7-13 中的 fi()函数的形参 x 是 fi()函数的局部变量。而实参变量，则是调用函数的局部变量。

(3) 允许在不同的函数中使用相同的变量名，它们属于不同的函数，分配不同的单元，相互不干扰。

(4) 在复合语句中定义的变量，其作用域只在复合语句范围内。

```
main()                                          /* 主函数 */
{   int a,b;                       \
    ...                             |
    {   int m;      \               |
        m=a*b;       } m 的作用域    } a,b 的作用域
        ...         /               |
    }                               |
...                                 |
}                                  /
```

7.8.2 全局变量

在函数外部定义的变量称为全局变量,又称外部变量。全局变量不属于任何一个函数,其作用域是:从全局变量的定义位置开始,直到本文件结束为止。全局变量可以被作用域内的所有函数直接引用。

```
void fun( );              /* 函数声明 */
int total=0;              /* 定义全局变量 total */
void main( )              /* 主函数 */
{  int m, n;
    ...
    total=total+m;
    ...
}
int score;                /* 定义全局变量 score */
void fun( )               /* 定义函数 fun */
{   int b;
    ...
    total=score+b;
    ...
}
```

(右侧标注:从 int total=0; 至程序末尾为"全局变量 total 的作用域";从 int score; 至程序末尾为"全局变量 score 的作用域"。)

此处变量 total 和 score 都是全局变量。total 是在整个程序的开始定义,它的作用域是整个程序,覆盖了两个函数。而 score 是在函数 fun 前定义,它的作用域从定义处开始直到程序结束,只覆盖了 fun 函数。

对于全局变量还有以下几点说明:

(1) 全局变量的使用为函数之间的数据传递另外开辟了一条通道。全局变量的生存期是整个程序的运行期间,因此可以利用全局变量从函数得到一个以上的返回值。

【例 7-14】 输入圆柱体的高和底面半径,求圆柱体体积及柱面、底面的面积。

```
#include "stdio.h"
#define PI 3.14
float area1,area2;
float v_a(float h,float r)
{   float v;
    v=PI*r*r*h; area1=2*PI*r*h; area2=PI*r*r;
    return v;
}
void main()
{   float v,hei,rad;
    printf("input height and radium:\n");
    scanf("%f%f",&hei,&rad);
```

```
    v=v_a(hei,rad);
    printf("v=%6.2f,area1=%6.2f,area2=%6.2f \n",v,area1,area2);
}
```

程序运行的结果为：

```
input height and radium:
6.5 2.8(回车)
v=160.01,area1=114.30,area2=24.62
```

函数 v_a 中与外界有联系的变量与外界的联系如图 7-4 所示。

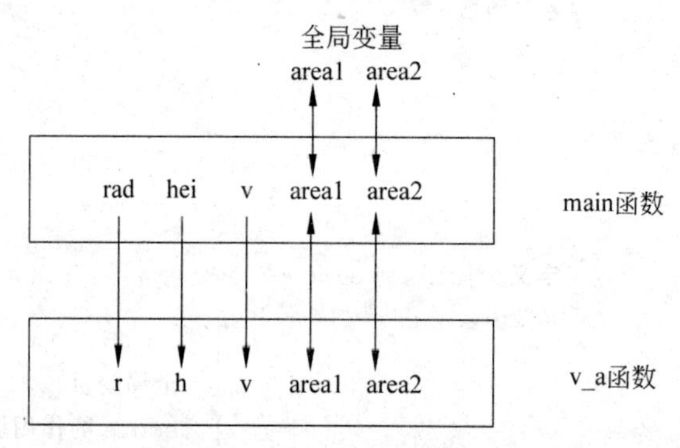

图 7-4　函数 v_a 与 main()函数之间的联系

(2) 全局变量可以增强函数间的数据联系，但同时降低了函数的独立性，使这些函数依赖于全局变量。过多使用全局变量，会降低程序的清晰性，导致函数之间产生相互干扰。因此应当限制使用全局变量，尽量使用局部变量。

(3) 因为全局变量与局部变量的作用域不同，在同一源文件中，允许它们同名。在局部变量的作用域范围内，全局变量将被屏蔽而不起作用。

【例 7-15】 全局变量和局部变量同名。

```
#include "stdio.h"
int n=12;
int cal(int a,int b)
{   int n=4;
    return (a*b-n);
}
void main( )
{   int x=5,y=8;
    printf("%d\n",cal(x,y)/n);
}
```

程序运行的结果为：

```
3
```

例 7-15 调用 cal()函数时，return 语句中的变量 n 为局部变量，此时全局变量不起作用。

7.9 变量的存储类别

7.9.1 静态存储方式与动态存储方式

从变量的作用范围角度可以将变量分为局部变量和全局变量。

从变量的生存期角度来分，又可以分为静态存储方式和动态存储方式。静态存储方式是指在程序运行期间分配固定的存储空间的方式。而动态存储方式则是指在程序运行期间根据需要进行动态的分配存储空间的方式。

变量的存储空间可以分为静态存储区和动态存储区。静态存储区用以存放全局变量及静态类别的局部变量。在程序执行过程中，它们占据固定的存储单元，而不是动态地进行分配和释放。动态存储区用来存放函数调用时的现场保护和返回地址、自动类别的局部变量和函数形参等数据。以上数据，在函数调用开始时分配动态存储空间，函数调用结束时释放这些空间。

C 语言中对变量的存储类型说明有以下 4 种：自动变量(auto)、静态变量(static)、寄存器变量(register)和外部变量(extern)。其中自动变量和寄存器变量属于动态存储方式，外部变量和静态变量属于静态存储方式。

7.9.2 自动型变量 auto

函数中的局部变量，如不专门声明为 static 存储类别，则都是动态分配存储空间，都为自动变量。定义格式如下：

```
[auto] 数据类型 变量表;
```

例如：

```
auto int a,b,c;
```

自动变量分配在动态存储区。在函数中定义的自动变量，只在该函数内有效；函数被调用时分配存储空间，调用结束就释放。

定义自动变量而不初始化，则其值不确定。如果初始化，则赋初值操作是在调用时进行，而且每次调用都重新赋初值。

自动变量可以在不同的个体中同名，因为自动变量的作用域和生存期，都局限于定义它的函数或复合语句中，因此不会相互干扰。

7.9.3 静态型变量 static

定义格式：

```
static 数据类型 局部变量表;
```

静态局部变量分配在静态存储区。在程序执行过程中,即使所在函数调用结束也不释放。在程序执行期间,静态局部变量始终存在,但其他函数是不能引用它们的。

定义静态局部变量而不初始化,则系统自动赋以 0(整型和实型)或'\0'(字符型)。

静态局部变量赋初值在编译时进行,只赋初值一次,当程序运行时已有初值。以后每次调用它们所在的函数时,保留上次调用结束时的值,不再重新赋初值。

静态局部变量适用于以下情况:

(1) 需要保留函数上一次调用结束时的值。

【例 7-16】 静态局部变量的存储特性。

```
#include "stdio.h"
void auto_sta();
void main( )
{   int i ;
    for(i=1 ; i<=3 ; i++)
       auto_sta() ;
}
void auto_sta()
{   int auto_v=1 ;                    /* 自动变量: 每次调用都重新初始化 */
    static int static_v=1 ;           /* 静态局部变量: 只初始化一次 */
    printf("auto_v=%d, static_v=%d\n", auto_v, static_v) ;
    auto_v=3 * auto_v ;
    static_v=3 * static_v;
}
```

程序运行的结果为:

```
auto_v=1,static_v=1
auto_v=1,static_v=3
auto_v=1,static_v=9
```

在第一次调用 auto_sta 函数时,auto_v、static_v 的初值均为 1,正常输出两个均为 1。第一次调用结束时,auto_v、static_v 的值均为 1,由于 static_v 是静态局部变量,在函数调用结束后,它并不释放,仍保留 static_v=3。在第二次调用 auto_sta 函数时,因为 auto_v 是自动变量,所以它被重新赋初值为 1,而 static_v 的初值为 3,即上次调用结束时的值,因此输出 1 和 3。第二次调用结束时,auto_v 的值为 1,而静态局部变量 static_v 的值则变为 9,被保留。在第三次调用 auto_sta 函数时,同理 auto_v 又被重新赋初值为 1,而 static_v 的初值为 9,即上次调用结束时的值,因此输出 1 和 9。

(2) 如果初始化后,变量只被引用而不改变其值,为避免每次调用时重新赋值,使用静态局部变量比较方便。

7.9.4 寄存器型变量 register

通常变量的值存储在内存中。CPU 处理数据时将数据从内存中通过总线存放到

CPU 内的寄存器中。为提高执行效率,C 语言允许将局部变量的值直接存放到寄存器中,这种变量就称为寄存器变量。定义格式如下:

```
register 数据类型 变量表;
```

只有局部自动变量和形参才能定义成寄存器变量,而全局变量不能定义成寄存器变量。对寄存器变量的实际处理,随系统而异。

CPU 中寄存器的数目有限,因此不能定义任意多个寄存器变量。

寄存器变量的值放在寄存器内而不是放在内存中,由于寄存器变量没有地址,也就不能对它进行求地址运算。

由于现代编译系统能够识别使用频率高的变量,自动将其放在寄存器内,因此不需要在程序中特别指定。

7.9.5 外部参照型变量 extern

全局变量分配在静态存储区,作用域从定义点到本文件结束。在作用域内,全局变量可以被程序中各个函数所引用。

用 extern 声明全局变量,可以扩展其作用域。

外部变量说明的一般形式为:

```
extern 数据类型 变量名表;
```

1. 在同一文件内用 extern 来扩展全局变量的作用域

用 extern 声明全局变量,可以使定义点之前的函数引用这些全局变量。

【例 7-17】 用 extern 声明全局变量,扩展程序文件中的作用域。

```
#include "stdio.h"
int cal_area(int xl,int xw)
{   int area;
    area=xl * xw;
    return area;
}
void main( )
{   extern int length,width;                    /* 外部变量的声明 */
    printf("area=%d\n", cal_area (length,width));
}
int length=5,width=4;                           /* 全局变量 length、width 的定义 */
```

程序运行的结果为:

```
area=20
```

在本程序文件的最后一行定义了全局变量 length,width,但由于全局变量定义的位置在自定义函数 cal_area 和 main 函数之后,因此,在 main 函数中想要引用全局变量时,需用 extern 语句进行声明。全局变量的定义和外部变量的声明本质不同。全局变量的定义，必须在所有的函数之外，在定义时不可使用 extern 说明符，且只能定义一次。而外部变量的声明，出现在要使用该全局变量的函数内，可以出现多次。

2. 在多个文件中用 extern 来扩展全局变量的作用域

C 程序通常由多个函数组成。这些函数可以分别存放在不同的源文件中，并且单独编译，分别生成各自的目标(.obj)文件，然后使用连接程序将多个目标文件连接成一个可执行程序(.exe)文件，再进行执行。将每个可进行单独编译的源文件称为“编译单位”。

如果一个程序由多个编译单位组成，并且在每个文件中均需要引用同一个全局变量，若每个文件中均定义了该同名全局变量，在每个文件单独编译时并无异常，编译程序将按定义分别为它们开辟存储空间。但是进行“连接”时，将会产生“重复定义”错误。解决的办法为：在其中一个文件中定义所有全局变量，而在其他用到这些全局变量的文件中用 extern 对这些变量进行声明，说明这些变量已在其他编译单位中定义，通知编译程序不必再为它们开辟存储单元。

【例 7-18】 用 extern 将全局变量的作用域扩展到其他文件。

本程序的作用是给定 a 的值，输入 var 和 n，求 var+a 和 Var^n 的值。

文件 file1.c 中的内容为：

```
#include "stdio.h"
int var;                                    /* 定义全局变量 */
void main()
{    int fun1(int);                         /* 对被调用函数作声明 */
     int fun2(int);                         /* 对被调用函数作声明 */
     int a=5,b,c,n;
     printf("Please input Var and n:\n");
     scanf("%d,%d",&Var,&n);
     b=fun1(a);
     printf("%d+%d=%d\n",var,a,b);
     c=fun2(n);
printf("The %d power%d=%d\n",var,n,c);
}
```

文件 file2.c 中的内容为：

```
extern int var;                             /* 声明 var 为一个已定义的全局变量 */
fun1(int x)                                 /* fun1 函数的定义 */
{    int y;
     y=var+x;
     return y;
}
```

```
fun2(int m)                              /* fun2 函数的定义 */
{   int i,y=1;
    for(i=1;i<=m;i++) y=y*var;
    return y;
}
```

程序运行的结果为:

```
Please input var and n:
10,2(回车)
10+5=15
The 10 power2=100
```

可以看到,file2.c 文件的开头有一个 extern 声明,它声明在本文件中出现的变量 var 是一个已经在其他文件中定义过的全局变量,本文件不必再次为它分配内存,而且一旦用 extern 语句声明后,var 的作用域就从 file1.c 扩展到 file2.c 文件。

7.9.6 用 static 声明全局变量

如果不允许其他源文件中的函数引用本源文件中的全局变量,可以用 static 说明符说明全局变量,此变量可称做"静态"全局变量。例如:

```
/*file1.c*/
static int a;
void func();
main()
{   a=12;
    printf("file1:%d\n",a);
    func();
}
```

```
/*file2.c*/
extern int a;
void func()
{   printf("file2:%d\n",a);
    ...
}
```

文件 file1.c 中定义了静态全局变量 a,在文件 file2.c 中用 extern 声明 a 是全局变量,并且引用它。分别编译这两个文件时正常,但将两个文件进行连接时产生出错信息,指出在 file2.c 中,符号"a"无定义。也就是说:在 file1.c 中,变量 a 虽然被定义成全局变量,但用 static 说明后,其他文件中的函数就不能再引用它,而 file2.c 只用 extern 说明了变量 a 却并未定义它,因此编译时无法为 a 开辟存储单元,连接时也就找不到 a 的存储单元。因此 static 说明可以限制全局变量作用域的扩展,达到信息隐藏的目的。对于编写一个具有众多编译单位的大型程序十分有益,程序员不必担心因全局变量重名而引起混乱。

无论全局变量前是否加 static 声明,它都是静态存储方式,存放在静态区域中,在编译时分配内存,只是作用范围不同而已。

7.10 内部函数与外部函数

一个源程序往往由多个源文件组成，每个源文件中又包含多个函数。C语言根据函数能否被其他源文件中的函数调用，将函数分为内部函数和外部函数。因为一个函数要被另外的函数调用，因此函数在本质上都是外部的，但是，也可以指定函数不能被其他文件调用。

7.10.1 内部函数

内部函数又称静态函数。如果在一个源文件中定义的函数，只能被本文件中的函数调用，而不能被同一程序其他文件中的函数调用，这种函数称为内部函数。在函数类型前再加一个static关键字，即可定义内部函数。定义方式如下：

```
static 函数类型 函数名(函数参数表)
```

如：

```
static char alp(char c,int a)
```

关键字static，即为"静态的"，所以内部函数又称静态函数。但此处static的含义不是指存储方式，而是指对函数的作用域仅局限于本文件。

使用内部函数使得不同的人分工编写不同的函数时，不必担心自己定义的函数会与其他文件中的函数同名，即使同名相互也没有干扰。

7.10.2 外部函数

在定义函数时，如果没有加关键字static，或加关键字extern，表示此函数是外部函数。外部函数定义如下：

```
[extern] 函数类型 函数名(函数参数表)
```

如：

```
extern float mul(float x,float y)
```

或

```
float mul(float x,float y)
```

调用外部函数时，需要对其进行声明：

```
extern 函数类型 函数名(参数类型表)[,函数名2(参数类型表2)……];
```

7.11 编译预处理

编译预处理是在C编译系统对源程序进行编译之前，先对程序中以符号"#"开头的一些特殊的命令进行"预处理"，即根据预处理命令对程序做相应的处理，然后再由编译程序对预处理后的源程序进行通常的编译处理，得到可供执行的目标代码。通过在C源程序中加入一些"预处理命令"来实现"编译预处理"功能。编译预处理功能是C语言的重要特色之一，其改进了程序设计环境，提高编译效率。

编译预处理功能主要有宏定义、文件包含和条件编译三种。预处理命令以符号"#"开头，由于它不是C语句，因此末尾不加分号";"。

7.11.1 宏定义

宏定义#define可以有效提高编程效率，增强程序的可读性，便于修改。它分为不带参数的宏定义和带参数的宏定义两种类型。

1. 不带参数的宏定义

不带参数的宏定义是指用一个指定的标识符，即宏名来代表一个字符串，其定义格式如下：

```
#define 宏名 宏体
…
#undef 宏名
```

其中#define是宏定义命令，宏名为标识符，宏体为一字符串。宏定义实际上相当于定义符号常量，它的作用是用宏名完全代替宏体。#undef命令控制宏定义的作用域，即宏定义的作用域终止于#undef命令，该命令可省略。例如：

```
#define PI 3.1415
#define R 5
#define AREA PI*R*R
main()
{
…
}
```

该宏定义的作用就是用标识符PI来代替"3.1415"这个字符串，R代替5，AREA代替PI*R*R，在编译预处理时，将程序中#define PI 3.1415都用"3.1415"来代替。这种方法能使用户以一个简单的名字代替一个较长的字符串，从而使程序容易修改，便于理解。

有关说明：

(1) 宏名一般习惯用大写字母表示以使其具有特定含义,与变量名相区别。当然这并非C语言语法,宏名亦可使用小写字母。

(2) 宏定义与变量定义的含义不同,只做字符替换,不分配内存空间。用宏名代替一个字符串,可减少编程时重复书写某些字符串的工作量。

(3) 宏定义可以提高程序的通用性,减少修改程序工作量。当需要改变某一个常量时,可以只改变该#define命令行,这样宏名所代替的字符串均随之改变。如定义数组大小,可以用如下形式:

```
#define PRICE 320
int goods=PRICE;
goods 价格为 320,如果将价格 PRICE 改为 400,只需修改#define:
#define PRICE 400 即可
```

(4) #define命令通常写在源程序开头,位于函数之前,作为文件的一部分,在此源文件范围内有效。

(5) 在进行宏定义时,可以引用已定义的宏名,层层置换。

【例 7-19】 采用宏定义来定义公式的方法完成求圆的周长和面积。

```
#include "stdio.h"
#define R 6.0
#define PI 3.14
#define LE 2*PI*R                              /*宏定义中引用已定义的宏名 R*/
#define AREA PI*R*R
void main()
{    printf("LE=%.2f,\nAREA=%.2f,\n",LE,AREA);
}
```

程序运行的结果为:

```
LE=37.68
AREA=113.04
```

经过宏展开后,printf函数中的输出项LE为2*3.14*6.0,AREA为3.14*6.0*6.0。

2. 带参数的宏定义

宏定义时在宏名后加上形式参数,就形成了带参数的宏定义。带参数的宏定义,不仅要进行字符替换,还要进行参数替换。其定义格式为:

```
#define 宏名(形式参数表)宏体
```

宏名与形参表之间不能有空格,宏体中包含有参数表中所指定的形参,如:

```
#define AREA(len,wid) len*wid
squ=AREA(5,4);
```

带参数的宏展开的原理是:程序中若有带实参的宏(如AREA(5,4)),则按#define

令行中所指定的字符串从左到右进行置换。若字符串中包含宏中的形参(如 len、wid),则将程序中相应语句的实参(可以是常量、变量或表达式)代替形参,若宏定义中字符串中的字符不是参数字符(如 len * wid 中的 * 号),则保留。

这样就形成了替换的字符串。上面的宏展开就是用 5、4 分别代替宏定义中的形式参数 len、wid,用 5 * 4 代替 AREA(5,4),即展开后有 squ=5 * 4。

【例 7-20】 使用带参数的宏定义完成例 7-19。

```
#include "stdio.h"
#define PI 3.14
#define LE(R) 2*PI*R                          /*R为宏定义中的形参*/
#define AREA(R) PI*R*R
void main()
{   float r,l,a;
    r=6.0;
    l=LE(r);
    a=AREA(r);                                /*r为实参,用来替换形参R*/
    printf("r=%.2f\nl=%.2f\na=%.2f\n",r,l,a);
}
```

程序运行的结果为:

```
r=6.00
l=37.68
a=113.04
```

赋值语句 l=LE(r);a=AREA(r)经宏展开后分别为:

```
l=2*3.146*r; a=3.14*r*r
```

相关说明:

(1) 带参数的宏展开只是将 C 语句中宏名后面括号内的实参字符串代替 # define 命令行中的形参,如例中语句 a=AREA(r);在展开时,先找到 # define 命令行中的 AREA(R),将 AREA(r)中的实参 r 代替宏定义中的字符串"PI * R * R"中的形参 R,得到PI * r * r。

(2) 有时实参简单代替形参可能会出现逻辑上的错误,与程序设计者的原意不符,所以要格外仔细。如将例中的语句 a=AREA(r);换成:

```
a=AREA(m-n);
```

这时用实参 m+n 代替 PI * R * R 中的形参 R,就成为:

```
a=PI*m-n*m-n;
```

这显然与程序设计者的原意不符。原意想得到:

```
area=PI*(m-n)*(m-n);
```

因此,应当在定义时,在字符串中的形式参数外面加一个括号,即:

```
#define AREA(R)PI*(R)*(R)
```

在对 AREA(m－n)进行宏展开时，将(m－n)代替 R，就成了：

```
PI*(m-n)*(m-n)与原意相符
```

(3) 宏定义时，在宏名与带参数的括号之间不能加空格，否则将空格以后的字符都作为宏体的一部分。

7.11.2 文件包含

"文件包含"预处理＃include 命令在一个源文件中将另外一个或多个源文件的全部内容包含进来，即将另外的文件包含到本文件中。"文件包含"编译预处理命令格式为：

```
#include "文件名"
```

或

```
#include<文件名>
```

其中，文件名是指要被包含进来的文件名称，又称为头文件或编译预处理文件。使用双引号括住文件名和使用尖括号括住文件名均是合法的。

"文件包含"命令的功能就是用指定文件的全部内容代替该命令行，使被包含的文件成为该"文件包含"命令所在源文件的一部分。被包含的文件可以是 C 语言标准文件，也可以是用户自定义的文件。

有关说明：

(1) 在文件头部的被包含的文件称为"头文件"或"标题文件"，常以".h"为后缀(h 为 head 的缩写)，如"string.h"等文件。

(2) 一个＃include 命令只能指定一个被包含文件，如果要包含 n 个文件，必须要用 n 个＃include 命令。

(3) 文件包含可以嵌套，即在一个被包含文件中又可以包含另一个被包含文件。

(4) 使用尖括号括住文件名，表示直接到指定的标准包含文件目录，使用双引号括住文件名表示先在当前目录中寻找该文件，若找不到再到标准方式目录中去寻找。

使用"文件包含"命令，还可以减少编程人员的重复劳动。例如，用宏定义将一些常用参数定义成一组固定的符号常量(如 PI＝3.1415)，然后再把这些命令组成一个文件，可供多人用＃include 命令将该文件包含到自己所写的文件中，使用这些参数。这样就不必每个人都重复定义这些符号常量了，就像标准零部件一样，可以直接拿来使用，如前面所说的"math.h"文件。

【例 7-21】 计算 $s=1^k+2^k+3^k+\cdots+n^k$。

```
#include "stdio.h"
#include "math.h"
    #define K 4
    #define N 5
```

```
    int f2(int n,int k)                      /* 计算 1 到 n 的 k 次方之累加和 */
    {   int sum=0;
        int i;
        for(i=1;i<=n;i++)
            sum +=pow(i, k);                 /* 调用数学函数库中的幂函数 */
        return sum;
    }
void main( )
    {   printf("Sum of %d powers of integers from 1 to %d=",K,N);
        printf("%d\n",f2(N,K));
}
```

程序运行的结果为：

```
Sum of 4 powers of integers from 1 to 5=979
```

7.11.3 条件编译

条件编译是对C源程序中某一部分内容指定编译或不编译条件，当满足相应条件时才对该部分内容进行编译或不编译。这样并非所有的程序行都参加编译全部形成目标代码，而只是部分程序行形成目标代码。使用条件编译命令，可以优化程序。

常用的条件编译命令有以下三种格式：

(1)

```
#if 表达式
    程序段 1
#else
    程序段 2
#endif
```

或

```
#if 表达式
    程序段 1
#endif
```

该命令的功能是：首先求表达式的值，若为真，则编译程序段1，否则编译程序段2。如果没有#else部分，则当表达式值为假时，直接跳过#endif，使程序在不同的条件下执行不同的功能。

(2)

```
#ifdef 宏名
    程序段 1
#else
    程序段 2
```

```
#endif
```

或

```
#ifdef 宏名
    程序段 1
#endif
```

该命令的功能是：如果#ifdef后的宏名在此之前已经被#define命令定义过，则在程序编译阶段只编译程序段1，否则编译程序段2；如果没有#else部分，当宏名在此之前未被#define命令定义过，编译时直接跳过#endif，否则编译程序段1。这里的“程序段”可以是语句组，也可以是命令行。

【例7-22】 若在同一个目录下有文件file1.c和file2.h，指出下面程序的输出结果。

file2.h的内容如下：

```
#define SMA
```

filel.c的内容如下：

```
#include "stdio.h"
#include "file2.h"  /* 文件 filel.c 包含文件 file2.h 的宏定义,运行时候需要加上路径 */
#ifdef SMA
#define R 3.0                               /* 程序段 1 */
#else
#define R 5.0                               /* 程序段 2 */
#endif
void main()
{   float area;
    area=3.14 * R * R;
printf("%.3f\n",area);
}
```

程序运行的结果为：

```
28.260
```

在例中，文件file1.c包含文件file2.h，在file2.h中定义了SMA，因此编译#define R3.0部分，而跳过#define R5.0部分，所以主函数中R的值被替换成3.0，故输出结果为28.260。

(3)

```
#ifndef 宏名
    程序段 1
#else
    程序段 2
#endif
```

或

```
#ifndef 宏名
    程序段 1
#endif
```

#ifndef 命令的功能与#ifdef 相反。如果宏名在此之前未被定义，则编译程序段 1，否则编译程序段 2。

第 2 种格式与第 3 种格式用法相似，可以根据具体情况选用。

习 题 7

7.1 编写一个函数求 n 个数中最小值。主函数求 8 个数中最小值。

7.2 输入长方体的长、宽和高，调用函数求长方体的体积，返回主函数结果。

7.3 编一个函数求 n!。主函数求 5!×7!/9!。

7.4 写一个判别素数的函数，在主函数输出 200 以内的素数。

7.5 用递归法将一个整数 n 转换成字符串，例如输入 3584，应输出字符串"3584"。n 的位数不确定，可以是任意位数的整数。

7.6 编写两个函数，分别求两个整数的最大公约数和最小公倍数，用主函数调用这两个函数并输出结果。两个整数由键盘输入。

7.7 编写用冒泡排序法进行排序的函数及主函数。

7.8 编写一个函数，输入一个十进制数，输出十六进制数。

7.9 编写一个函数，删除给定字符串中的指定字符，如给定字符串"chinese"，删除指定字符'e'，字符串变为"chins"，主函数完成给定字符串和指定字符的输入，调用所编函数，输出处理后的字符串。

7.10 有四个人坐在一起，问第四个人多少岁，他说比第三个人大 4 岁，问第三个人多少岁，他说比第二个人大 4 岁，问第二个人多少岁，他说比第一个人大 4 岁，问第一个人多少岁，他说 12 岁，问第四个人多少岁？

7.11 编写计算定积分 $\int_0^1 (x^2+5x+7)dx$ 近似值的函数及主函数。

第8章

指　　针

指针是C语言的精华，是C语言的特色之一，也是最难掌握的部分。在程序中正确、灵活地利用指针来处理数据、变量、数组、字符串、函数、结构体、文件以及动态分配内存等，可以使程序更精简、高效、灵活。指针的概念比较复杂，由于需要一些计算机硬件的知识，指针对初学者来说难于理解，这就需要多做多练、多上机实践，才能掌握。

8.1　指针的基本概念

8.1.1　变量的地址

如今的计算机采用“基于程序存储和程序控制”的冯·诺依曼原理。“程序存储”就是在程序运行之前将程序和数据存入到计算机的内存。计算机的内存是以字节为单位的一片连续的存储空间。一般把内存中的一个字节称为一个“内存单元”。为了正确地访问这些内存单元，必须为每个内存单元进行编号，这个编号称为“内存地址”。根据一个内存单元的编号即可准确地找到该内存单元，然后进行存取数据（内容）。所以说，内存单元的地址和内存单元的内容是两个不同的概念。

如果在程序中定义了一个变量，在程序编译时就会根据该变量的类型分配一定长度的内存单元（例如，VC++ 6.0 中为 int 型变量分配 4 个字节、float 型变量分配 4 个字节、double 型变量分配 8 个字节、char 型变量分配 1 个字节）。每个变量的地址是该变量所占内存单元的第一个字节的地址。

内存的地址实际上是使用二进制数来表示的，为了直观起见，下面使用十进制数来表示。例如，设有变量定义，

```
int x=6,y=17,z=23;
```

假设编译器分配 x 的地址为 1000（其中 x 的内容为 6），y 的地址为 1004，z 的地址为 1008（如图 8-1 所示）。

地址	内存单元	变量
	⋮	
1000	6	x
1004	17	y
1008	23	z
	⋮	
2000	1000	p
	⋮	

图 8-1　内存单元与地址

计算机对内存单元中的数据进行操作实际是按照内存

地址存取的。由于在程序编译时可以将变量名转换为变量的内存地址，所以在程序中一般是通过变量名来对内存单元进行存/取（即写/读）操作的。这种直接按变量的地址访问变量的方式称为“直接访问”方式。如调用函数 printf("%d",x)，输出 x 的数值 6。

8.1.2 指针变量

在 C 语言中，专门存放变量地址的变量称为“指针变量”。由于指针变量也是一个变量，所以它同普通变量一样也需要占用存储单元，它本身也有地址。但是与普通变量不同的是指针变量存放的是地址，而普通变量存放的是数据。例如，变量 p 的地址为 2000（如图 8-2 所示），让变量 p 存放整型变量 x 的地址，这样，由变量 p 的值 1000（是一个地址）就可以找到变量 x 的数值 6，则变量 p 就是指针变量，并且是指向变量 x 的指针变量。一个变量的地址有时也称为变量的“指针”。

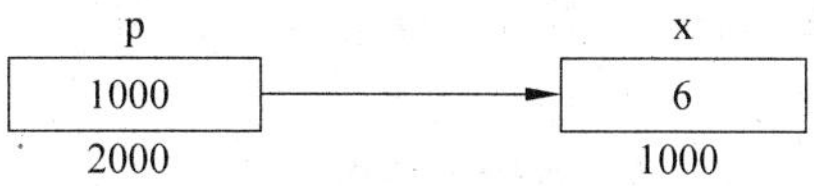

p　1000　2000　x　6　1000

图 8-2　指针变量 p 指向变量 x

有了指针变量后，对一般变量的访问即可以通过变量名进行，也可以通过指针变量进行。通过指针变量（如 p）访问它所指向的变量（如 x）的方式称为“间接访问”方式。

8.2 指针变量的定义与引用

指针变量必须先定义，然后再使用。

8.2.1 指针变量的定义与初始化

1. 指针变量的定义

指针变量的一般定义形式为：

```
类型名 *标识符 1,*标识符 2,……;
```

其中“标识符”是指针变量名，在标识符前加“*”号表示该变量是指针变量，用于存放地址，“类型名”表示该指针变量所指向变量的类型，它必须是有效的数据类型，如 int、float、char 等。例如：

```
int x,*p1;          /*定义 p1 为指针变量，它只能指向 int 类型的变量*/
float y,*p2;        /*定义 p2 为指针变量，它只能指向 float 类型的变量*/
char *p3;           /*定义 p2 为指针变量，它只能指向 char 类型的变量*/
```

若 p1=&x;，则称指针变量 p1 指向整型变量 x，因为把变量 x 的地址赋值给了 p1。而赋值语句 p1=&y; 是非法的，因为一个指向整型变量的指针变量不允许指向实型变量。就是说，一个指针变量只能指向类型相同的变量。

2. 指针变量的初始化

指针变量被定义后，必须把指针变量与一个特定的变量进行关联才可以使用指针。就是说，指针变量也要先赋值，然后再使用。指针变量被赋给的值应该是地址。

在指针变量定义的同时对其进行赋初值，称为指针变量的初始化。例如，

```
int *p=&x;
```

把变量 x 的地址作为初值赋给整型指针变量 p，则指针变量 p 指向变量 x。

8.2.2 指针变量的引用

1. 取地址运算符 &

单目运算符 & 是“取地址运算符”，把运算对象放在取地址运算符“&”的右边，用于求出该运算对象的地址。例如：

```
float a,*p;
p=&a;
```

执行后把变量 a 的地址赋值给指针变量 p，指针变量 p 就指向了变量 a。

2. 指向运算符 *

单目运算符 * 是“指向运算符”，它作用在指针（地址）上，代表该指针所指向的存储单元的内容。由于实现了间接访问，因此又称为“间接访问运算符”或“取内容运算符”。例如：

```
int a=10,*p;
p=&a;
printf("%d",*p);
```

由于 p 指向 a，则 *p 与 a 访问同一个存储单元，因此 *p 与 a 的值一样都为 10。

注意：运算符“*”出现在不同的情况代表不同的意义。当“*”出现在说明语句中，它代表指针说明符，表示其后是指针变量。当“*”出现在表达式中，如果有两个操作对象，则它代表乘号运算符；如果有一个操作对象，则它代表间接访问运算符，功能是取其所指向存储单元的内容。

3. 取地址运算符 & 和指向运算符 * 的运算关系

单目指向运算符 * 和取地址运算符 & 二者互逆。

例如设有变量定义：

```
int a=10,*p;
p=&a;
```

则有：

*(&a)==a　先进行 &a 运算得到 a 地址；再进行 * 运算得到 &a 所指向变量，即 a。

&(*p)==p　先进行 *p 运算得到 a；再进行 & 运算，即 &a。

【例 8-1】 间接访问运算举例。

```
#include<stdio.h>
void main()
{int a=1, *pointer;
  pointer=&a;
  printf("a=%d, *pointer=%d\n",a, *pointer);
                                   /*输出变量 a 和指针变量 p 指向变量的值*/
  a++;
  printf("a=%d, *pointer=%d\n",a, *pointer);
  *pointer=6;              /*把 6 赋给 pointer 所指向的存储单元，相当于 a=6; */
  printf("a=%d, *pointer=%d\n",a, *pointer);
  (*pointer)++;            /*指针变量 pointer 所指向存储单元的值自增，相当于 a++; */
  printf("a=%d, *pointer=%d\n",a, *pointer);
  printf("Enter a: ");
  scanf("%d",pointer);                /*对指针变量 p 所指向的变量 a 的地址输入整数*/
  printf("pointer=%x\n",pointer);     /*输出指针变量 p 存储的变量 a 的地址*/
  printf("&pointer=%x\n",&pointer);   /*输出指针变量 p 自身的地址 */
}
```

程序运行的结果为：

```
a=1, *pointer=1
a=2, *pointer=2
a=6, *pointer=6
a=7, *pointer=7
pointer=12ff7c
&pointer=12ff78
```

注意：在调试程序时候，由于在不同的环境下变量 a 的地址可能不同。所以结果可以与本程序 pointer=12ff7c、&pointer=12ff78 的不一样。

【例 8-2】 从键盘输入两个整数，利用指针把它们按照由大到小的顺序输出。

首先定义两个指针变量 p1、p2，然后将变量 i1、i2 的地址分别存入 p1、p2，当 i1<i2 时利用指针变量 p1、p2 交换变量 i1、i2 的值(如图 8-3 所示)，最后进行输出。

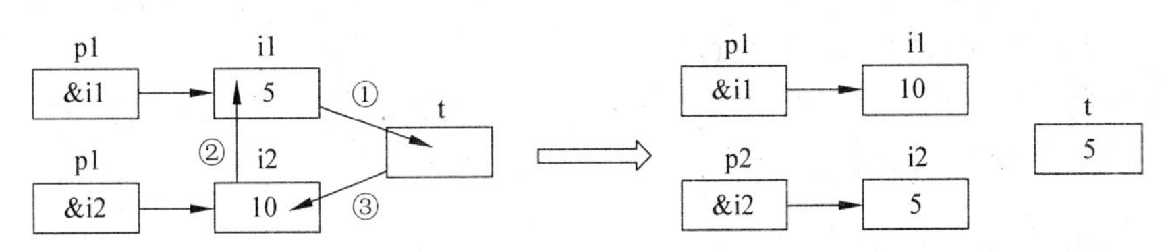

图 8-3　通过指针的指向操作交换 i1、i2 的值

```
#include<stdio.h>
void main( )
{int i1,i2, * p1, * p2,t;
  p1=&i1;
  p2=&i2;
  printf("Input two numbers:\n");
  scanf("%d%d",p1,p2);                    /* 利用指针变量输入 i1、i2 的值 */
  if(i1<i2)
    {t= * p1; * p1= * p2; * p2=t;}        /* 利用指针变量的指向操作交换 i1、i2 的值 */
  printf("i1=%d,i2=%d\n",i1,i2);
}
```

程序运行的结果为：

```
Input two numbers:
5 10(回车)
i1=10,i2=5
```

在上面的程序中，如果将变量定义改为 int i1, i2, * p1, * p2, * p;，同时将交换 i1、i2 值的语句改为 if(i1<i2){p=p1;p1=p2;p2=p;}，程序输出的结果将会怎样？

在 i1<i2 的情况下，利用临时指针变量 p 交换了指针变量 p1、p2 存放的地址值，但是变量 i1、i2 的值没有改变，因此题目的要求没有实现（如图 8-4 所示）。

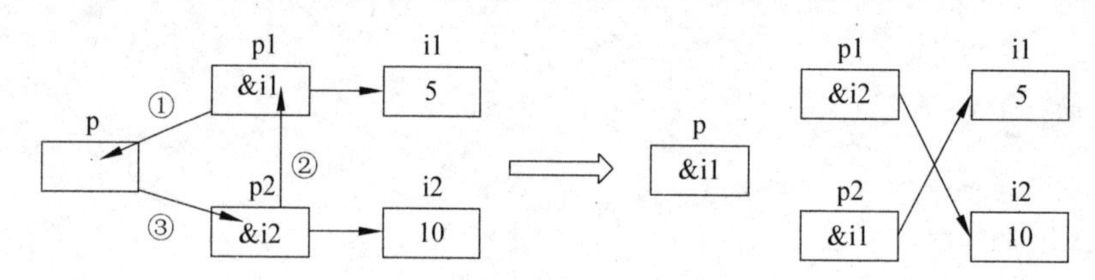

图 8-4　交换指针不能交换 i1、i2 的值

但如果同时将输出语句改为：printf("max=%d,min=%d\n", * p1, * p2)；则可以按照题目的要求实现从大到小的顺序输出。

8.2.3　使用指针变量作为函数参数

函数的参数包括实参和形参，两者在个数上、顺序上和数据类型上都要保持一致。函数参数的数据类型可以是整型、浮点型和字符型，也可以是指针类型。使用指针类型作函数的参数，实际向函数传递的是变量的地址。

【例 8-3】 分别利用普通变量和指针变量作为函数的参数，是否都能实现将无序的两个整数按照由小到大的顺序输出？

```
#include<stdio.h>
void main()
{void chang_1(int x,int y);                       /* 函数声明 */
```

```
  void chang_2(int * p1,int * p2);
  int a,b;
  int * pointer1, * pointer2;
  pointer1=&a;
  pointer2=&b;
  printf("Enter a,b: ");
  scanf("%d,%d",&a,&b);
  chang_1(a,b);                                              /* 调用函数 */
  printf("After calling chang_1: a=%d,b=%d\n",a,b);
  chang_2(pointer1,pointer2);                                /* 调用函数 */
  printf("After calling chang_2: a=%d,b=%d\n",a,b);
}

void chang_1(int x,int y)                          /* 函数实现将两数值调整为由小到大 */
{int temp;
  if(x>y)
    { temp=x;
      x=y;
      y=temp; }                                    /* 交换变量的值 */
}

void chang_2(int * p1,int * p2)                    /* 函数实现将两数值调整为由小到大 */
{ int temp;
  if(* p1> * p2)
    { temp= * p1;
      * p1= * p2;
      * p2=temp; }                                 /* 交换变量的值 */
}
```

程序运行的结果为：

```
Enter a,b: 8,6(回车)
After calling chang_1: a=8,b=6
After calling chang_2: a=6,b=8
```

函数 chang_1()使用的是普通变量调用，它的实参是变量 a 和 b。在函数调用时，参数的传递是从实参变量到形参变量单方向上的“值传递”，而不能由形参传回给实参。即使在 chang_1()函数中改变了形参的值，也不会影响到实参的值。就是说，调用 chang_1()函数后不能改变 main()函数中实参 a 和 b 的值，因此不能实现题目要求的将无序的两个整数按照由小到大的顺序输出。

函数 chang_2()使用的是指针调用，它的实参是指针变量 pointer1 和 pointer2，其值分别是变量 a 和 b 的地址。在函数调用时将 pointer1 和 pointer2 分别传给形参 p1 和 p2，则 p1 和 p2 中就分别存放了 a 和 b 的地址。由于 * p1 和 a 代表同一个存储单元，所以在函数中如果改变 * p1 的值，就改变了该存储单元存放的数据的值，在返回到 main()

函数后，由于 a 代表的存储单元的值已经改变，就相应改变了 a 的值。同样 b 的值也改变了。就是说，在 chang_2()函数中如果交换了 * p1 和 * p2 的值，在 main()函数中也就相应地交换了 a 和 b 的值，因此能够实现题目要求的将无序的两个整数按照由小到大的顺序输出。

思考下面形式的 chang_3()函数，是否也能达到 chang_2()函数相同的效果呢？

```
void chang_3(int * p1,int * p2)
{ int * temp;
  if(* p1> * p2)
    {temp=p1;
     p1=p2;
     p2=temp;}
}
```

运行程序后发现并未达到与 chang_2()函数相同的效果，表现在输出的数据与输入的数据完全相同。原因是 chang_3()函数虽然使用的也是指针调用，参数的传递也与 chang_2()函数相同，但是在 chang_3()函数中如果交换了形参指针 p1 和 p2 的值(只是函数内部进行指针相互交换指向，而在存储单元中存放的数据并未交换)，不会影响到实参指针 pointer1 和 pointer2 的值，调用 chang_3()函数后不能改变 main()函数中变量 a 和 b 的值，因此不能实现题目要求的将无序的两个整数按照由小到大的顺序输出。

8.3 指针的运算

指针运算是以指针变量所拥有的地址值为操作对象进行的运算。指针运算实质上是地址的运算，它与一些普通变量的运算在意义上和种类上是不同的，它只能进行赋值运算、算术运算和关系运算。

8.3.1 指针变量的赋值运算

一个指针变量可以通过不同的方法获得一个地址值，然后指向某一个具体的对象。

1. 通过一个普通变量的地址赋值

地址运算符“&”是单目运算符，把运算对象放在地址运算符“&”的右边，用于求出该运算对象的地址。通过地址运算“&”可把一个普通变量的地址赋给指针变量。例如：

```
float x, * p;
p=&x;
```

执行后把变量 x 的地址赋值给指针变量 p，指针变量 p 就指向了变量 x。

与动态变量的初值一样，在定义了一个动态的指针变量之后，其初值也是一个不确定的值。可以在定义变量的同时给指针变量赋初值，如 float x， * p=&x;，则把变量 x 的地址赋值给指针变量 p，此条语句相当于上面的两条语句。

由于变量所代表的存储单元是在编译时（对静态存储变量）或程序运行时（对动态存储变量）分配的，因此变量的地址不能人为确定，而可以通过取地址运算符 & 获取。注意，由于常量和表达式没有用户可操作的内存地址，因此 & 不能作用到常量或表达式上。

可以将一个变量的地址赋给一个指针变量，但是不能将一个整数赋给一个指针变量，也不能将指针变量的值赋给一个整型变量。

2. 通过其他指针变量赋值

通过赋值运算符，可以把一个指针变量中的地址值赋给另一个指针变量，这样两个指针变量均指向同一地址。例如，有如下程序段：

```
int x, * p, * q;
q= &x;
p=q;
```

执行后指针变量 p 与 q 都指向整型变量 x。

可以通过已有地址值的指针变量赋值。例如在上面的程序段用 p=q;给指针变量 p 赋值（注意 p、q 的基类型相同），这时指针变量 p 和 q 指向同一个变量 x（如图 8-5 所示）。

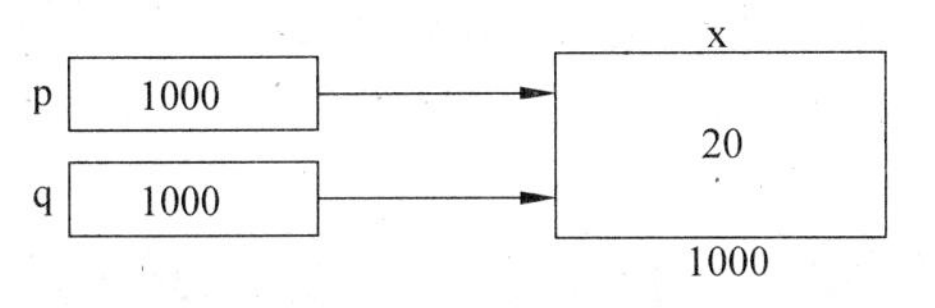

图 8-5　指针变量 p 和 q 指向同一个变量 x

注意：当把一个指针变量的地址值赋给另一个指针变量时，赋值号两边指针变量所指的数据类型必须相同。

3. 通过一个数组的地址赋值

例如，如果定义一个指针变量 p 和一个数组 name，则：

```
char * p,name[10];
p=name;
```

是将数组的第一个元素的地址赋给指针变量 p。

4. 通过一个函数名所代表的地址赋值

例如，如果定义一个指针变量 p 和一个函数 min，则：

```
p=min;
```

是将函数 min 的入口地址赋给指针变量 p。

5. 通过标准库函数赋值

通过调用标准库函数 malloc 和 calloc，可以在内存中动态开辟存储单元，并且把所开辟的存储单元的地址赋给一个指针变量。具体的内容将在后面章节介绍。

6. 通过使用 NULL 给指针变量赋空值

除了可以给指针变量赋地址值之外，还可以给指针变量赋空值。例如：

```
p=NULL;
```

因为 ULL 是在 stdio.h 头文件中定义的预定义标识符，因此在使用 NULL 时，应该在程序的前面加上文件包含#include "stdio.h"。在 stdio.h 头文件中的 NULL 被定义成符号常量，与整数 0 对应。执行上面的赋值语句后，p 被称为"空指针"。

在 C 语言中，当指针值为 NULL 时，指针并不是指向地址为 0 的存储单元，此时指针不指向任何有效数据，即该指针变量不指向任何变量，因此不能通过一个空指针去访问一个存储单元。一般情况下，在程序中为了防止错误地使用指针存取数据，常常在指针未使用之前，先赋初值为 NULL。

由于 NULL 与整数 0 相对应，所以下面三条语句等价：

```
p=NULL;    或 p=0;    或 p='\0';
```

NULL 可以赋值给指向任何类型的指针变量。这样做的目的是让指针变量存有确定的地址值又不指向任何变量(类似给数值型变量赋初值 0)。

8.3.2 指针变量的算术运算

1. 指针变量加(减)一个整数

例如，如果定义一个指针变量 p 和一个整数 i，则 p+i、p−i、p++、p--都是指针变量加(减)一个整数。

一个指针变量加(减)一个整数是将该指针变量的原值(地址)和它指向的变量所占用的内存单元字节数相加(减)，而不是将原值直接加(减)一个整数。就是说，指针作为地址加(减)一个整数 i 的意义是表示指针指向当前位置的前面或后面第 i 个数据元素的位置。

对于指向不同数据类型的指针 p，则 p±i 所表示的实际位置的地址值是：

```
[p]±i×sizeof(p)
```

其中[p]表示指针 p 的地址值。sizeof(p) 表示指针 p 指向的变量所占用的内存单元字节数；例如在 VC++ 6.0 中，int 数据类型的字节数为 4，float 数据类型的字节数为 4，double 数据类型的字节数为 8，char 数据类型的字节数为 1。

2. 指针++、--运算

指针++运算和指针--运算在实质上也是地址的运算，是指针自身的地址值发生变化。指针++运算的意义是使指针指向下一个数据元素的位置。指针--运算的意义是使指针指向上一个数据元素的位置。

指针++运算和指针--运算的地址值变化量也与指针所指向的数据类型有关。

3. 两个指针变量可以相减

如果两个指针变量 p 和 q 指向同一数组中的数组元素，则两个指针变量值之差是两个指针之间的数组元素个数。就是说，两个指针变量相减，虽然在实质上也是地址运算，但并不是两个指针对应的地址直接相减，而是按照下面的公式计算结果得到一个整数（即两个指针之间的数组元素个数）。

对于指向不同数据类型的指针 p，则[p]－[q]所表示的数组元素个数是：

```
{[p]-[q]}÷sizeof(p)
```

其中[p]表示指针 p 的地址值。sizeof(p) 表示指针 p 指向的变量所占用的内存单元字节数。

另外，两个指针变量相加无实际意义。

8.3.3 指针变量的关系运算

如果两个指针变量指向同一数组中的数组元素，则两个指针变量也可以进行比较。指向前面数组元素的指针变量“小于”指向后面数组元素的指针变量。

对于指向同一数组（其数据类型相同）的数组元素的指针 p，则关系表达式

```
p<q
```

所表示的是：当 p 指向的位置在 q 指向的位置的前方时，则关系表达式为 1，反之为 0。

如果两个指针变量指向同一数组中的数组元素，则两个指针变量相等是指两个指针指向同一个位置。

另外，两个指向不同数据类型的指针变量的比较是无实际意义的。

8.4 指针与数组

8.4.1 指向一维数组元素的指针

一个数组可以包含若干个数组元素，其中每个数组元素在内存中都占用存储单元，它们都有相应的地址。一个数组的数组元素在内存中是连续存放的，数组中第一个数组元素的地址称为数组首元素的地址。在 C 语言中，数组名代表数组首元素的地址。例如有以下定义语句：

```
int a[20], * p;
p=a;
```

其中语句 p=a;和 p=&a[0];功能是相同的,都表示指针变量 p 指向 a 数组首元素的地址。

指针名是一个变量,它所代表的地址是可以改变的。数组名是一个常量,因为数组在定义后,就被分配了固定的内存空间,所以数组名所代表的数组首元素的地址是不能改变的,是一个常量。所以,语句 a=p; 或 a++;都是非法的。

若已经定义数组 a 和指针变量 p,并且 p 指向该数组首元素的地址(即 p=a;),则规定:

```
数组的第 0 个数组元素 a[0]的地址是 a        (等价于 p);
数组的第 1 个数组元素 a[1]的地址是 a+1      (等价于 p+1);
……
数组的第 i 个数组元素 a[i]的地址是 a+i      (等价于 p+i);
……
```

所以,a+i 和 p+i 就是 a[i]的地址;而 *(a+i)和 *(p+i)就是 a[i]的内容。

例如,有如下程序段:

```
int a[6]={1,3,5,7,9,11}, * p=a;                    /* p 指向整型数组 a 的首地址 */
double b[6]={1.1,2.2,3.3,4.4,5.5,6.6}, * q=b;     /* q 指向双精度数组 b 的首地址 */
```

假设数组 a 的首地址是 1000,数组 b 的首地址是 2000,则上述两个数组分配的内存空间如图 8-6(a)与图 8-6(b)所示,其中整型(int)数组每下移一个元素地址加 sizeof(int)即 4 字节,双精度(double)实型数组每下移一个元素地址加 sizeof(double)即 8 字节。

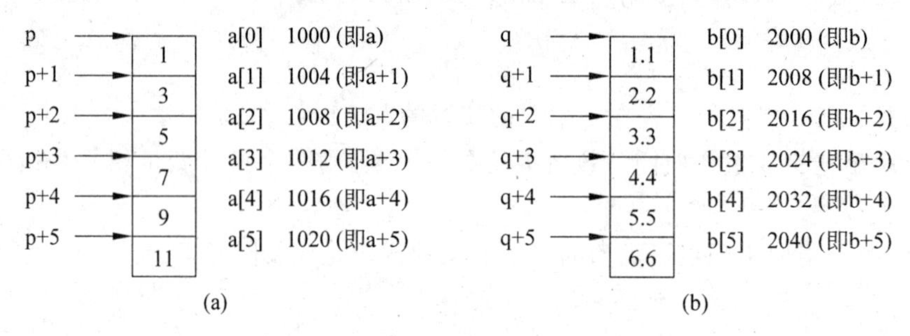

图 8-6 一维数组元素地址的表示形式

8.4.2 使用指针引用一维数组元素

1. 使用数组名所代表的首地址存取一维数组元素

假设已经定义一维数组 a,则 a+i 就是元素 a[i]的地址;而 *(a+i)就是 a[i]的内容,与元素 a[i]等价。例如,下述程序段:

```
int a[10]={1,2,3,4,5,6,7,8,9,10};
printf("%d\n", * (a+6));                    /* 相当于 printf("%d\n",a[6])) */
```

2. 使用指针存取一维数组元素

设有如下程序段：

```
int a[10], * p;
p=a;
```

即 p 指向 a 数组的首地址，则 p+i 就是元素 a[i]的地址；而 *(p+i) 就是 a[i]的内容，与元素 a[i]等价。例如，下述程序段：

```
int a[10]={1,2,3,4,5,6,7,8,9,10}, * p;
p=a;
printf("%d\n", * (p+6));                    /* 相当于 printf("%d\n",a[6])) */
```

3. 使用带下标的指针变量存取一维数组元素

C 语言中的下标运算符"[ ]"可以构成表达式。假设 p 为指针变量，i 为整型表达式，则可以把 p[i]看成是表达式，首先按 p+i 计算地址，然后再存取此地址单元中的值。所以 p[i]与 *(p+i)等价，因此 p[i]也与元素 a[i]等价。例如，下述程序段：

```
int a[10]={1,2,3,4,5,6,7,8,9,10}, * p;
p=a;
printf("%d\n",p[6] );                       /* 相当于 printf("%d\n",a[6])) */
```

综上所述，若已经定义了一维数组 a 和一个指针变量 p，并且 p=a；，则有如下等价规则：

a[i] ←相互等价→ p[i] ←相互等价→ *(a+i) ←相互等价→ *(p+i)

上述情况是假设指针变量 p 所指的数据类型和数组 a 中元素的数据类型一致，并且 i 为整型表达式。

8.4.3 使用一维数组名或指向一维数组的指针作为函数的参数

在实际应用中，数组名或指向数组的指针变量都可以作为函数的参数。

【例 8-4】 调用函数，实现求一维数组中的数值最小的元素。

在编写函数时，首先假设一维数组中下标为 0 的元素最小。然后把后续的元素与该元素进行一一比较，若找到更小的元素就替换。

第一种方法：实参是一维数组名 a，形参为数组 x。

```
#include <stdio.h>
void main()
{int sub_min(int b[],int n);
int a[10];
int i,min;
for(i=0;i<10;i++)
```

```
  scanf("%d",&a[i]);
min=sub_min(a,10);                      /* 函数调用,实参是一维数组名 a */
printf("min=%d\n",min);
}
int sub_min(intx[],int n)               /* 函数定义,形参为数组 x */
{int temp,i;
temp=x[0];
for(i=1;i<n;i++)
  if(x[i]<temp)temp=x[i];
return temp;
}
```

在程序的 main()函数中定义数组 a 共有 10 个元素,调用 sub_min()函数时将实参数组名 a 所代表的数组首元素的地址传递给 sub_min ()函数的形式参数 x,这样 x 数组与 a 数组在内存中具有相同的地址,即在内存完全重合。在 sub_min()函数中对数组 x 的操作与对数组 a 的操作意义相同。如图 8-7 所示。

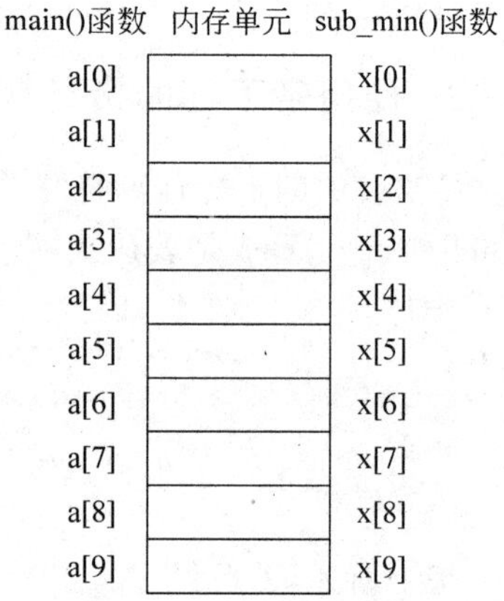

main()函数	内存单元	sub_min()函数
a[0]		x[0]
a[1]		x[1]
a[2]		x[2]
a[3]		x[3]
a[4]		x[4]
a[5]		x[5]
a[6]		x[6]
a[7]		x[7]
a[8]		x[8]
a[9]		x[9]

图 8-7　程序在内存中虚实结合示意图 1

main()函数首先进行数据的输入,然后调用 sub_min ()函数完成对数组找最小元素的过程。最后再输出运行结果。

输入数据:

```
1 2 3 4 5 6 7 8 9 10
```

程序运行的结果为:

```
min=1
```

第二种方法:实参是指向一维数组的指针,形参为数组 x。

```
#include <stdio.h>
void main()
{int sub_min(int b[],int n);
int a[10],*p=a;                        /* 定义指针变量和数组,并使指针变量指向数组 */
int i,min;
for(i=0;i<10;i++)
  scanf("%d",&a[i]);
min=sub_min(p,10);                     /* 函数调用,实参是指向一维数组的指针 p */
printf("min=%d\n",min);
}
int sub_min(int x[],int n)             /* 函数定义,形参为数组 x */
{int temp,i;
temp=x[0];
for(i=1;i<n;i++)
```

```
  if(x[i]<temp)temp=x[i];
return temp;
}
```

在程序的main()函数中定义数组a共有10个元素，并且将其数组首元素的地址赋值给了指针变量p，则p就指向了数组a，调用sub_min()函数时再将实参p所代表的a数组首元素的地址传递给sub_min()函数的形式参数x，这样x数组与a数组在内存中具有相同的地址，即在内存完全重合。在sub_min ()函数中对数组x的操作与对数组a的操作意义相同。

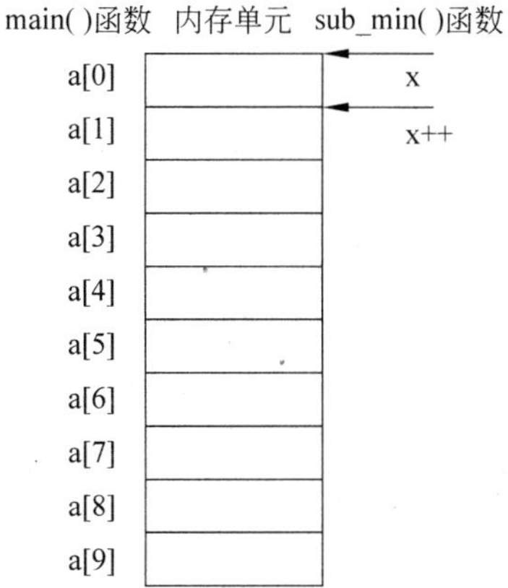

图 8-8 程序在内存中虚实结合示意图 2

在C语言中，实参数组名代表该数组首元素的地址；而形参是用来接受从实参传递来的数组首元素的地址的，所以形参应是一个指针变量。在实际应用中，C编译器是将形参数组名作为指针变量来处理的。因此在下面的两种编程方法中，形参为指针变量时也能实现上面程序同样的功能。

第三种方法：实参是一维数组名a，形参为指针变量x。如图8-8所示。

```
#include <stdio.h>
void main()
{int sub_min(int b[],int n);
int a[10];
int i,min;
for(i=0;i<10;i++)
  scanf("%d",&a[i]);
min=sub_min(a,10);                   /* 函数调用，实参是一维数组名 a */
printf("min=%d\n",min);
}
int sub_min(int *x,int n)            /* 函数定义，形参为指针变量 x */
{int temp,i;
temp= *x;
x++;
for(i=1;i<n;i++)
{if(*x<temp) temp= *x;
  x++;}
return temp;
}
```

第四种方法：实参是指向一维数组的指针，形参为指针变量。

```
#include <stdio.h>
void main()
{int sub_min(int b[],int n);
```

```
int a[10], * p=a;
int i,min;
for(i=0;i<10;i++,p++)
  scanf("%d",p);
min=sub_min(p,10);                    /* 函数调用,实参是指向一维数组的指针 */
printf("min=%d\n",min);
}
int sub_min(int * x,int n)            /* 函数定义,形参为指针变量 */
{int temp,i;
temp= * x;
x++;
for(i=1;i<n;i++)
{if( * x<temp) temp= * x;
  x++;}
return temp;
}
```

由于C程序的函数调用是采用传值调用,即实际参数与形式参数相结合时,实参将值传给形式参数,所以当利用函数来处理数组时,如果需要对数组在函数中修改,只能传递数组的地址,进行传地址的调用,在内存相同的地址区间进行数据的修改。

在实际的应用中,如果需要利用函数对数组进行处理,函数的调用利用指向数组(一维或多维)的指针作参数,无论是实参还是形参共有下面4种情况,如表8-1所示。

表8-1 在函数调用时利用指针作函数参数

序号	实 参	形 参	序号	实 参	形 参
1	数组名	数组名	3	指针变量	数组名
2	数组名	指针变量	4	指针变量	指针变量

【例8-5】 用指向一维数组的指针变量作函数的参数,实现将10个整数由小到大排序。要求使用冒泡排序算法。

```
#include <stdio.h>
void main()
{void bubble_sort(int * ptr,int n);
int i,a[10], * p;
p=a;
printf("Input data:\n");
for(i=0;i<10;i++,p++)                         /* 给数组输入数据 */
  scanf("%d",p);
p=a;                                          /* 指针变量指向数组的首地址 */
bubble_sort(p,10);                            /* 调用排序函数,实参 p 为指针变量 */
printf("The array has been sorted:\n");
for(p=a;p<a+10;p++)
  printf("%d ", * p);
}
```

```
void bubble_sort(int * ptr,int n)              /* 冒泡排序,形参 ptr 是指针变量 */
{int i,j,t;
  for(i=0;i<n-1;i++)
    for(j=0;j<n-1-i;j++)
      if(* (ptr+j)> * (ptr+j+1))               /* 相临两个元素进行比较 */
        {t= * (ptr+j); * (ptr+j)= * (ptr+j+1); * (ptr+j+1)=t;}
                                               /* 相临两个元素进行交换 */
}
```

8.4.4 指针与二维数组

二维数组的元素在内存中是按行存放的,可以按照存放的顺序访问数组元素。但是为了方便地按行和列的方式访问数组元素,需要了解 C 语言行列地址的表示方法。

C 语言规定,二维数组是由一维数组扩展形成的,即一维数组的每一个元素作为数组名形成一行数组,各行数组的元素个数相同,是二维数组的列数。例如,int a[3][4]定义了一个二维数组,它有 3 行 4 列。可以把数组 a 看成是包含 3 个元素 a[0]、a[1]、a[2]的一维数组。而每一个数组元素 a[0]、a[1]、a[2]又是一个一维数组,它们都包含 4 个元素。例如,a[0]所代表的一维数组包括 a[0][0]、a[0][1]、a[0][2]、a[0][3]。

或者说,数组 a 是由一维数组 int a[3]扩展形成,即以 a[0]、a[1]、a[2]为数组名(首地址)形成三行一维数组,元素个数均为列数 4。因此 a[0]、a[1]、a[2]为一级指针常量,指向各行的首列(列指针)。例如,0 行的 a[0]=&a[0][0]指向 0 行 0 列。另外 a[0]、a[1]、a[2]又是数组名为 a 的一维数组的三个元素,首地址 a=&a[0]指向的"元素"为一级指针常量,因此 a 为二级指针常量,指向 0 行(行指针)。因此,二维数组可用图 8-9 所示。

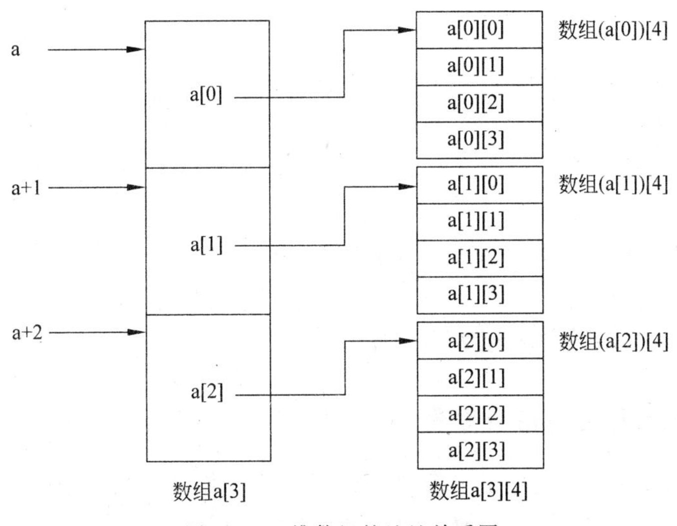

图 8-9 二维数组的地址关系图

对 m 行 n 列的二维数组，元素 a[i][j]可以表示为：

```
a[i][j]=*(a[i]+j)=*(*(a+i)+j)=(*(a+i))[j]
```

其中 a[i][j]为下标表示法，其余均为地址表示法，其中考虑到 a[i]=*(a+i)。注意(*(a+i))[j]外面的“( )”不能省，否则(a+i)要先结合[j]，形式就错了。

另外，也可以用 a[0][0]的地址 a[0]加顺序号 n*i+j 表示该元素为：

a[i][j]=*(a[0]+n*i+j)=*(*a+n*i+j)，就是将二维数组当成顺序存储的一维数组。

要注意行列指针级别的不同。尽管各行的行指针与该行的首列的地址数值相等，如 a=&a[0]与 *a=a[0]=&a[0][0]值相等，但是由于级别不同，当它们加上同样的整数时，行指针移动若干行，列指针移动若干列。例如，对于上面的整型数组，a+1 是 1 行的首地址，而 *a+1 是 0 行 1 列的首地址，假设 a 为 2000，则 a+1 的地址值为 2016，而 *a+1 的地址值为 2004，两者数值就不同了。

【例 8-6】 输出二维数组的有关值，理解各语句的含义。

```
#include<stdio.h>
void main()
{int a[3][4]={{1,2,3,4},{5,6,7,8},{9,10,11,12}};
 printf("%d\n",a);                                        /*0行首地址*/
 printf("%d,%d,%d\n",*a,a[0],&a[0][0]);                   /*0行0列首地址*/
 printf("%d,%d\n",&a[1],a+1);                             /*1行首地址*/
 printf("%d,%d,%d\n",&a[1][0],*(a+1),a[1]);               /*1行0列首地址*/
 printf("%d,%d,%d\n",&a[1][2],*(a+1)+2,a[1]+2);           /*1行2列元素的地址*/
 printf("%d,%d,%d\n",a[1][2],*(*(a+1)+2),*(a[1]+2));  /*1行2列元素的值*/
}
```

程序运行的结果为：

```
1245008
1245008,1245008,1245008
1245024,1245024
1245024,1245024,1245024
1245032,1245032,1245032
7,7,7
```

注意：在不同环境下，结果中地址可能不同。

8.4.5 指向二维数组元素的指针

1. 指向数组元素的指针变量

指向数组元素的指针变量是一级指针变量，是将二维数组当成一维数组访问。

【例 8-7】 用一级指针变量输出二维数组的全部元素。

按要求应按存储顺序输出，由 a[i][j]=*(a[0]+n*i+j)，只要将首元素地址 a[0]

换成指针变量就可以表示任意元素 a[i][j]。p 指向数组元素，每次 p 值加 1 使 p 指向下一个元素。

```
#include<stdio.h>
void main()
{int a[3][4]={1,2,3,4,5,6,7,8,9,10,11,12},i,j,*p;
 p=a[0];                    /*指针变量必须得到首元素地址 a[0]或*a 或 &a[0][0]*/
 for(i=0;i<3;i++)
   for(j=0;j<4;j++)
     printf("%5d",*(p+4*i+j));
}
```

程序运行的结果为：

```
1 2 3 4 5 6 7 8 9 10 11 12
```

2. 指向一维数组的指针变量

如果有定义：

```
int a[3][4];
```

则二维数组名 a 以及 a+1、a+2 等均为行指针(即二级指针)常量，分别指向由一行元素组成的一维数组，但它们不能移动(例如不能由 a++使 a 得到地址 a+1)。

但是如果定义：

```
int a[3][4],(*p)[4];
p=a;
```

在 (*p)[4]中，*p 表示 p 应为指针变量，它指向一个包含有 4 个元素的整型一维数组，而不是指向一个元素，因此它是二级指针变量(行指针变量)，可以移动。

指向一维数组的指针变量的一般定义形式为：

```
类型 (*指针变量名)[一维数组元素个数];
```

指向一维数组的指针变量 p 取得二维数组名 a 的首地址后也有如下的关系：

```
p[i][j]=*(p[i]+j)=*(*(p+i)+j)=(*(p+i))[j]==a[i][j]
```

看起来只是将二维数组名 a 换成指针变量名 p，不过 p 已是可以移动的行指针变量了。而且指向一维数组的指针变量可以作为形参，接收二维数组名等作为实参传来的二级指针，来处理二维数组问题。

注意：由于 p 指向一个包含有多个元素的一维数组，则 p+1 不再是指向下一个元素，而是以一维数组的长度为单位，跳过一行。

【例 8-8】 输出二维数组任意行任意列的元素值。

定义指向一维数组的指针变量，按照上面的说明表示二维数组任意行任意列的元素值。

```
#include<stdio.h>
```

```
void main()
{int a[3][4]={{1,2,3,4},{5,6,7,8},{9,10,11,12}};
int(*p)[4]=a,row,col;
printf("Input row number and column number:\n");
scanf("%d,%d",&row,&col);
printf("a[%d][%d]=%d\n",row,col,*(*(p+row)+col));
}
Input row number and column number:2,3
```

程序运行的结果为：

```
a[2][3]=12
```

8.4.6 使用指向二维数组的指针作为函数的参数

在实际应用中，可以使用指向二维数组的指针变量作为函数的参数。

【例 8-9】 用指向二维数组的指针变量作函数的参数，实现对二维数组的按行相加。

```
#include <stdio.h>
#define M 3
#define N 4
void main()
{void fun(float b[M][N],float *p1,float *p2,float *p3);
 float a[M][N];
 float *pointer=a[0];                 /*指针变量 pointer 指向二维数组 a*/
 float sum1,sum2,sum3;                /*sum1,sum2,sum3 分别记录三行的数据相加*/
 inti,j;
 for(i=0;i<M;i++)
   for(j=0;j<N;j++)
     scanf("%f",&a[i][j]);            /*二维数组的数据输入*/
   fun(pointer,&sum1,&sum2,&sum3);
                             /*函数调用，不仅传递数组首地址，也传递变量的地址*/
   printf("%.2f,%.2f,%.2f\n",sum1,sum2,sum3);
}
void fun(float b[M][N],float *p1,float *p2,float *p3)
{int i,j;
 *p1=*p2=*p3=0;
 for(i=0;i<M;i++)
   for(j=0;j<N;j++)
     {if(i==0)
        *p1=*p1+b[i][j];              /*第 0 行的数据相加*/
      if(i==1)
        *p2=*p2+b[i][j];
      if(i==2)
```

```
        * p3= * p3+b[i][j];
    }
}
```

程序中将实参 & sum 1、& sum 2 和 & sum 3 与形式参数 p1、p2 和 p3 相对应，其含义为 p1＝&sum1 等，即将变量 sum1 的地址传递给指针变量 p1，然后通过 * p1 运算来改变指针变量 p1 所指向变量 sum1 的值，以便达到实现按行相加的目的。

程序输入数据：

```
1 2 3 4
5 6 7 8
9 10 11 12
```

程序运行的结果为：

```
10.00,26.00,42.00
```

8.5 指向字符串的指针变量

8.5.1 字符串的表示形式

字符串是特殊的常量，它一般被存储在一维的字符数组中并且以'\0'结束。字符串与指针也有着密切的关系。在 C 语言程序中，可以采用两种方法来实现访问一个字符串，其中一种方法是采用字符数组，另一种方法是采用字符指针。在字符串的处理中，使用字符指针比使用字符数组更方便。

1. 定义一个字符数组，并且将一个字符串存放在字符数组中，以空字符'\0'结束

【例 8-10】 定义一个字符数组，然后通过下标和数组名引用字符或字符串。

```
#include <stdio.h>
void main()
{char string[]="Beijing Olympics";           /* 定义字符数组并且初始化 */
 int i;
 for(i=0; string[i]!='\0';i++)               /* 逐个选取字符数组中的所有数组元素 */
   printf("%c", string[i]);                  /* 通过下标每次输出一个字符 */
 printf("\n");
 printf("%s\n",string);   /* 从数组名 string 指向的元素开始，输出字符串到'\0'为止 */
}
```

程序运行的结果为：

```
Beijing Olympics
Beijing Olympics
```

string 是存放给定字符串的数组名，它代表字符数组第 0 号数组元素的地址，如图 8-10 所示。

在 C 语言中规定，数组名代表数组的首地址，也就是数组中第 0 号数组元素的地址（即指向该数组第 0 号数组元素的指针）。所以将字符串存储在一个数组中以后，就可以通过该数组名对它进行存取。由于 string+i 是一个地址，则 *(string+i)表示其内容，它与代表数组元素的 string[i]等价。

2. 定义一个字符指针变量，并且将字符指针指向一个字符串常量

【例 8-11】 定义一个字符指针，然后通过它引用字符串。

```
#include<stdio.h>
void main()
{char * string="Beijing Olympics";         /* 定义字符指针变量并且指向一个字符串 */
 printf("%s\n",string);                    /* 输出字符串 */
}
```

注意：在对字符指针变量 string 赋初值为字符串常量时，并不是把整个字符串的内容都赋给该字符指针变量，而仅仅是把该字符串在内存单元的首地址（即第一个字符的地址）赋给该字符指针变量，这样就可以将字符指针指向字符串的第一个字符，如图 8-11 所示。

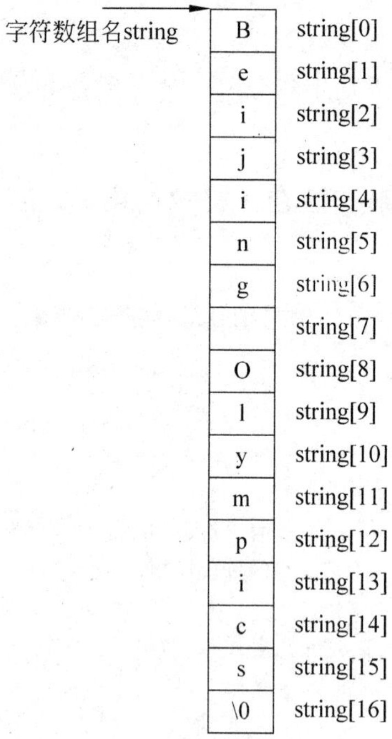

字符数组名string →

B	string[0]
e	string[1]
i	string[2]
j	string[3]
i	string[4]
n	string[5]
g	string[6]
	string[7]
O	string[8]
l	string[9]
y	string[10]
m	string[11]
p	string[12]
i	string[13]
c	string[14]
s	string[15]
\0	string[16]

图 8-10　字符数组

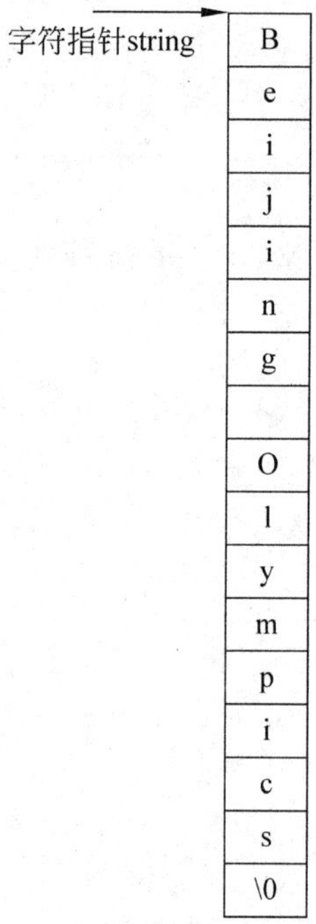

字符指针string →

B
e
i
j
i
n
g
O
l
y
m
p
i
c
s
\0

图 8-11　字符指针变量

在C语言中，对字符串常量的存放是按静态字符数组处理的。就是说，在内存中分配给字符数组一片连续的存储单元用来存放该字符串常量。一般情况下，每一个字符占用一个字节的存储单元。在内存中，由于字符串的最后被自动填加了一个'\0'，所以使用字符指针变量来处理字符串的时候就很容易判断字符串的终止位置。

对于使用字符指针变量处理字符串的情况，在输出字符串时要使用"%s"格式符，输出项中要给出字符指针变量名，这样，计算机就先输出字符指针变量所指向字符串的第一个字符，然后字符指针变量自动加1而指向字符串的下一个字符，接着再输出该字符，……，重复上述操作直到遇到字符串结束标志'\0'为止。所以，虽然一个数值型数组不能使用数组名来输出该数组的全部元素，只能逐个元素进行输出；但是使用字符数组名或者字符指针变量却可以整体输出一个字符串。为便于理解，程序可以如下编写：

```
#include <stdio.h>
void main()
  {char string[]="Beijing Olympics";              /* 定义字符数组并且初始化 */
   char * p=string;                  /* 定义字符指针变量 p 并且赋值为字符串首地址 string */
   printf("%s\n", p);                              /* 输出字符串 */
  }
```

【例 8-12】 使用字符数组名的方法计算数组元素地址，完成字符串的复制。

```
#include <stdio.h>
void main()
  {
   char string1[]="I am a tearcher.",string2[20];     /* 定义字符数组并且初始化 */
   int i;
   for(i=0; * (string1+i)!='\0';i++)
     * (string2+i)= * (string1+i);
                                     /* 将 string1 数组中的字符串复制到 string2 数组 */
   * (string2+i)='\0';
   printf("string1 is:%s\n",string1);
   printf("string2 is:");
   for(i=0;string2[i]!='\0';i++)
     printf("%c",string2[i]);                           /* 输出字符串 */
  }
```

在for循环中，首先判断string1[i](此处以*(string1+i)的地址形式表示)是否为'\0'。假如不为'\0'，则将string1[i]的值赋给string2[i](此处以*(string 2+i)的地址形式表示)，完成一个字符的复制。重复上述操作，将string1数组中字符串全部都复制给string2数组直到string1[i](以*(string1+i)的地址形式表示)遇到'\0'为止。最后要将'\0'复制给string2数组。

【例 8-13】 使用字符指针变量的方法，完成字符串的复制。

```
#include <stdio.h>
void main()
```

```
{
  char string1[]="I am a teacher.",string2[20];  /* 定义字符数组并且初始化 */
  char * p1, * p2;                                /* 定义字符指针变量 */
  int i;
  p1=string1;                                     /* p1 指向字符数组 ch1 的首地址 */
  p2=string2;
  for(; * p1!='\0'; p1++,p2++)
     * p2= * p1;                     /* 将 p1 指向的字符串复制到 p2 指向的字符串 */
  * p2='\0';
  printf("string1 is:%s\n",string1);
  printf("string2 is:");
  for(i=0; string2[i]!='\0';i++)
      printf("%c",string2[i]);
                                  /* 输出字符串 */
}
```

首先定义 p1 和 p2 是指向字符型数据的指针变量。然后使字符指针变量 p1 和 p2 分别指向字符数组 string1 和 string2 的首地址。

在 for 循环中，首先判断 * p1 是否为'\0'。假如不为'\0'，则进行 * p2 = * p1，它的功能是将数组 string1 中字符串的第一个字符赋给数组 string2 中的第一个数组元素。然后再利用 p1++和 p2++使 p1 和 p2 都加 1 而分别指向各自的下一个数组元素，这样就保证 p1 和 p2 同步移动，重复上述操作，将 string1 数组中字符串全部都复制给 string2 数组，直到 * p1 的值遇到'\0'为止。

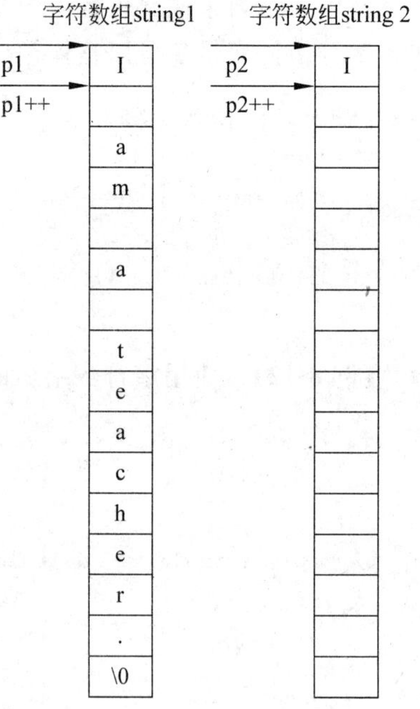

图 8-12　字符指针 p1 和 p2 同步移动

最后，需要将'\0'复制给 * p2，如图 8-12 所示。

8.5.2　使用指向字符串的指针作为函数参数

使用地址传递的方法(即用字符数组名作函数参数或者用指向字符串的指针变量作函数参数)可以将一个字符串从一个函数传递到另一个函数。

【例 8-14】 实参、形参都用字符数组名作函数参数，完成字符串的连接。

```
#include <stdio.h>
void main()
  {void string_catenate(char from[],char to[]);  /* 字符串连接函数的原型声明 */
   char string1[]="computer";                   /* 定义字符数组并且初始化 */
   char string2[]="language";
   printf("string1=%s\n string2=%s\n",string1,string2);
   printf("catenat string2 to string1:\n");
```

```
    string_catenate(string1,string2);           /*调用函数,实参为字符数组名*/
    printf("\nstring1 is : %s\n ",string1);
   }

void string_catenate(char from[],char to[])  /*字符串连接函数,形参为字符数组*/
   {int i=0,j=0;
    while(from[i]!='\0')
      i++;                                        /*将指针移动到字符串的尾部*/
    while(to[j]!='\0')
      {from[i]=to[j];
       i++,
       j++;
      }                         /*将 to 数组中字符串连接到 from 数组中字符串的尾部*/
    from[i]='\0';
}
```

【例 8-15】 实参、形参都用字符指针变量作函数参数,完成字符串的连接。

```
#include <stdio.h>
void main( )
  {void string_catenate(char * from,char * to);   /*字符串连接函数的原型声明*/
   char * string1="computer ";                   /*定义字符指针变量并且指向一个字符串*/
   char * string2="language";
   printf("string1=%s\n string2=%s\n",string1,string2);
   printf("catenat string2 to string1:\n ");
   string_catenate(string1,string2);       /*调用函数,实参为字符指针变量*/
   printf("\nstring1 is: %s\n" ,string1);
}

void string_catenate(char * from,char * to)   /*字符串连接函数,形参为字符指针变量*/
  {for( ; * from!='\0'; from++)
     ;                                         /*空循环体,将指针移动到字符串的尾部*/
   for(; * to !='\0'; from++,to++)
        * from= * to;             /*将 to 指向的字符串连接到 from 指向的字符串的尾部*/
   * from='\0';
}
```

数组名、字符指针变量既可以作函数的实参,也可以作函数的形参,归纳起来有如下几种情况,如表 8-2 所示。

表 8-2 字符数组名、字符指针变量作函数参数的 4 种组合

实　参	形　参	实　参	形　参
数组名	数组名	字符指针变量	数组名
数组名	字符指针变量	字符指针变量	字符指针变量

8.5.3 字符指针变量与字符数组的区别

使用字符数组和字符指针变量都可以实现字符串的存储和运算，两种方式有相同之处，但也是有区别的。字符数组与字符指针变量的比较如表 8-3 所示。

表 8-3 字符数组与字符指针变量的比较

比较的项目	字 符 数 组	字符指针变量
存放的内容	由若干个数组元素组成，每个数组元素中存放一个字符	存放地址（如字符串中第 1 个字符的地址）
存储空间	字符串长度加 1，一个字符占用 1 个字节	一般使用两个字节存放
初始化	可以初始化 char a[]="Hi!";	可以初始化 char * p="Hi!";
赋值	不能用字符串整体给字符数组赋值，只能对字符数组单个元素赋值	能用字符串整体对字符指针赋值（为字符串中第 1 个字符的地址）char * p;p="Hi!";
地址值	有确定地址，定义数组后在编译时分配内存单元	定义字符指针变量时分配内存单元，但是它没有确定的值，没有指向具体的字符数据
可变性	数组名为常量，其值不可变	字符指针变量为变量，其值可变，可以参加运算
运算效率	数组元素下标的计算需要转换为指针后计算，如，a[i]要转换为 *(a+i)，效率较低	直接使用指针计算，效率较高

8.6 指 针 数 组

8.6.1 指针数组的一般定义形式

由若干个指向同类型对象的指针数据可以组成一个数组，称为指针数组。其中每个数组元素都是指针变量。就是说，指针数组的所有数组元素都必须是具有相同存储类型和指向相同数据类型的指针变量，指针数组的每个数组元素的值均为指针。

指针数组的一般定义形式为：

```
类型名 *数组名[数组大小];
```

例如，int *pa[10];

因为 * 比[ ]优先级低，所以 pa 先要与[10]结合成为 pa[10]的数组形式，它有 10 个数组元素；然后再与前面的 int * 结合来表示数组元素的类型是指向整型变量的指针。就是说，每个数组元素都可以指向一个整型变量。或者说，pa 是一个指针数组，它有 10 个数组元素，并且每个数组元素的值都是一个指针，都指向整型的变量。

请注意，不要把定义指针数组与定义指向含有若干数组元素的指针变量相混淆。

```
int(*pa)[10];            /*表示定义一个指向含有10个数组元素的一维数组的指针变量*/
```

指针数组处理字符串问题(如排序或查找)是指针数组的重要应用之一。例如,如果对多个字符串进行排序,一种方法是可以利用二维数组来处理。如 char dim[M][N]形式,其中 M 代表行数(即多个字符串的个数),N 代表列数(即最长的字符串的长度)。在实际应用中,由于各个字符串的长度通常是不相等的,它们往往都小于 N,按照最长的字符串的长度来定义 N 就会造成该二维数组占用内存单元的存储空间浪费。并且采用一般的排序方法,需要逐个比较字符串以便交换字符串的物理位置(交换是通过字符串复制函数 strcpy 完成的)。多次的位置交换要耗费大量处理时间又使程序执行速度变慢。

例如,图 8-13 表示利用二维数组来处理字符串的时候,按照最长的字符串的长度来定义 N 会造成该二维数组占用内存单元存储空间的浪费(即'\0'后面的部分存储空间)。

P	y	r	a	m	i	d	s		o	f		E	g	y	p	t	\0			
S	t	a	t	u	e		o	f		Z	e	u	s	\0						
L	i	g	h	t	h	o	u	s	e		o	f		P	h	a	r	o	s	\0
T	e	m	p	l	e		o	f		A	r	t	e	m	i	s	\0			
C	o	l	o	s	s	u	s		o	f		R	h	o	d	e	s	\0		
M	a	u	s	o	l	u	s		T	o	m	b		T	e	m	p	l	e	\0
G	r	e	a	t		W	a	l	l		o	f		C	h	i	n	a	\0	
A	l	e	x	a	n	d	r	i	a		P	o	r	t	\0					

图 8-13 字符串二维数组的存储空间

另一种方法是采用指针数组,它可以解决上述问题。首先定义一些字符串,再把这些字符串的首地址存放在一个字符指针数组中(即把字符指针数组的各个数组元素分别指向各个字符串)。当对字符串排序而需要交换两个字符串时,只要交换字符指针数组中对应两个数组元素的值(为指向对应字符串的首地址)即可,也就是通过改变指针数组中相应数组元素的指向就可以实现排序目的,而不必交换具体的字符串本身,不必移动字符串的物理位置,这样将大大减少时间的开销,能提高运行效率,同时节省了存储空间。

8.6.2 指针数组的应用

【例 8-16】 将世界十大奇迹文明遗址(埃及金字塔、宙斯神像、法洛斯灯塔、巴比伦空中花园、阿提密斯神殿、罗得斯岛巨像、毛索洛斯墓庙、中国万里长城、亚历山卓港、秦始皇兵马俑)按照英文字母递增方式排序。

```
#include <stdio.h>
#include <string.h>
void main()
  {void bubble_sort(char * name[],int n);
   void print(char * name[],int n);
   char * ruins_name[]={"Pyramids of Egypt","Statue of Zeus","Lighthouse of Pharos ",
                        "Hanging Gardens of Babylon","Temple of Artemis ",
```

```
                        "Colossus of Rhodes", "Mausolus Tomb Temple ",
                        "Great Wall of China ","Alexandria Port ",
                        "Qin Shihuang Terracotta Army"};
   int m=10;
   bubble_sort(ruins_name,m);
   print(ruins_name,m);
  }
void bubble_sort(name,n)                              /* 冒泡法排序 */
char * name[];
int n ;
  {char * temp;
   int i,j;
   for(i=0;i<n-1;i++)
     {for(j=0;j<n-1-i;j++)
       if(strcmp(name[j],name[j+1])>0)
         {temp=name[j]; name[j]=name[j+1]; name[j+1]=temp;}
                                                      /* 交换字符串的地址 */
       }
  }
void print(name,n)                                    /* 将排序后的字符串进行输出 */
char * name[];
int n;
  {int i;
   for(i=0;i<n;i++)
     printf("%s\n",name[i]);
  }
```

在程序的 main 主函数中，定义了字符指针数组 ruins_name 并做了初始化赋值，使得每个数组元素的初值分别为各个字符串的首地址。函数 bubble_sort 使用冒泡法来完成排序，其形参 n 为字符串的个数，另一形参 name 为指针数组，接收实参传递过来的 ruins_name 指针数组的首地址(即指向待排序各字符串的数组的指针)，所以实参指针数组 ruins_name 和形参指针数组 name 就共占同一段内存单元，这样对形参指针数组 name 中元素排序后，就相当于对实参指针数组 ruins_name 中元素进行排序。在 bubble_sort 函数中，对两个字符串比较采用了 strcmp 函数，strcmp 函数允许参与比较的字符串以指针方式出现。函数 print 用于将排序后的字符串进行输出，其形参与 bubble_sort 的形参相同。

需要注意，在排序过程中若发现位于前面的字符串大于后面的字符串，不是交换被比较的两个字符串本身，而是要交换被比较的两个字符串的指针。就是说，字符串的存储位置不变，改变的是字符串指针的存储位置，这样就避免了使用字符串复制函数 strcpy 进行字符串赋值的过程，简化了算法，减少了时间的开销，提高了运行效率，并且也节省了存储空间。指针数组在未排序时如图 8-14(a)所示、排序后如图 8-14(b)所示。

ruins_name指针数组	字　符　串
ruins_name[0]	Pyramids of Egypt
ruins_name[1]	Statue of Zeus
ruins_name[2]	Lighthouse of Pharos
ruins_name[3]	Hanging Gardens of Babylon
ruins_name[4]	Temple of Artemis
ruins_name[5]	Colossus of Rhodes
ruins_name[6]	Mausolus Tomb Temple
ruins_name[7]	Great Wall of China
ruins_name[8]	Alexandria Port
ruins_name[9]	Qin Shihuang Terracotta Army

(a) 指针数组的应用(排序前)

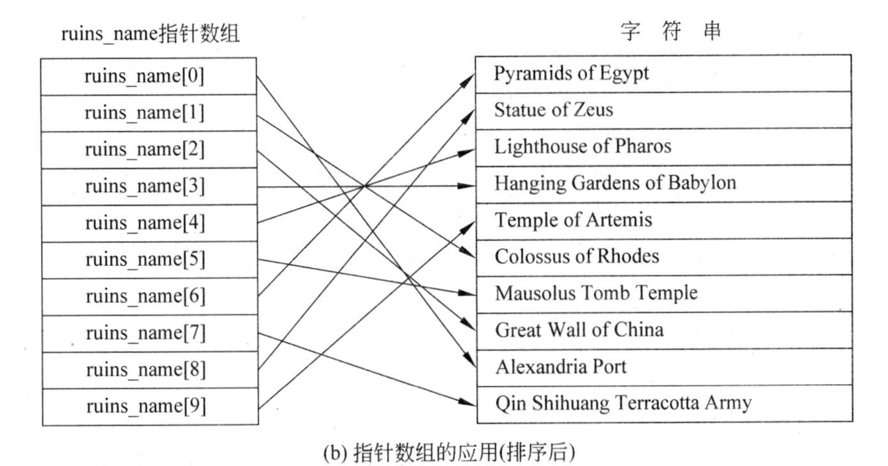

(b) 指针数组的应用(排序后)

图 8-14　指针数组的应用

8.7　指针数组作为 main 函数的形参

8.7.1　带参数的 main 函数的一般形式

指针数组作为 main 函数的形式参数也是指针数组的重要应用之一。在前面的程序中，main 函数都是不带参数的，即 main 函数之后的一对圆括号中为空，如 main()的形式。而在实际应用中，main 函数是可以带参数的，这样的参数一般称为命令行参数。在操作系统状态下，为了执行某个程序而输入的一行字符称为命令行，它一般以回车作为结束符。命令行中必须要有程序的可执行文件名(即命令名)，有时也带有若干参数(即命令行参数)。C 程序是在 main 函数中使用参数(形参)来接收命令行参数(实参)的。

1. 带参数的 main 函数的一般形式

```
int main( int argc,char * argv[])
    { 函数体 }
```

其中,形参 argc 用来存放命令行中单词的个数,它表示传递给程序的参数个数(指包括命令名在内的所有参数)为整型,它的值至少是 1;而形参 argv 是指向字符串的指针数组,它用来存放命令行中单词的内容,实际上存放的是命令名和各个命令行参数字符串的首地址。形参 argc 和 argv 的名字可由用户任意命名(一般情况下可以不用改变);但是它们的类型却是固定的不能由用户改变。

2. 命令行参数的一般形式

```
可执行文件名  参数 1  参数 2 …… 参数 n
```

当按照可执行文件名(即命令名)执行程序的时候,系统会把参数 1、参数 2、……、参数 n 依次传递给该文件名中 main 函数的形参。

在 C 语言中,main 函数可以调用其他函数,其他函数不能调用 main 函数,所以无法从程序中得到 main 函数的形参。实际上,在操作系统状态下(如 DOS 环境下),输入 main 函数所在的文件名(为包含该 main 函数并且已经进行编译、连接的可执行文件),系统才能调用该文件名中的 main 函数。就是说,在命令提示符后面输入一个命令行,在命令行中应包括命令名(即可执行文件名)和要传递给 main 函数的实参(即命令行的参数)。当输入一个命令行并按下回车键后,命令解释程序就开始对该命令行进行如下处理:首先根据命令名来搜索命令路径以便找到对应的程序文件,然后将命令行参数传递给该程序文件,最后执行该程序文件。

由于命令名必须存在,所以表示传递给程序的参数个数 argc 的值至少是 1。而 argv[]是指针数组,其中的 argv[0]指向命令名字符串,argv[1]到 argv[argc-1]就分别指向命令名后面的各个实参字符串。

请注意,在命令名和参数之间、各个参数之间要有空格,并且文件名应该包括文件所在的盘符、路径以及文件的扩展名。

除了系统提供的各种命令可以通过命令行方式执行以外,用户编写的 C 程序经过编译、连接成为可执行文件后,也可以像使用命令一样使用可执行文件名。

例如,DOS 命令提示符下命令行的一般形式为:

```
C:\>可执行文件名  参数 1  参数 2 …… 参数 n
```

当要运行一个可执行文件时,首先在 DOS 命令提示符下输入文件名,然后再输入实际参数就可以把这些实参传送给 main 函数的形参中去。

8.7.2 命令行参数的应用

由于命令行中各个参数字符串的长度事先不知道并且通常不相同,所以利用指针数组作为 main 函数中的参数是非常合理的,可以节省内存存储空间。

【例 8-17】 观察参数回送命令 echo 程序(文件名为 echo.c)。它只是简单地输出命令行上的参数,每个参数后面是空格,最后是换行。

```
#include<stdio.h>
int main( int argc,char * argv[])
  {printf("argc=%d\n",argc);
   while(--argc>0 )
     printf("%s%c", * ++argv,(argc>1)?' ':'\n');
  }
```

把文件名为 echo.c 的程序保存后,经过编译、连接后生成 echo.exe 文件,在 DOS 环境下如果输入命令行:

```
echo system browser and show 回车
```

则调用 main 函数后,输出的结果显示如下:

```
argc=5
system browser and show
```

对于本程序,命令行参数个数 argc 的值为 5。进行--argc 运算后,其值为 4。

对于 * ++argv 来说,argv 要先与++结合进行++argv 运算,使得 argv 指向下一个数组元素;再与前面的 * 结合,以便找到当前所指向字符串的首地址,然后来输出该字符串。

第一次,在指针数组 argv 中,argv 指向第一个数组元素 argv[0],而 argv[0]指向字符串 echo(即命令字符串 echo 的首地址)。进行++argv 后使得 argv 指向下一个数组元素 argv[1],再与前面的 * 结合后找到 argv[1]当前所指向字符串 system 的首地址,然后输出字符串 system。依次类推,输出字符串 browser、and 和 show,直到 argc 值为 0 止,如图 8-15 所示。

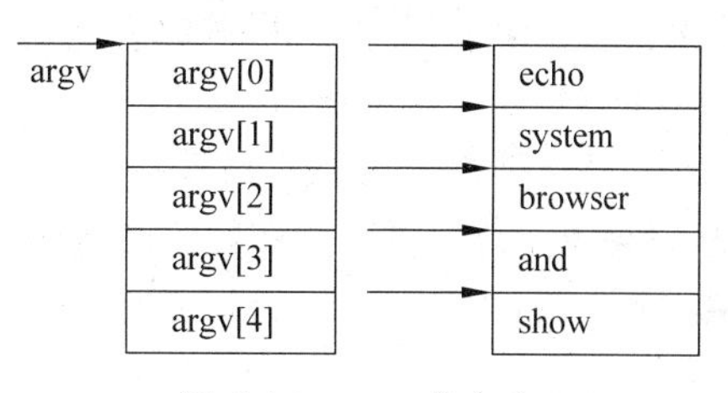

图 8-15 argv 的内容

本程序也可以如下编写:

```
#include <stdio.h>
int main(int argc,char * argv[])
  {int i;
   printf("argc=%d\n",argc);
   for(i=1;i<=argc-1;i++)
     printf("%s%c",argv[i],(i<argc-1)?' ':'\n');
  }
```

8.8 指向指针的指针变量

指针变量本身也是一种变量,同样需要在内存中占用存储单元,只不过它的内容是地址。如果定义另外一个变量,其中存放一个指针变量在内存单元中的地址,则这个变量本身也是一个指针变量,它所指向的还是一个指针变量,这种指向指针变量的指针变量就称为指向指针的指针变量。实际上,指向指针的指针变量是多级间址的一种形式。

8.8.1 指向指针的指针变量的一般定义形式

指向指针的指针变量的一般定义形式为:

类型名 **指针变量名;

例如,int **pp;

因为 * 运算符的结合性是从右到左,则**pp 等价于 *(*pp),而 *pp 是指针变量定义形式,表示 pp 是一个指针变量;然后再与前面的 int * 结合,表示 pp 是指向一个整型指针变量的指针变量。如图 8-16 所示。图中 *pp 可表示 pp 所指向的另一个指针变量 p,而指针变量 p 指向变量 i。**pp 就是先取 pp 所指向对象(变量 p),再取 p 所指向对象(变量 i)的数值(6)。

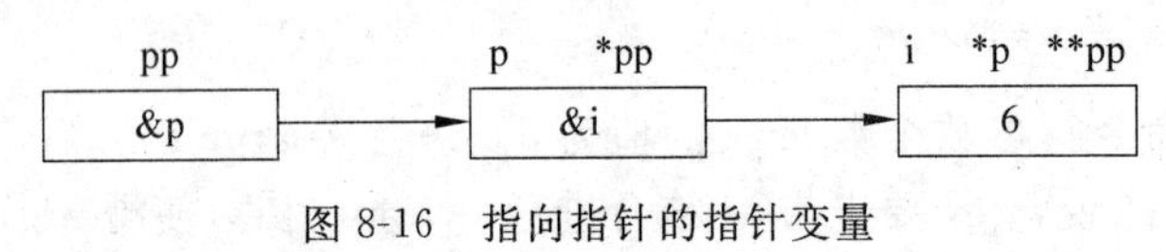

图 8-16 指向指针的指针变量

8.8.2 指向指针的指针变量的应用

(1) 指针数组的数组元素可以指向字符串。

【例 8-18】 利用指针数组将若干个代表城市名字的字符串输出。

```
#include <stdio.h>
void main()
  {
  char * cities[]={"Beijing","Shanghai","Tianjin","Chongqing","Shenyang" ,
                  "Hangzhou","Lanzhou","Xian","Wulumuqi","Suzhou" };
  char**p;
  int i;
  for (i=0;i<10;i++)
      {p=cities+i;
       printf("%s\n", * p);
      }
  }
```

可以看到,cities 是一个指针数组,它的每一个数组元素都是一个指针型数据,其值都是地址。既然 cities 是一个数组,那么它的每一个数组元素也都有对应的地址,数组名 cities 代表该指针数组的首地址,则 cities+i 就是表示 cities[i]的地址。或者说,cities+i 是指向指针型数据的指针。

再设置一个指针变量 p，使它指向指针数组的数组元素，则 p 就是指向指针型数据的指针变量。第一次执行循环时，将 cities+0 赋给 p，使 p 指向 cities 数组的第 0 号数组元素 cities[0]，则 * p 就是 cities[0]的值(即第一个字符串中第一个字符的地址)，再使用"%s"格式进行输出，就可以得到第一个字符串。同样进行上述操作，重复执行循环体依次输出其他字符串，如图 8-17 所示。

(2) 指针数组的数组元素也可以指向整型数据或者实型数据。

【例 8-19】 利用指针数组将若干个整型数据输出。

```
#include <stdio.h>
void main()
{int a[10];                         /* 定义整型数组 */
 int * number[10];                  /* 定义指针数组 */
 int**p;                            /* 定义指向指针的指针变量 */
 int i;
 for(i=0;i<10;i++)
     a[i]=i+1;                      /* 整型数组赋值 */
 for(i=0;i<10;i++)
     number[i]=&a[i];               /* 指针数组赋值 */
 p=number;
 for(i=0;i<10;i++)
     {printf("%d",**p);             /* 将整型数据输出 */
      p++;
     }
}
```

第一次执行循环输出时，由于已将数组名 number 赋给 p，使 p 指向 number 数组的第 0 号数组元素 number[0]，则 * p 就是 number[0]的值(即第一个整型数据的地址)，**p 就是 a[0]的值(即第一个整型数据的数值)，此时使用"%d"格式进行输出，就可以得到第一个整型数据的数值。同样进行上述操作，重复执行循环体依次输出其他整型数据，如图 8-18 所示。

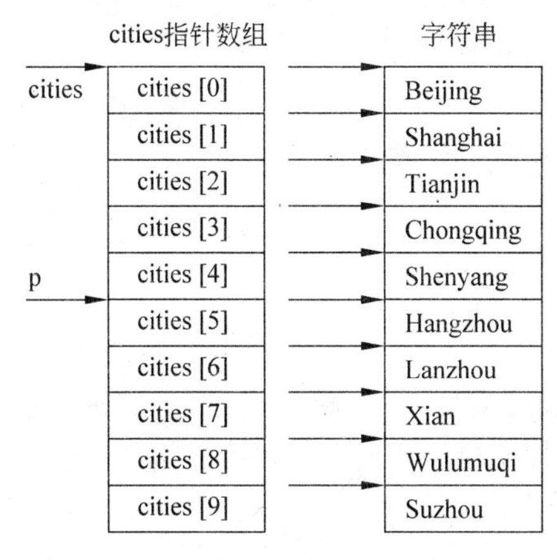

图 8-17 指向指针的指针变量

number number指针数组 整型数据
p
p++
number [0] a[0]=1
number [1] a[1]=2
number [2] a[2]=3
number [3] a[3]=4
number [4] a[4]=5
number [5] a[5]=6
number [6] a[6]=7
number [7] a[7]=8
number [8] a[8]=9
number [9] a[9]=10

图 8-18 指向指针的指针变量

8.8.3 多级指针的概念

按照上述二级指针的思路,显然可以推广到三级指针、四级指针……使用多级指针变量的要点是:①多级指针变量均用基本类型定义,定义几级指针变量要将变量名前放几个“*”号;②各指针变量均应取得低一级指针变量的地址后才能引用;③引用几级指针变量访问最终的普通变量时,变量名前需用几个指向运算符“*”号。

【例 8-20】 运行下面的程序。

```
#include<stdio.h>
void main()
{int *p1,**p2,***p3,****p4,x=126;
 p1=&x;p2=&p1;p3=&p2;p4=&p3;
 printf("x=%d\n",****p4);
}
```

程序运行的结果为:

```
x=126
```

8.9 指向函数的指针变量

在C语言中,一个函数编译后要在内存中占用一段连续的存储单元,这段存储单元是从一个特定的地址开始,这个地址就称为该函数的入口地址(或函数的首地址),也称为该函数的指针。可以定义一个指针变量,然后把某个函数的入口地址赋给该指针变量,使该指针变量指向该函数,则该指针变量就称为指向函数的指针变量。这样就可以通过该指针变量找到并调用该函数。

在C语言中,数组名代表该数组所占内存区域的首地址。C编译对函数名和数组名处理的方式类似,自动地将函数名转换为指向该函数所占内存区域入口地址的指针,就是说,函数名代表函数的入口地址(或函数的首地址),它是常量。

8.9.1 指向函数的指针变量的一般定义形式

指向函数的指针变量的一般定义形式为:

```
类型说明符 (*指针变量名)(参数表);
```

其中,“类型说明符”表示被指向函数的返回值的类型。“*指针变量名”表示*后面的变量是要定义的指针变量。“参数表”表示该指针变量所指向函数的参数列表。

例如:

```
int (*fun_p)(int x);
```

其中定义 fun_p 为一个指向函数的指针变量，fun_p 首先要与 * 结合成为指针变量；然后再与后面的()结合，表示该指针变量指向函数，该函数的返回值(即函数值)为整型。

在上面定义中，在指针变量名前后两侧的一对圆括号必须要有。如果去掉则定义将变成如下形式：

```
int * fun_p(int x);
```

此时，由于()优先级高于 *，则 fun_p 首先要与后面的()结合，表示 fun_p 是一个函数；然后再与前面的 * 结合，表示函数的返回值(即函数值)是指向整型变量的指针。这与前面要定义的含义是完全不同的。

8.9.2 使用函数指针变量调用函数

指向函数的指针变量在使用之前必须要先定义，而且也必须进行初始化，使它指向某个函数。另外，指向函数的指针变量定义中的返回值类型和参数表内容应该与该函数的返回值类型和参数表内容保持一致。同时注意，指向函数的指针变量只能指向函数的入口地址，而不能指向函数中间的某一条语句。

指向调用函数的一般定义形式为：

```
(*指针变量名)(实参表);
```

【例 8-21】 求三个数中最大的数。

```
#include <stdio.h>
void main()
{ float max(float,float,float);
  float a,b,c,big;
  scanf("%f%f%f",&a,&b,&c);
  big=max(a,b,c);
  printf("a=%f,b=%f,c=%f,big=%f\n",a,b,c,big);
}
float max(float x,float y,float z)
  {float temp=x;
   if(temp<y)temp=y;
   if(temp<z)temp=z;
   return temp;
  }
```

可以将 main 函数改为下面形式：

```
#include <stdio.h>
void main()
  {float max(float,float,float);
   float(*p)(float,float,float);              /*定义指向函数的指针变量*/
   float a,b,c,big;
```

```
    p=max;                                          /* 使 p 指向 max 函数 */
    scanf("%f%f%f",&a,&b,&c);
    big=(*p)(a,b,c);                                /* 通过指向函数的指针变量调用函数 */
    printf("a=%f,b=%f,c=%f,big=%f\n",a,b,c,big);
  }
```

语句“float (*p)(float,float,float);”定义了 p 是一个指向函数的指针变量，并且该函数值为实型。语句“p=max;”的作用是将 max 函数的入口地址赋值给指针变量 p。此时，p 就是指向函数 max 的指针变量，就是说，p 和 max 都能代表函数的入口地址。则调用 *p 与调用 max 函数等价。

可以看到，函数的调用既可以通过函数名调用，也可以通过指向函数的指针变量调用。在给指向函数的指针变量赋值时，只要给出函数名即可，不用给出参数，如 p=max。在使用指向函数的指针变量调用函数的时候，则需要使用(*p)代替函数名，并且在其后的括号中写上实参，如(*p)(a,b,c);的形式。

8.9.3 使用指向函数的指针作为函数参数

变量、指向变量的指针变量、数组名、指向数组的指针变量都可以作为函数的参数。同样，指向函数的指针变量也可以作为函数参数。

函数名表示该函数在内存区域的入口地址，因此，函数名可以作为实参出现在函数调用的参数表中。

【例 8-22】 编写一个函数，每次在调用它时实现不同的功能。输入两个整数，利用前面编写的函数求它们的之和、之差、之积。

```
#include <stdio.h>
void main()
  {int minus(int,int);                              /* 求差函数的原型声明 */
   int add(int,int);                                /* 求和函数的原型声明 */
   int multiply(int,int);                           /* 求积函数的原型声明 */
   void process(int x,int y,int(*fun)(int,int));    /* 处理函数的原型声明 */
   int a,b;
   printf("enter a and b:");
   scanf("%d,%d",&a,&b);
   printf("a minus b=");
   process(a,b,minus);
   printf("a add b=");
   process(a,b,add);
   printf("a multiply b=");
   process(a,b,multiply);
  }
int minus(int x,int y)                              /* 求差函数的定义 */
  {int z;
```

```
    z=x-y;
    return(z);
  }
int add(int x,int y)                                    /*求和函数的定义*/
  {int z;
    z=x+y;
    return(z);
  }

int multiply(int x,int y)                               /*求积函数的定义*/
  {int z;
    z=x*y;
    return(z);
  }

void process(int x,int y,int(*function)(int,int))       /*处理函数的定义*/
  {int result;
    result=(*function)(x,y);                  /*用指向函数的指针 function 调用函数*/
    printf("%d\n",result);
  }
```

在 main 函数里第一次调用 process 函数时，不仅将 a 和 b 作为实参传递给 process 函数的形参 x 和 y，而且还把函数名 minus 作为实参将其函数的入口地址传递给 process 函数的形参 function（function 为指向函数的指针变量），则形参 function 指向函数 minus，此时（*function）(x,y)就相当于 minus(x,y)，执行 process 函数后输出 a 和 b 的差。

在 main 函数里第二次调用 process 函数时，不仅将 a 和 b 作为实参传递给 process 函数的形参 x 和 y，而且改为把函数名 add 作为实参将其函数的入口地址传递给 process 函数的形参 function，则形参 function 指向函数 add，此时（*function）(x,y)就相当于 add(x,y)，执行 process 函数后输出 a 和 b 的和。在 main 函数里第三次调用 process 函数时，改为把函数名 multiply 作为实参将其函数的入口地址传递给 process 函数的形参 function，则形参 function 指向函数 multiply，此时（*function）(x,y)就相当于 multiply (x,y)，执行 process 函数后输出 a 和 b 的积，如图 8-19 所示。

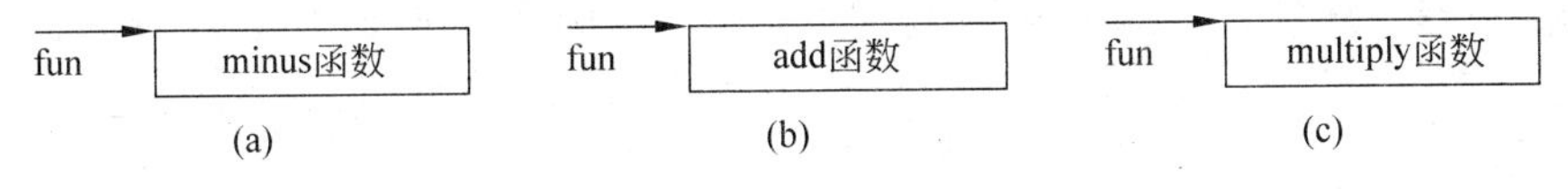

图 8-19　指向函数的指针变量（三次调用 process 函数）

可以看到，无论调用 minus、add 或者 multiply 函数，只是在每次调用 process 函数时给出不同的函数名作为实参即可，而 process 函数不用做任何修改，这样，就体现了使用指向函数的指针变量作为函数参数的优越性。

8.10 返回指针的函数

在C语言程序中，一个函数可以带回一个整型值、实型值或者字符型值。同样，一个函数也可以带回一个指针型的数据（即一个地址）。

8.10.1 返回指针的函数的定义形式

在C语言中允许一个函数的返回值是一个指针。有时把返回指针值的函数称为指针型函数。

返回指针的函数的一般定义形式为：

```
类型说明符 *函数名(形参表)
  { 函数体
  }
```

例如：

```
int* function(int x,double y);
```

其中，function是函数名，执行函数后返回的是一个指向整型数据的指针。由于*的优先级低于()，所以function首先与()结合成为函数形式；然后再与*结合，说明此函数是指针型函数，函数的返回值是一个指针（即一个地址）。类型说明符int表示了返回的指针值所指向的数据类型为整型。

注意：不要把返回指针的函数的说明与指向函数的指针变量的说明相混淆。

例如，

```
int (*function)(int x);          /*表示定义function为一个指向函数的指针变量 */
```

8.10.2 返回指针的函数的应用

对于返回指针的函数，在通过函数调用后必须要把它的返回值赋给指针类型的变量。

【例8-23】 从键盘输入一个月份号（例如6），则程序输出对应月份的英文名字(June)。

```
#include <stdio.h>
#include <string.h>
char *month_name(int n);                    /*英文名字月份函数的原型声明*/
void main()
  {int n;
   char *p;
   printf("please enter a number of month\n");
```

```
    scanf("%d",&n);
    p=month_name(n);
    printf("lt is %s\n",p);
  }
char * month_name(int n)                        /* 英文名字月份函数的定义 */
  {static char * english_name[]={"illegal month","January","February","March",
                                 "April","May","June","July","August","September",
                                 "October","November","December"};
    if(n<1||n>12)
        return(english_name[0]);
    else
        return(english_name[n]);
  }
```

english_name 为字符指针数组，其中 english_name[0] 指向字符串“illegal month”(即指向“illegal month”字符串中第一个字符的地址)，english_name[1]指向字符串“January”，…，english_name[n]指向字符串“December”。函数 month_name()返回的是 english_name[0]或者 english_name[n]的值，即返回的是指向某个字符串的指针(即该字符串中第一个字符的地址)。

在 main 函数中，将 month_name 函数值(即指向某个字符串的指针)赋给字符指针变量 p，再使用“%s”格式进行输出，就可以得到该字符串。

8.11 指向 void 的指针变量和指针的数据类型小结

8.11.1 指向 void 的指针变量

void 关键字可用于定义一个通用的指针变量，但不指定它是指向哪一类型数据对象，它可以指向任一数据类型的数据对象。对于这种指向 void 的指针变量，称为指向空的指针变量。例如：

```
int * p1;
void * p2;
…
p1=(int * )p2;
```

也可以进行如下转换，将 p1 变成 void * 类型：

```
p2=(void * )p1;
```

void 类型的指针变量使用的方式之一是说明函数以及函数参数。

```
void * f(void * x);
```

函数 f 返回的是一个指向“空类型”地址。在对函数 f 进行调用时，要给参数 x 传递某种数据类型对象的指针值。在函数 f()的定义中，要利用强制类型转换方式使 x 成为适合于所指向的指针变量的相应类型。如果要使 x 成为指向整型量的指针变量，则应写成：(int *)x。当 x 指向具体的整型对象后，就可按下述方式存取 x 所指对象的内容：*(int *)x。在引用此函数返回地址的时候，也要进行强制类型转换。例如：

```
p=(int*)f((int*)x);
```

注意：指向空的指针变量与"空指针变量"是不一样的。

8.11.2 指针的数据类型的小结

指针的数据类型的小结见表 8-4 所示。

表 8-4 指针的数据类型的小结

定　义	含　义
int i;	定义整型变量 i
int a[n];	定义整型数组 a，它含有 n 个元素
int *p	定义 p 为指向整型数据的指针变量
int *p[n];	定义指针数组 p，它含有 n 个指向整型数据的指针元素
int (*p)[n];	定义 p 为指向含 n 个元素的一维数组的指针变量
int f();	定义 f 为带回整型函数值的函数
int *p();	定义 p 为带回一个指针的函数，该指针指向整型数据
int (*p)();	定义 p 为指向函数的指针，该函数返回一个整型值
int **p;	定义 p 为一个指针变量，它指向一个指向整型数据的指针变量

综上所述，指针是 C 语言的主要特色。或者说，不掌握指针就不能掌握 C 语言的精华。指针变量可以表示复杂的数据结构、可以作为参数传递来改变实参的值、可以更简单地处理数组以及后面将要介绍的用于动态分配存储空间等，正确地使用指针变量还可以编写出通用、精简、灵活、高效的程序。但是，在使用指针变量的时候一定要小心仔细，避免出现非法存取、地址越界等情况。

8.12 指针程序举例

对于初学者，在编写比较复杂程序的时候，往往无从下手，也容易出现几个问题：

(1) 把全部程序都放在主函数 main()中。

初学者一般把全部程序都放在主函数 main 中，这样会使程序的可读性变得较差，为调试程序带来了困难，同时维护性也较差，不能体现出 C 语言程序模块设计的优点。

(2) 编程不规范。

初学者在编写程序的时候，不注意书写格式、注释、大小写、变量的命名等，还没有养成良好的编程习惯。

(3) 编程没有全面性。

初学者在编写一个函数以前,欠缺进行需求分析,欠缺对函数的问题做全面的考虑。

一般情况下,在编写复杂程序的时候应该分为几个步骤:问题说明、需求分析、系统设计、编写程序、调试以及测试等。对于结构化程序,系统设计主要有函数(模块)结构、数据类型(数据结构)的设计、函数原型设计等。

初学者在尝试编写比较复杂程序的时候,应该首先通过一些编程的实例来学习一些编程的方法和技巧,然后再由编写简单程序逐渐过渡到编写复杂的程序。

【例 8-24】 编写利用梯形法计算定积分 $\int_a^b f(x)dx$ 的通用函数。然后利用它分别计算以下三种数学函数的定积分:

(1) $f(x)=x^2-5x+1$

(2) $f(x)=x^3+2x^2-2x+3$

(3) $f(x)=x/(2+x^2)$

程序如下:

```
#include <stdio.h>
#include <math.h>                                            /* 调用数学函数库 */
double integral(double s,double t,int m,double(*p)(double x)); /* 函数的原型声明 */
double function1(double x);                                  /* 函数的原型声明 */
double function2(double x);                                  /* 函数的原型声明 */
double function3(double x);                                  /* 函数的原型声明 */

/* 主函数 */
void main(void)
  {int n,select;
   double a,b,value=0.0;
   printf("please input the count range (from a to b) and the number of sections(n).\n");
   scanf("%lf,%lf,%d",&a,&b,&n);
   printf("please enter your choice:'1' for function1,'2' for function2,'3' for
   function3\n");
   scanf("%d",&select);
   if(select==1)
       value=integral(a,b,n,function1);          /* 调用 integral 函数 */
   else if(select==2)
       value=integral(a,b,n,function2);          /* 调用 integral 函数 */
   else value=integral(a,b,n,function3);         /* 调用 integral 函数 */
   printf("value=%f\n", value);
  }

/* integral 函数的定义 */
double integral(double s,double t,int m,double (*p)(double x))
  {int i;
   double f,h,x,y1,y2,area;
```

```
f=0.0;
h=(t-s)/m;
x=s;
y1=(*p)(x);                              /*用指向函数的指针p调用函数*/
for(i=1;i<=m;i++)
    {x=x+h;
     y2=(*p)(x);                         /*用指向函数的指针p调用函数*/
     area=(y1+y2)*h/2;
     y1=y2;
     f=f+area;
    }
    return(f);
}

/*function1函数的定义*/
double function1(double x)
  {double fx;
   fx=x*x-5.0*x+1.0;
   return(fx);
  }
/*function2函数的定义*/
double function2(double x)
  {double fx;
   fx=x*x*x+2*x*x-2*x+3.0;
   return(fx);
  }
/*function3函数的定义*/
double function3(double x)
  {double fx;
   fx=x/(2.0+x*x);
   return(fx);
  }
```

上面分别定义function1、function2、function3来表示不同的函数。然后先后调用integral函数3次，每一次调用都把a、b、n和一个函数名(即function1、function2、function3之一)作为实参，也就是把上限、下限、区间个数和相关函数的入口地址传送给形参。执行integral函数使用梯形法求出定积分。

为了求出总面积，首先将区间[a,b]进行n等分，其中每一个小区间的图形近似于一个小梯形，其面积可以用小梯形的面积代替。然后将所有小区间的图形面积进行累加，就得到曲线的近似面积。

第i个小梯形面积：

$$s_i = 0.5h \times (f(x_{i-1}) + f(x_i))$$

其中，$x_{i-1} = a + (i-1) \times h$，$x_i = a + i \times h$，$h = (b-a)/n$，f代表函数。

请注意，同一积分函数的积分值会因为区间个数选取的不同而不同，区间个数 n 选取的越大，积分值就越精确。

【例 8-25】 一个班有 N 个学生，开设了 M 门课程。程序编写要求如下：

(1) 从键盘输入学生的学号和成绩。

(2) 求某门课程的平均成绩(从键盘输入学生的第几门课程)。

(3) 找出全部课程成绩在 90 分以上的学生或者平均成绩在 95 分以上的学生；并且输出获奖学金信息。

(4) 找出有三门以上课程不及格的学生，输出他们的学号和全部课程成绩及平均成绩；并且输出留级的处理信息。

从题目的要求来看，该问题可以分成 4 个功能模块：输入数据、求平均分、找优秀学生、找三门以上课程不及格的学生等。首先把它规划成 4 个函数；然后设计主要的数据类型或数据结构：N 个学生的学号用一个一维的整型数组来存储，N 个学生的 M 门课程成绩用一个二维的浮点型数组来存储，N 个学生的平均成绩用一个一维的浮点型数组来存储。要充分使用指针变量，这样就可以规划出 4 个函数的原型如下：

1. 输入数据

```
void input(int n,int m,int * p_no,float score_1[][M],float * p_ave)
```

参数 n 接收学生的人数；参数 m 接收课程门数；参数 p_no 接收存储学生学号的一维数组首地址；参数 score_1[][M]接收存储学生成绩的二维数组首地址；参数 p_ave 接收存储学生平均成绩的一维数组首地址。另外，在输入数据的时候，就可以把每个学生的平均成绩计算出来。

2. 求某门课程的平均成绩

```
float compute_average(int n,float score_1[][M],int k)
```

参数 n 接收学生的个数；参数 score_1[ ][M]接收存储学生成绩的二维数组的首地址；参数 k 接收某门课的数据(例如 1 代表第一门课)。

3. 找出优秀学生

```
void search_best(int n,int m,int * p_no,float score_1[][M],float * p_ave)
```

参数 n 接收学生的人数；参数 m 接收课程门数；参数 p_no 接收存储学生学号的一维数组首地址；参数 score_1[ ][M]接收存储学生成绩的二维数组首地址；参数 p_ave 接收存储学生平均成绩的一维数组首地址。

4. 找出有三门以上课程不及格的学生

```
void search_best(int n,int m,int * p_no,float score_1[][M],float * p_ave)
```

参数 n 接收学生的人数；参数 m 接收课程门数；参数 p_no 接收存储学生学号的一维数组首地址；参数 score_1[ ][M]接收存储学生成绩的二维数组首地址；参数 p_ave 接收

存储学生平均成绩的一维数组首地址。

程序如下：

```
#include <stdio.h>
#define N 4                                          /* 定义符号常量 N 代表学生的人数 */
#define M 5                                          /* 定义符号常量 M 代表学生开设几门课程 */
void input(int n,int m,int * p_no,float score_1[N][M ],float * p_ave);
float compute_average(int n,float score_1[N][M],int k1);      /* 函数的原型声明 */
void search_best(int n,int m,int * p_no,float score_1[N][M],float * p_ave);
void search_fail(int n,int m,int * p_no,float score_1[N][M],float * p_ave);

/* 主函数 */
void main( )
 {int num[N];                                        /* N 个学生的学号 */
  float score[N][M];                                 /* N 个学生的各门课程成绩 */
  float aver[N];                                     /* N 个学生的平均成绩 */
  int k;
  input(N,M,num,score,aver);        /* 输入学生学号、成绩及计算每个学生的平均成绩 */
  printf ("please input your select course number (to compute course average
  score):\n");
  scanf("%d",&k);                                    /* 选择学生的第几门课程 */
  printf("the %d th course average score is %8.2f\n",k,compute_average(N,score,k));
                                                     /* 找某门课程的平均成绩 */
  search_best(N,M,num,score,aver);                   /* 找优秀学生 */
  search_fail(N,M,num,score,aver);                   /* 找成绩差的学生 */
  return;
 }

/* 输入数据 */
void input(int n,int m,int * p_no,float score_1[N][M],float * p_ave)
/* 参数 n 接收学生的人数;参数 m 接收课程门数;参数 p_no 接收存储学生学号的一维数组首地
址;参数 score_1[][M]接收存储学生成绩的二维数组首地址;参数 p_ave 接收存储学生平均成绩
的一维数组首地址 */
 {int i,j;
  float per_aver;
  int sno;
  printf("please input %d students no and %d subjects scores: \n",n,m);
  for(i=0;i<n;i++)                                   /* N 个学生 */
    {printf("please input student no:");
     scanf("%d",&sno);                               /* 输入学生的学号 */
     p_no[i]=sno;
     printf("please input scores(split by ' 'or enter):\n");
     for(per_aver=0,j=0;j<m;j++)                     /* 输入 N 个学生各门课程成绩 */
       {scanf("%f",&score_1[i][j]);
```

```
        per_aver+=score_1[i][j];}                /* 累计某个学生的成绩 */
      p_ave[i]=per_aver/m;                       /* 求每个学生的平均成绩 */
      }
   return;
}
```

```
/* 求某门课程的平均成绩 */
float compute_average(int n,float score_1[N][M],int k1)
/* 参数 n 接收学生的个数;参数 score_1[][M]接收存储学生成绩的二维数组的首地址;参数 k
接收某门课的数据(例如 1 代表第一门课) */
  {int i;
   float aver;
   for(aver=0,i=0;i<n;i++)
       aver+=score_1[i][k1-1];                  /* 累计某门课程的成绩 */
   return aver/n;                               /* 某门课程的平均成绩 */
  }
```

```
/* 找优秀学生 */
void search_best(int n,int m,int *p_no,float score_1[N][M],float *p_ave)
/* 参数 n 接收学生的人数;参数 m 接收课程门数;参数 p_no 接收存储学生学号的一维数组首地
址;参数 score_1[][M]接收存储学生成绩的二维数组首地址;参数 p_ave 接收存储学生平均成绩
的一维数组首地址 */
  {int i,j,count;                               /* count 累计 90 分以上的课程数 */
   for(i=0;i<n;i++)
     {count=0;                                  /* 初始化 */
      for(j=0;j<m;j++)
        {if(score_1[i][j]>90.0) count++;}       /* 高于 90 分的课程数 */
      if(count>=m||p_ave[i]>=95)  /* 所有课程均高于 90 分或平均成绩高于 95 分的学生 */
        {printf("the good student is:\n");
         printf("NO.%-3d",p_no[i]);              /* 输出相关信息 */
         for(j=0;j<m;j++)
           {printf("%-5.2f ",score_1[i][j]);}
         printf("the good student's average score is %-5.2f\n ",p_ave[i]);
         printf("%s\n","congratulate,this student will win scholarship");
         }
     }
  }
```

```
/* 找成绩差的学生 */
void search_fail(int n,int m,int *p_no,float score_1[N][M],float *p_ave)
/* 参数 n 接收学生的人数;参数 m 接收课程门数;参数 p_no 接收存储学生学号的一维数组首地
址;参数 score_1[][M]接收存储学生成绩的二维数组首地址;参数 p_ave 接收存储学生平均成绩
的一维数组首地址 */
  {int i,j,count;                       /* count 为某一个学生不及格的课程数记数 */
```

```
    for(i=0;i<n;i++)
      {count=0;                                    /*初始化*/
        for(j=0;j<m;j++)
            {if(score_1[i][j]<60.0) count++;}
        if(count>=3)                               /*三门及三门以上课程不及格*/
          {printf("the fail student is:\n");
           printf("NO.%-3d",p_no[i]);              /*输出有关学生的信息*/
           for (j=0;j<m;j++)
                {printf("%-5.2f ",score_1[i][j]);}
               printf("the fail student's average score is %-5.2f\n ",p_ave[i]);
               printf ( "% s \n  "," sorry, this student will be reduced to next
               grade ");
          }
      }
  }
```

【例 8-26】 从键盘输入若干个字符串，然后统计其中各种字符的个数，再按照统计的个数由小到大输出统计结果。

从题目的要求来看，该问题可以分成 4 个功能模块：输入数据、统计、排序、输出。首先把它规划成 4 个函数；然后设计主要的数据类型或数据结构，多个字符串可以采用一个二维字符数组(或指针数组，内存动态分配存储空间)来存储；统计的字符种类可以简单地分为小写字母、大写字母、数字字符、空格、其他字符 5 种，统计的结果用一个一维整型数组(包含以上 5 个元素)来存储，由于排序以后要知道排序结果对应的字符种类名称，和它相对应的字符种类的名字用一个二维的字符数组来存储。要充分使用指针变量，这样就可以规划出 4 个函数的原型如下：

1. 输入数据

```
void input(int n,char (*p)[80])
```

参数 n 接收字符串的个数，为值传递方式；参数 char (*p)[80]为二级指针，它接收存储字符串的二维数组首地址，也可以改为 char p[ ][80]的形式。

2. 统计

```
void statistic(int n,char(*p)[80],int *p_result)
```

参数 n 接收字符串的个数，为值传递方式；参数 (*p)[80]为二级指针，它接收存储字符串的二维字符数组首地址，也可以改为 char p[ ][80]的形式；参数 presult 为一级指针，它接收存储统计结果的一维数组首地址。

3. 排序(对 n 个拥有名字的整型数进行排序)

```
void sort(int n,int *p_result,char(*p_name)[20])
```

参数 n 为接收统计结果的种类数，为值传递方式；参数 p_result 为一级指针，它接收存储统计结果的一维数组首地址；参数（*pname)[20]为接收存储统计结果种类的字符串的二维字符数组首地址，也可以改为pname[ ][20]的形式。

4. 输出（对n个拥有名字的整型数进行输出）

```
void output(int n,int * p_result,char(* p_name)[20])
```

参数n为接收统计结果的种类数，为值传递方式；参数p_result为一级指针，它接收存储统计结果的一维数组首地址；参数（*p_name)[20]为接收存储统计结果种类的字符串的二维字符数组首地址，也可以改为pname[][20]的形式。

程序如下：

```
#include <stdio.h>
#include <string.h>
#define N 10                                          /* 定义符号常量N代表字符串的个数 */
void input(int n,char(* p)[80]);                                  /* 函数的原型声明 */
void statistic(int n,char(* p)[80],int * p_result);               /* 函数的原型声明 */
void sort(int n,int * p_result,char(* p_name)[20]);               /* 函数的原型声明 */
void output(int n,int * p_result,char(* p_name)[20]);             /* 函数的原型声明 */
/* 主函数 */
void main()
  {char name[5][20]={"lowercase","capital","digital","space","other"};
                                                                  /* 统计的字符种类 */
   char str[N][80];                                /* 定义存储N个字符串的二维数组 */
   int result[5];                                  /* 定义存放统计结果的一维数组 */
   input(N,str);                                   /* 调用输入字符串函数 */
   statistic(N,str,result);                        /* 调用统计函数 */
   sort(5,result,name);                            /* 调用排序函数 */
   output(5,result,name);                          /* 调用输出函数 */
   return;
  }

/* 输入数据 */
void input(int n,char(* p)[80])
/* 参数n接收字符串的个数，为值传递方式；参数char(* p)[80]为二级指针，它接收存储字符串的二维数组首地址 */
  {int i;
   for(i=0;i<n;i++)
     {printf("please input %d th string:\n",i+1);
      gets(p[i]);                                  /* 从键盘输入字符串 */
     }
   return;
  }

/* 统计 */
```

```
void statistic(int n,char(*p)[80],int*p_result)
/*参数n接收字符串的个数,为值传递方式;参数(*p)[80]为二级指针,它接收存储字符串的二维字符数组首地址;参数presult为一级指针,它接收存储统计结果的一维数组首地址*/
 {int i,j;
  for(i=0;i<5;i++)
  p_result[i]=0;
  for(i=0;i<n;i++)
    { for(j=0; p[i][j]!='\0';j++)
       { if(p[i][j]>='a'&&p[i][j]<='z')       p_result[0]++;   /*小写字母*/
         else if(p[i][j]>='A'&&p[i][j]<='Z') p_result[1]++;   /*大写字母*/
         else if(p[i][j]>='0'&&p[i][j]<='9') p_result[2]++;   /*数字字符*/
         else if(p[i][j]=='')                 p_result[3]++;   /*空格 */
         else                                 p_result[4]++;   /*其他字符*/
       }
    }
 }

/*排序(对n个拥有名字的整型数进行排序)*/
void sort(int n,int*p_result,char(*p_name)[20])
/*参数n为接收统计结果的种类数,为值传递方式;参数p_result为一级指针,它接收存储统计结果的一维数组首地址;参数(*pname)[20]为接收存储统计结果种类的字符串的二维字符数组首地址*/
 {int i,j,k,temp;
  char str[20];
  for(i=0;i<n-1;i++)                                           /*选择法排序*/
    {k=i;
     for(j=i+1;j<n;j++)
       if(p_result[j]<p_result[k]) k=j;
     temp=p_result[k];p_result[k]=p_result[i];p_result[i]=temp;     /*数字交换*/
     strcpy(str,p_name[k]);strcpy(p_name[k],p_name[i]); strcpy(p_name[i],str);
                                                               /*名字交换*/
    }
  return ;
}

/*输出(对n个拥有名字的整型数进行输出)*/
void output(int n,int*p_result,char(*p_name)[20])
/*参数n为接收统计结果的种类数,为值传递方式;参数p_result为一级指针,它接收存储统计结果的一维数组首地址;参数(*pname)[20]为接收存储统计结果种类的字符串的二维字符数组首地址*/
  {int i;
   for(i=0;i<n;i++)
     printf("string %s: %d \n",p_name[i],p_result[i]);
   return;
  }
```

习 题 8

8.1 从键盘输入 3 个整数，按照从小到大的顺序输出。使用指针的方法并且用三种不同方式实现。

8.2 使用指针的方法编写程序，求两个浮点数的和以及差。

8.3 将数组中 n 个整数按相反的顺序存放后输出。使用指针的方法并且用两种不同方式实现。

8.4 有一个班级有 n 个学生，开设 m 门课程。使用指针的方法编写程序，查找有课程不及格的学生，并且打印他们的成绩。

8.5 使用指针编写程序，从键盘输入的 n 个整数中找出其中最大值和最小值。

8.6 使用指针编写程序，从键盘输入 3 个字符串，按照从小到大的顺序输出。

8.7 使用指针编写程序，从键盘输入一个字符串，然后统计字符串中字符的个数。

8.8 使用指针编写程序，在输入的字符串中查找是否存在字符'x'。

8.9 使用指针编写程序，按照正反两个顺序打印一个字符串。

8.10 使用指针编写程序，完成字符串的复制。要求不能使用 strcpy 函数。

8.11 使用指针数组和指向一维数组的指针两种方法，完成把 10 个字符串（例如国家名）按字典顺序排列后输出。

8.12 使用数组和指针编写程序，完成将一个 n×n（例如 5×5）的矩阵转置，并且输出最大值及其位置。

8.13 使用指向指针的方法，完成对 n 个字符串（例如 10 个城市名）进行排序并输出。要求从键盘输入 n 个字符串并且把排序单独编写成函数（用冒泡法或者选择法排序）。

8.14 使用指向指针的方法，完成对 n 个整数（例如 10 个整数）排序后输出。要求从键盘输入 n 个整数并且把排序单独编写成函数（用冒泡法或者选择法排序）。

8.15 编写利用矩形法计算定积分 $\int_a^b f(x)dx$ 的通用函数。然后利用它分别计算以下三种数学函数的定积分：

(1) $f(x)=x^2-5x+1$

(2) $f(x)=x^3+2x^2-2x+3$

(3) $f(x)=x/(2+x^2)$

8.16 使用指针数组编写程序，从键盘输入一个星期几（例如 7），则程序输出对应星期几的英文名字（Sunday）。

第9章

结构体与共用体

9.1 结　构　体

现实世界需要处理的数据是复杂多样的，一般单一的数据项如序号、姓名、长度等用基本数据类型如整型、字符型、浮点型来描述，同时把多个数据项的集合统一用数组来管理，数组是同一类型变量的集合，对于操作同一类型的变量具有简洁、方便、高效的特点，同时也适合用在函数间的数据传递。而在实际应用中，一组整体数据往往需要用不同的数据类型来描述。

9.1.1 结构体类型和结构体变量

例如描述图书信息的表如图 9-1 所示。

ISBN	书　名	出版社	字数	定价
978-7-567	Java 程序设计	工业出版社	230000	32.00
455-6-235	施工现场管理	建筑出版社	340000	45.00

图 9-1　图书信息表

这里第一行代表了图书信息的结构组成，有 ISBN、书名、出版社、字数、定价等属性，这些属性整体表达了图书的基本信息，这样每本图书的信息都是按照这个结构来组织的。

以我们常用的手机通讯录为例，通讯录中的联系人一般要设置序号、姓名、手机号码、家庭住址、工作单位等数据，这些数据组合到一起共同来描述和表达手机通讯录联系人这个整体信息。在数据类型说明上，序号为整型；姓名应为字符数组；手机号码应为字符数组；家庭住址为字符数组；工作单位为字符数组。显然不能用一个数组来存放这一组数据。因为数组中各元素必须是同一类型的。为了把不同数据类型的数据集中在一起统一标识和管理，C 语言中给出了另一种构造数据类型——结构(structure)或叫结构体，结构属于构造类型，它是由若干相互关联的“分量”组成的。每一个分量叫“成员”，可以是一个基本数据类型，也可以是数组、指针，或者是另外一个结构体。结构既然是一种“构造”而成的数据类型，那么在使用之前必须先定义它的分量，把结构的分量组成叫做结构体类型。因为客观世界管理实体的多样性，构造了某个结构类型后就可以用它来说明该结构类型的变量，以便在程序设计中利用结构变量来管理数据。

9.1.2 结构体类型的定义

结构体类型定义的一般形式为：

```
struct 结构体类型名
{成员列表};
```

成员列表由若干个成员组成，每个成员都是该结构体的一个组成部分。对每个成员也必须作类型说明，其形式为：

```
类型说明符 成员名;
```

成员名的命名应符合标识符的书写规定。例如定义一个通讯录的联系人结构体类型：

```
struct contact
{int num;
 char name[30];
 char phone[20];
 char address[50];
 char company[50];
 int age;
};
```

在这个结构类型定义中，结构类型名为 contact，该结构由 6 个成员组成。第一个成员为 num，整型变量，代表联系人的序号；第二个成员为 name，字符数组，代表联系人的姓名；第三个成员为 phone，字符数组，代表联系人的手机号码；第四个成员为 address，字符数组，代表联系人的住址；第五个成员为 company，字符数组，代表联系人的工作单位；第六个成员为 age，整型变量，代表联系人的年龄。应注意在括号后的分号是不可少的。结构类型定义之后，即可进行变量说明。凡说明为结构类型 contact 的变量都由上述 6 个成员组成，当然在实际应用中，定义的联系人的成员可能不止 6 个，这需要根据具体的管理项目的的要求来设置。由此可见，结构是一种复杂的数据类型，是数目固定、类型不同的若干有序变量的组合。结构类型说明里也可以包含指针变量。将联系人的姓名用字符指针来说明的结构如下：

```
struct contact
{int num;
 char * name;
 char phone[20];
 char address[50];
 char company[50];
```

```
 int age;
 };
```

9.1.3 结构变量的定义

说明结构体变量有以下三种方法。以上面定义的结构体类 contact 为例来加以说明。

(1) 先定义结构体类型,再说明结构体变量。

例如:

```
struct contact
{int num;
 char name[30];
 char phone[20];
 char address[50];
 char company[50];
 int age;
 };
struct contact con1,con2;
```

说明两个结构体类型为 contact 的结构体变量 con1、con2。

(2) 在定义结构体类型的同时说明结构体变量。

例如:

```
struct contact
{int num;
 char name[30];
 char phone[20];
 char address[50];
 char company[50];
 int age;
}con1, con2;
```

这种形式的说明的一般形式为:

```
struct 结构体类型名
{成员表列
}变量名表列;
```

(3) 直接说明结构体变量。

例如:

```
struct
{ int num;
  char name[30];
  char phone[20];
```

```
  char address[50];
  char company[50];
  int age;
}con1,con2;
```

这种形式的说明的一般形式为：

```
struct
{成员表列
}变量名表列;
```

第三种方法与第二种方法的区别在于第三种方法中省去了结构体类型名，而直接给出结构体变量(也叫做无名结构)。三种方法中说明的ab1,ab2变量都具有图9-2所示的结构。

struct contact 成员 num（int 类型：4 字节）
struct contact 成员 name（字符数组类型：30 字节）
struct contact 成员 phone（字符数组类型：20 字节）
struct contact 成员 address（字符数组类型：50 字节）
struct contact 成员 company（字符数组类型：50 字节）
struct contact 成员 age（ int 类型：4 字节）

图 9-2　struct contact 的结构体布局

结构体变量的总长度为各个成员长度的总和。一般用 sizeof（结构类型名）这个库函数来获取结构变量在内存实际所占字节的总长度。如取通讯录联系人结构体的长度的语句为：

```
sizeof (struct contact);
```

说明两个结构体类型为contact的结构体变量con1,con2后，即可向这两个变量中的各个成员赋值。在上述contact结构体类型定义中，所有的成员都是基本数据类型或数组类型。

注意：在定义结构体变量时成员名可与程序中其他变量同名，互不干扰。

例如，

```
struct contact
{ int contact;
  char name[30];
  char phone[20];
  char address[50];
  char company[50];
  int age;
}contact;
```

这里对标识符 contact 引用了 3 次，struct contact 是结构类型，int contact 是成员，最下面的 contact 是结构变量名，这里的 3 个 contact 定义都是合法的。

9.2 结构体变量成员的引用方法

在程序中使用结构体变量时，往往不把它作为一个整体来使用。在标准 C 中除了允许具有相同类型的结构变量相互赋值以外，一般对结构体变量的使用，包括赋值、输入、输出、运算等都是通过结构体变量的成员来实现的。

9.2.1 结构体变量的引用

引用结构体变量成员的一般形式是：

结构体变量名.成员名

例如上面定义的联系人结构体变量 con1，con2：

con1.name　　即第一个联系人的姓名

con2.age　　即第二个联系人的年龄

结构体的成员可以在程序中单独使用，与普通变量完全相同。

9.2.2 结构体变量的赋值

结构体变量的赋值就是给各成员赋值。由于结构体的成员可以在程序中单独使用，前面章节介绍的输入输出语句对于结构体成员完全适用。

【例 9-1】 给结构体变量赋值并输出其值。

```
#include <string.h>
void main()
{struct contact
  {int num;
   char name[30];
   char phone[20];
   char address[50];
   char company[50];
   int age;
  };
  struct contact con1,con2;
  con1.num=1;
  strcpy(con1.name,"张三");
  printf("please input age \n");
  scanf("%d",&con1.age);
```

```
  con2=con1;
  printf("Number=%d\nName=%s\n" ,con2.num,con2.name);
  printf("age=%d\n",con2.age);
}
```

本程序中用赋值语句给结构变量 con1 的 num 和 name 两个成员赋值，name 是一个字符数组，所以用 strcpy 函数进行拷贝赋值。用 scanf 函数动态地输入 age 成员值，然后把 con1 的所有成员的值整体赋予 con2。最后分别输出 con2 的几个成员值。本例介绍了结构变量的赋值、输入和输出的方法。

9.3 结构体变量的初始化

和其他类型变量一样，对结构体变量可以在定义时进行初始化赋值。

【例 9-2】 对结构体变量初始化。

```
void main()
{struct contact
  {int num;
   char name[30];
   char phone[20];
   char address[50];
     char company[50];
   int age;
  }con12,con1={1,"Zhang Jun","13912345678","Beijing ","Design Institute",36};
  con2=con1;
  printf("Number=%d\nName=%s\n" ,con2.num,con2.name);
  printf("age=%d\n",con2.age);
}
```

本例中，con2、con1 均被定义为手机联系人类型的结构变量，并对 con1 做了初始化赋值。在 main 函数中，把 con1 的值整体赋予 con2，然后用两个 printf 语句输出 con2 成员的值。

9.4 结构体数组

同一类型的基本变量可以用数组集中管理，把多个结构变量定义为数组是 C 程序设计的常见数据组织方法。结构数组的每一个元素都是具有相同结构类型的结构变量。在实际应用中，经常用结构数组来表示具有相同结构类型的结构变量的集合。如上面的手机联系人结构，如果联系人很多，就可以用手机联系人结构体数组来进行管理。

如同说明基本类型的数组一样，结构体数组的声明是很简单的。在这里，要掌握结构体类型和结构体变量的不同概念，严格按照类型和变量的概念来学习结构体就会做到条理清晰。

```
struct contact
{int num;
 char name[30];
 char phone[20];
 char address[50];
 char company[50];
 int age;
};
struct contact arrContact[10];
```

同定义整型数组对比一下，如定义含有 10 个元素的整型数组 sc：

```
int sc[10];
```

struct contact 与 int 类型说明一致，arrContact 是结构体数组的名字，同整型数组的名字 sc 一致，这样就比较容易理解结构体数组的定义了。

上面定义了一个通讯录联系人类型的结构体数组 arrContact，共有 10 个元素，arrContact[0]～arrContact [9]，每个数组元素都是 contact 的结构体类型。对结构体数组可以做初始化赋值。

例如：

```
struct contact
{int num;
 char name[30];
 char phone[20];
 char address[50];
 char company[50];
 int age;
 }arrContact[3]={{1,"Zhang San","11111","Beijing","AAA",25},
                 {2,"Li Si","22222","Shanghai","BBB",26},
                 {3,"Wang Wu","33333","Guangzhou","CCC",30}};
```

定义了含有三个联系人的通讯录结构体数组，并在定义同时进行了初始化赋值。

【例 9-3】 输出手机通讯录中的联系人的平均年龄。

```
#include <stdio.h>
struct contact
{int num;
 char name[30];
 char phone[20];
 char address[50];
 char company[50];
```

```
int age;
}arrContact[3]={{1,"Zhang San","11111","Beijing","AAA",25},
                {2,"Li Si","22222","Shanghai ","BBB",26},
                {3,"Wang Wu","33333","Guangzhou ","CCC",30}};
void main()
{
int i;
int avg,sum=0;
for(i=0;i<3;i++)
{
sum+=arrContact [i].age;
}
avg=sum/3;
printf("average=%d\n",avg);
}
```

本例程序中定义了一个管理通讯录联系人的结构数组 arrContact，共 3 个元素，并做了初始化赋值。在 main 函数中用 for 语句逐个累加各元素的 age 成员值存于 sum 之中，循环完毕后计算平均年龄。

9.5 结构体指针

9.5.1 结构体指针定义

一个指针变量当用来指向一个结构变量时，称为结构指针变量。结构指针变量中的值是所指向的结构变量的首地址。通过结构指针即可访问该结构变量，这与数组指针的情况是相同的。

结构指针变量说明的一般形式为：

```
struct 结构名 *结构指针变量名
```

例如，在前面的例题中定义了 struct contact 这个结构类型，如要说明一个指向 struct contact 的指针变量 pContact，可写为：

```
struct contact *pContact;
```

当然也可在定义结构类型 struct contact 时同时说明 pContact。与其他类型指针变量相同，结构指针变量也必须要先赋值后才能使用。赋值是把结构变量的首地址赋予该指针变量，不能把结构类型名赋予该指针变量。如 con1 是被说明为结构类型 struct contact 的结构变量，则：

```
pContact=&con1
```

是正确的，而：

```
pContact=&contact
```

是错误的。

结构类型名和结构变量是两个不同的概念，不能混淆。结构类型名只能表示一个结构形式，编译系统并不对它分配内存空间。只有当某变量被说明为这种类型的结构时，才对该变量分配存储空间。因此上面 &contact 这种写法是错误的，有了结构指针变量，就能更方便地访问结构变量的各个成员。

其访问的一般形式为：

```
(*结构指针变量).成员名
```

或为：

```
结构指针变量->成员名
```

例如：

```
(*pContact).name
```

或者：

```
pContact->name
```

这里 pContact 首先要初始化，然后才能进行结构变量的各种操作。这是比较容易出错的地方。实际程序设计时，一般采用->运算符来访问结构指针变量的成员。

下面通过例子来说明结构体指针变量的具体说明和使用方法。

【例 9-4】 用结构体指针输出结构体变量的成员数据。

```
#include <stdio.h>
struct contact
{int num;
 char name[30];
 char phone[20];
 char address[50];
 char company[50];
 int age;
}con1={1,"Zhang Jun","13912345678","Beijing ","Design Institute",36};
void main()
{
struct contact *pContact;
pContact=&con1;
printf("Number=%d\nName=%s\n",pContact->num,pContact->name);
printf("age=%d\n",pContact->age);
}
```

本例程序定义了一个结构类型 struct contact，定义了该类型结构变量 con1 并做了初始化赋值。在 main 函数中，定义了一个指向 contact 结构类型的结构指针变量

pContact，pContact 被赋值为 con1 的首地址，因此 pContact 指向 con1。然后在 printf 语句内输出 pContact 的各个成员值。

9.5.2 指向结构体数组的指针

指针变量可以指向一个结构数组，这时结构指针变量的值是整个结构数组的首地址。结构指针变量也可指向结构数组的一个元素，这时结构指针变量的值是该结构数组元素的首地址。如果 paContact 为指向结构数组的指针变量，则 paContact 也指向该结构数组的第一个元素的地址（下标 0），paContact＋1 指向第二个元素，paContact＋i 则指向第 i＋1 个元素。这与普通数组的情况是一致的。

【例 9-5】 用指向结构体数组的指针输出结构体数组中的元素。

```
#include <stdio.h>
struct contact
{int num;
 char name[30];
 char phone[20];
 char address[50];
 char company[50];
 int age;
}arrContact[3]={{1,"Zhang San","11111","Beijing ","AAA",25},
                {2,"Li Si","22222","Shanghai ","BBB",26},
                {3,"Wang Wu","33333","Guangzhou","CCC",30}};
void main()
{
int i;
struct contact * paContact;
printf("Num\t\t\t\t\tName\t\t\tage\t\t\n");
paContact=arrContact;
for(i=0;i<3;i++)
{
printf("%d\t\t%30s\t\t%10d\t\t\n",paContact->num,paContact->name,paContact->age);
paContact ++;
}
}
```

在程序中，定义了 struct contact 结构类型的数组 arrContact 并做了初始化赋值。在 main 函数内定义 paContact 为指向 struct contact 类型的指针。paContact 被赋值指向 arrContact 的首地址，在循环语句 for 的表达式中，循环 3 次，用结构指针输出 arrContact 数组中各成员值。

应该注意的语句是 paContact++，每次 paContact 自增后自动跳过一个结构类型的长度，指向下一个结构变量的首地址，这样才能正确输出结构变量的成员。

如：

paContact+0 指向 arrContact [0] 即{1,"Zhang San",“11111”,“Beijing”,“AAA”,25}的首地址；

paContact+1 指向 arrContact [1] 即{2,"Li Si",“22222”,“Shanghai”,“BBB”,26}的首地址；

paContact+2 指向 arrContact [2] 即{3,"Wang Wu",“33333”,“Guangzhou”,“CCC”,30}的首地址；

这是由C语言的编译器自动完成的。

9.5.3 结构体在函数传递中的应用

可以将结构体变量用做函数调用的参数以及返回值。在标准C语言中允许用结构体变量做函数参数进行整体传送。但是这种传送要将全部成员逐个传送，特别是成员为数组时将会使传送的时间和空间开销很大，严重地降低了程序的效率。因此最好的办法就是使用指针，即用指针变量做函数参数进行传送。这时由实参传向形参的只是内存数据的地址，从而减少了时间和空间的开销。

【例 9-6】 计算通讯录中联系人的平均年龄和统计年龄小于40岁的人数。用结构体指针变量做函数参数编程。

```
struct contact
{int num;
 char name[30];
 char phone[20];
 char address[50];
 char company[50];
 int age;
}arrContact[3]={{1,"Zhang San","11111","Beijing","AAA",25},
                {2,"Li Si","22222","Shanghai","BBB",26},
                {3,"Wang Wu","33333","Guangzhou","CCC",30}};
void main()
{
struct * paContact;
void average(struct contact * inps);
paContact=arrContact;
average(paContact);
}
void average(struct contact * inp)
{
int count=0,i;
int avg,sum=0;
for(i=0;i<3;i++)
{
```

```
    sum+=inp->age;
    if(inp->age<40) count+=1;
    }
    avg=sum/3;
    printf("average=%d\npersons count=%d\n",avg,count);
    }
```

本程序中定义了计算平均年龄的函数 average，入口参数被定义为结构指针。arrContact 被定义为结构数组并赋值初始化。在 main 函数中定义说明了结构指针变量 paContact，并把 arrContact 的首地址赋予它，使 paContact 指向 arrContact 结构数组。然后以 pContact 做实参调用函数 average。在函数 average 中完成计算通讯录中的联系人的平均年龄和统计年龄小于 40 岁的人数的工作并输出结果。由于本程序全部采用指针变量进行参数传递，避免了内存拷贝，因此速度更快，程序效率更高。

9.6 动态存储分配

到目前为止，凡是遇到处理“批量”数据时，都是利用数组来存储的。定义数组必须指明数组的元素个数，从而也就限定了能够在一个数组中存放的数据量。在实际应用中，一个程序在每次运行时要处理的数据的数目通常并不确定，如果定义小了，将没有足够的空间来存储数据，定义大了又会浪费存储空间。如果在程序执行时，根据实际需要随时开辟存储单元，不再需要时随时释放，就能比较合理地利用存储空间。C 语言的动态存储分配函数提供了这种可能性，为有效地利用内存资源提供了手段，要使用 C 语言自带的内存管理函数，需要包含 malloc. h 这个头文件(在标准 C 程序中，建议这个文件为 stdlib. h)。

常用的内存管理函数有以下三个：

(1) 分配内存空间 malloc 函数。

函数原型：

```
void *malloc(unsigned int size);
```

函数功能：在内存的动态存储区中分配一块长度为“size”字节的连续区域。函数的返回值为该区域的首地址。若分配失败(系统不能提供所需内存)，则返回 NULL。

因 malloc 的返回类型是 void *，需要把返回值强制转换为需要的数据类型指针，比如申请内存用来处理结构体类型，那么就要强制转换为结构体类型。“size”是一个无符号整数。前面已经讲过，用 sizeof 库函数来获取数据类型的长度。如获取结构类型的长度，那么用 sizeof (struct 结构类型名)来实现。

例如：

```
char *p;
p=(char *)malloc(100 * sizeof(char));
```

表示分配 100 个字节的内存空间，并强制转换为字符数组类型，函数的返回值为指向该字符数组的指针，把该指针赋予指针变量 p。

如前面定义的通讯录联系人结构体，动态分配结构体变量的存储空间，可用如下语句实现：

```
struct contact * pContact;
pContact= (struct contact * )malloc(sizeof(struct contact));
```

这样结构体指针就指向了新分配的内存，该内存按照通讯录联系人结构体类型来操作和管理。

(2) 分配内存空间 calloc 函数。

calloc 是另一个用于分配内存空间的函数。

函数原型：

```
void * calloc(unsigned int n,unsigned int size);
```

函数功能：在内存动态存储区中分配 n 块长度为"size"字节的连续区域。函数的返回值为该区域的首地址。

calloc 函数与 malloc 函数的区别仅在于一次可以分配 n 块 size 大小的区域。

例如：

```
struct contact * pContact;
pContact= (struct contact * )calloc(2,sizeof(struct contact));
```

该语句的意思是：按 contact 结构体的长度分配两块连续区域，强制转换为 contact 结构体类型，并把其首地址赋予结构体指针变量 pab。

(3) 释放内存空间 free 函数。

函数原型：

```
void free(void * ptr);
```

函数功能：释放 ptr 指向的内存空间，ptr 应是由 malloc 或 calloc 函数成功调用的返回值。

【例 9-7】 动态分配一块内存区域并输入一个通讯录联系人数据。

```
#include <malloc.h>
#include <string.h>
void main()
{
struct contact
{int num;
 char name[30];
 char phone[20];
 char address[50];
 char company[50];
```

```
 int age;
};
struct contact * pContact;
pContact=(struct contact * )malloc(sizeof(struct contact));
if(pContact==NULL)
{
printf("malloc failure");
exit(0);
}
pContact->num=10;
strcpy(pContact->name,"Guo Ming");
strcpy(pContact->phone,"1122334455");
strcpy(pContact->address,"Wu Han");
strcpy(pContact->company,"ELETRIC");
pContact->age=33;
printf("Number=%d\nName=%s\n",pContact->num,pContact->name);
printf("Address=%s\nCompany=%s\n",pContact->address,pContact->company);
if(pContact!=NULL) free(pContact);
}
```

本例中,定义了结构类型 struct contact 和该类型的指针变量 pContact。然后用 malloc 函数动态分配一块 struct contact 结构大小的内存区,并把返回的内存首地址赋予 pContact,使 pContact 指向该区域。再用指向结构的指针变量 pContact 对各成员赋值,并用 printf 输出各成员值。最后用 free 函数释放 pContact 指向的内存空间。整个程序包含了动态申请内存空间、使用内存空间、释放内存空间三个步骤,实现内存存储空间的动态分配。

9.7 用结构体和指针处理链表

9.7.1 链表的概念

在学习了指针和结构体后,就可以把二者结合起来处理一种重要的数据结构——链表。链表在 C 程序设计中应用广泛,因此有必要来掌握它的概念和应用,以便在程序设计中用链表来解决实际问题。

在例 9-7 中采用了动态分配的办法为一个结构体分配内存空间。每一次分配一块空间可用来存放一个联系人的信息,可称为一个结点。有多少个联系人就应该申请分配多少块内存空间,也就是说要建立多少个结点。当然用结构体数组也可以完成上述工作,但如果预先不能准确把握联系人的数量,也就无法确定数组大小。不适合通讯录中联系人数据的变化,如增加、修改、删除联系人等。用动态存储的方法可以很好地解决这些问题。有一个联系人就动态申请内存分配一个结点,无须预先确定联系人的准确数量。另一方面，用数组的方法必须占用一块连续的内存区域，而使用动态分配时，每个结点之间可以占用不连续的存储区域。结点之间的联系用指针实现。即在结点结构体中定义一个成员项用来存放下一结点的首地址，这个用于存放地址的成员，常把它称为指针域（如图 9-3 所示），指针域中存储的信息称做指针或链。可在第一个结点的指针域存入第二个结点的首地址，在第二个结点的指针域又存放第三个结点的首地址，如此链接下去直到最后一个结点。最后一个结点因无后续结点链接，其指针域可赋为空（NULL），代表链表的结束。

数据域
指针域

图 9-3　结点示意图

常见的链表有单向链表、双向链表、循环链表等，这里主要介绍单向链表的概念和操作方法。

图 9-4 为一单向链表的示意图。

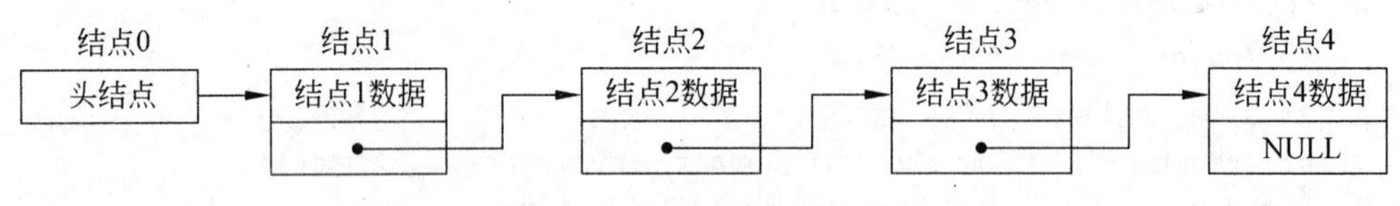

图 9-4　单向链表的示意图

在图 9-4 中，第 0 个结点称为头结点，它存放有第一个结点的首地址，没有数据，只是一个指针变量。以下的每个结点都分为两个域，一个是数据域，存放各种实际的数据，如序号 num，姓名 name 等；另一个域为指针域，存放下一结点的首地址。链表中的每一个结点都属于同一种结构体类型。头结点是链表的重要结点，链表的各种操作都是从头结点开始进行的。

例如一个存放通讯录联系人结点应为以下结构：

```
struct contact
{int num;
  char name[30];
  char phone[20];
  char address[50];
  char company[50];
  int age;
struct contact * next;
};
```

同前面定义的通讯录联系人结构体类型相比，前 6 个成员项没有变化，构成结点数据域，增加一个成员项 next 构成指针域，它是一个指向自身结构体类型的指针变量。

链表的基本操作：对链表的主要操作有建立链表、输出链表、插入结点、删除结点等。下面通过例题来说明这些操作。在链表操作中重点注意指针域的操作，弄清如何用指针域来把孤立的结点连接起来。

9.7.2 建立链表

【例 9-8】 建立一个有三个结点的链表,存放通讯录数据。为简单起见,我们假定数据成员中只有序号和姓名两项。结点结构体定义如下:

```
struct contact
{int num;
   char name[30];
   struct contact * next;
  };
```

建立链表的函数 createlist 程序如下:

```
struct contact * createlist(int n)
{
struct contact * head, * cur, * tail;
                                    /* head 为头结点;cur 为新建的结点;tail 为尾结点 */
int i;
for(i=0;i<n;i++)
  {
  cur=(struct contact * )malloc(sizeof(struct contact));
                                                    /* 动态申请建立一个新结点 */
  if (cur==NULL)
  {
  printf("memory malloc failure");
  exit(0);
  }
  printf("please input number and name\n");
  scanf("%d,%s",&cur->num,cur->name);
  if(i==0)tail=head=cur;                            /* 第一个结点 */
  else tail->next=cur;                              /* 建立中间结点 */
  cur->next=NULL;
  tail=cur;
  }
return(head);                                       /* 函数返回新建链表的头结点 */
}
```

createlist 函数用于建立一个有 n 个结点的链表,它是一个返回结构体指针的函数,它返回的指针指向链表的头部。在 createlist 函数内定义了三个 contact 结构体的指针变量。head 为头指针,cur 为指向新分配的结点的指针,tail 为指向最后一个结点的指针,如图 9-5 所示。

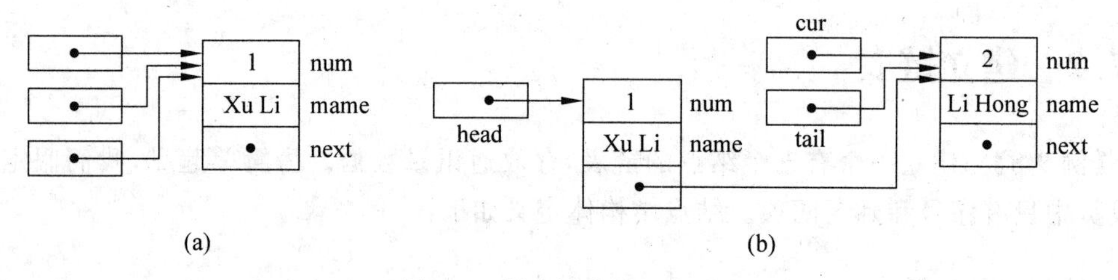

图 9-5　创建链表的示意图

9.7.3　输出链表

只要已知表头结点,通过每个结点的 next 成员可以找到下一个结点,从而可以输出链表的全部结点数据。

设链表的表头为 head,则可用如下代码输出链表的全部结点数据。

【例 9-9】　输出链表数据的函数。

```
void output_list(struct contact * head)
{ struct contact * h;
  h=head;
  while(h!=NULL)
  {printf("%d,%s\n",h->num,h->name);
   h=h->next;
  }
}
```

output_list 函数的入口参数为一个链表的头结点,在函数内部用 while 循环从表头一直遍历到表尾,每次循环都用结点的指针域 next 指向下一个结点,同时输出结点的数据域信息。

9.7.4　对链表的插入操作

设在通讯录链表中,各联系人结点按照 num(序号)由小到大的顺序存放,当新建一个联系人信息时,把结点 cur 插入链表。用指针 cur 指向待插入结点,设把 cur 插在 m2 结点之前,m1 结点之后(如图 9-6 所示)。

插入算法要点如下:

(1) 找到应插入的位置;

(2) 在 m2 之前、m1 之后插入 cur;

(3) 将 cur 插入第一个结点之前;

(4) 将 cur 插入表尾结点之后。

在链表中,因为各结点已经按成员 num(序号)由小到大的顺序存放,那么从头结点开始,把待插入结点的序号与每一个结点序号比较,找到待插入位置,用结点的指针域

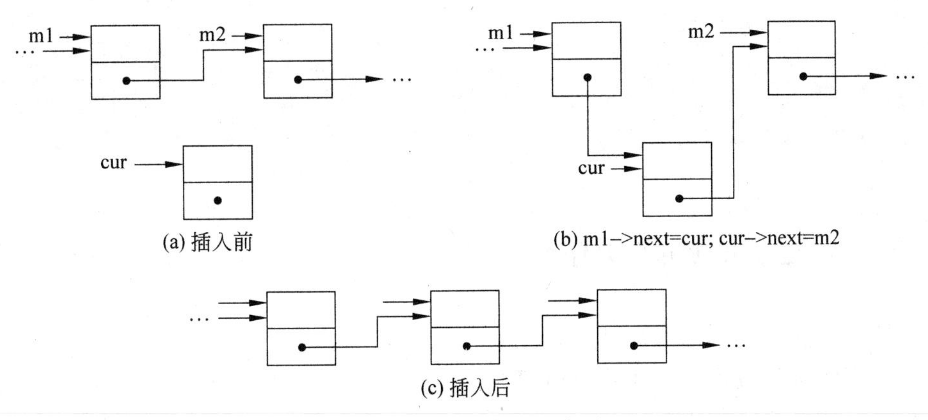

图 9-6　插入结点的示意图

next 将结点连接起来完成插入操作。例 9-10 程序可完成插入操作，在链表 head 中，插入 newnode 结点，并返回新链表的表头。

【例 9-10】 在链表中插入结点的函数。

```
struct contact * insert_node(struct contact * head,struct contact * newnode)
{struct contact * cur;                /* 待插入结点 */
 struct contact * m2;                 /* cur 插入 m2 之前、m1 之后 */
 struct contact * m1;
 m2=head;
 cur=newnode;
 if (head==NULL)                      /* 原链表是空表 */
    { head=cur;
      cur->next=NULL;
    }
 else
 { while((cur->num >m2->num)&&(m2->next!=NULL))          /* 查找待插入位置 */
   { m1=m2;
     m2=m2->next;
   }
   if(cur->num<=m2->num)              /* num 从小到大排列，cur 应插入表内(不是表尾) */
     { if(m2==head)                   /* m2 是表头结点 */
         { head=cur;
           cur->next=m2;              /* 新插入结点成新的头结点 */
         }
       else                           /* 插入到 m2 之前，m1 之后 */
         { m1->next=cur;
           cur->next=m2;
         }
     }
   else                               /* 插入到链表尾部 */
   { m2->next=cur;
```

```
      cur->next=NULL;
    }
  }
 return(head);
}
```

9.7.5　对链表的删除操作

删除一个结点的算法要点如下：

(1) 找到需要删除的结点，用 cur 指向它。并用 m1 指向 cur 的前一个结点。

(2) 要删除的结点是头结点。

(3) 要删除的结点不是头结点。

设在通讯录链表中删除序号为 num 的结点，以表头指针 head 和需要删除结点的 num(序号)为参数，返回删除后的链表表头(如图 9-7 所示)。

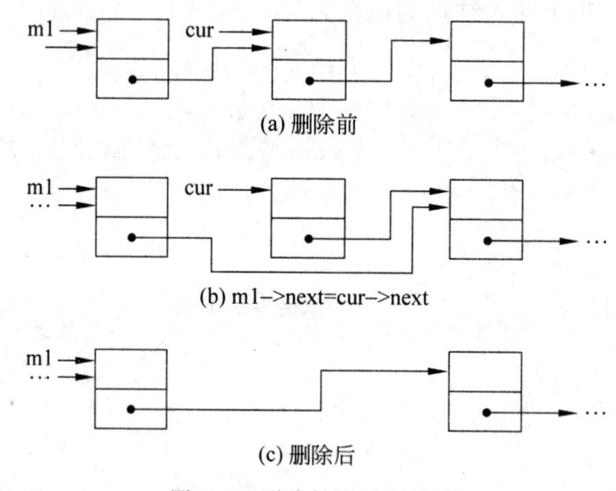

图 9-7　删除结点的示意图

【例 9-11】 在链表中删除结点的函数。

```
struct contact * delete_node(struct contact * head,long num)
{struct contact * cur;                           /* 指向要删除的结点 */
 struct contact * m1;                            /* 指向 cur 的前一个结点 */
 if (head==NULL)                                 /* 空表 */
    { printf("\n List is empty \n");
      return(head);
    }
 cur=head;
 while(num!=cur->num && cur->next!=NULL)         /* 查找要删除的结点 */
    { m1=cur;
      cur=cur->next;
    }
```

```
  if (num==cur->num)                                /* 找到了 */
     {if(cur==head)                                 /* 要删除的是头结点 */
        head=cur->next;
      else                                          /* 要删除的不是头结点 */
        m1->next=cur->next;
      free(cur) ;                                   /* 释放被删除结点所占的内存空间 */
      printf("delete list node whose num is: %ld\n",num);
     }
  else                                              /* 在表中未找到要删除的结点 */
    printf("node not found\n");
  return(head);                                     /* 返回删除结点后新的表头 */
}
```

有了处理链表的基本函数后，可以将这些函数应用到实际的链表程序中。例 9-12 是一个包括建立链表、输出链表、插入结点、删除结点的链表综合应用程序。

【例 9-12】 链表综合应用程序。

```
#include <malloc.h>
#define NULL 0
struct contact                                      /* 链表结点结构类型定义 */
{int num;
 char name[30];
 struct contact * next;
};
/* 函数原型声明 */
struct contact * createlist(int n);
struct contact * insert_node(struct contact * head,struct contact * newnode);
struct contact * delete_node(struct contact * head,long num);
void output_list(struct contact * head);
void main()
{
struct contact * nw;                                /* 准备插入的新结点 */
struct contact * head;                              /* 链表的头结点 */
long delete_num;                                    /* 准备删除的序号 */
head=createlist(3);                                 /* 创建 3 个节点的链表 */
printf("create list Ok!\n");
nw=(struct contact * ) malloc(sizeof(struct contact));    /* 动态申请一个新结点 */
  if(nw==NULL)
  {
    printf("memory malloc failure");
    exit(0);
  }
  printf("-----------------------------\n");
```

```
    printf("please input number and name for insert!\n");
   scanf("%d,%s",&nw->num,nw->name);
   head=insert_node(head,nw);                          /*在链表中插入新结点*/
   output_list(head);
   printf("------------------------------\n");
   printf("please input node 's number for delete\n");
   scanf("%ld",&delete_num);
   head=delete_node(head,delete_num);                  /*删除指定序号的结点*/
   output_list(head);
   }
 struct contact * createlist(int n)
 {
 struct contact * head, * cur, * tail;
                                       /*head为头结点;cur为新建的结点;tail为尾结点*/
 int i;
   for(i=0;i<n;i++)
     {
     cur=(struct contact * ) malloc(sizeof(struct contact));
                                                       /*动态申请建立一个新结点*/
       if(cur==NULL)
       {
         printf("memory malloc failure");
         exit(0);
       }
     printf("please input number and name:(split by ,)\n");
     scanf("%d,%s",&cur->num,cur->name);
     if(i==0) tail=head=cur;                           /*第一个结点*/
     else tail->next=cur;                              /*建立中间结点*/
     cur->next=NULL;
     tail=cur;
     }
     return(head);                                     /*函数返回新建链表的头结点*/
 }
 struct contact * insert_node(struct contact * head,struct contact * newnode)
 {
 struct contact * cur;                                 /*待插入结点*/
 struct contact * m2;                                  /*cur插入m2之前、m1之后*/
 struct contact * m1;
 m2=head;
 cur=newnode;
 if(head==NULL)                                        /*原链表是空表*/
 {
   head=cur;
```

```
  cur->next=NULL;
}
else
{
  while ((cur->num >m2->num) && (m2->next!=NULL))      /* 查找待插入位置 */
  {
    m1=m2;
    m2=m2->next;
  }
if(cur->num <=m2->num)                     /* num 从小到大排列,cur 应插入表内(不是表尾) */
{
  if(m2==head)                                          /* m2 是表头结点 */
  {
    head=cur;
    cur->next=m2;                                       /* 新插入结点成新的头结点 */
  }
  else                                                  /* 插入到 m2 之前,m1 之后 */
  {
    m1->next=cur;
    cur->next=m2;
  }
}
else                                                    /* 插入到链表尾部 */
  {
    m2->next=cur;
    cur->next=NULL;
  }
}
return(head);
}
struct contact * delete_node(struct contact * head,long num)
{
struct contact * cur;                                   /* 指向要删除的结点 */
struct contact * m1;                                    /* 指向 cur 的前一个结点 */
if(head==NULL)                                          /* 空表 */
{
  printf("\n List is empty \n");
  return (head);
}
cur=head;
while(num !=cur->num && cur->next !=NULL)               /* 查找要删除的结点 */
{
  m1=cur;
```

```
    cur=cur->next;
  }
  if(num==cur->num)                                        /* 找到了 */
  {
    if(cur==head)                                    /* 要删除的是头结点 */
    head=cur->next;
    else                                             /* 要删除的不是头结点 */
    m1->next=cur->next;
    free(cur);                                       /* 释放被删除结点所占的内存空间 */
    printf("delete list node whose num is: %ld\n",num);
  }
  else                                               /* 在表中未找到要删除的结点 */
    printf("node not found\n");
    return (head);                                   /* 返回删除结点后新的表头 */
  }
  void output_list(struct contact * head)
  {
    struct contact * h;
    h=head;
    if(h==NULL)printf("----------------------------\n");
    while(h!=NULL)
    {
      printf("%d,%s\n",h->num,h->name);
      h=h->next;
    }
    printf("----------------------------\n");
  }
```

9.8 共 用 体

9.8.1 共用体概念

在实际应用中，需要在程序中定义这样一种变量：在程序运行中，有时该变量用来存储一种类型的数据，有时该变量用来存储另一种类型的数据，后存储的类型数据会覆盖前一次存储的类型数据。这种问题的实质是把不同类型的数据存放到同一段内存单元中，这些不同类型的数据分时共享同一段内存单元。例如从同一个内存地址（如 0xffee0000）开始的内存单元中，可以存放一个字符型（char）数据、一个整型（int）数据、一个实型（float）数据，因为有些内存单元是共有的，显然，这三个数据不能在同一时刻都在这片内存中存在，在某一时刻只可以存放这三个类型数据中的一个。这种用来分时存储不同类型数据的变量就是“共用体”类型变量。同结构体变量的定义相似，若需定义共用体类型的变量，也必须先定义共用体类型，然后再用已定义的共用体类型去定义“共用体”类型的变量。共用体与结构体不同的是：结构体类型是异址的，而共用体类型是同址的。也就是说，结构体长度是各个成员长度之和，而共用体所有成员共享内存的一个区域(首地址相同)，共用体的长度是成员列表中最大长度的成员长度。

9.8.2 共用体类型的定义

定义共用体类型的关键字是“union”。同结构体类型的定义方式相似，共用体类型的一般形式为：

```
union 共用体类型名
{成员列表};
```

成员可以是基本数据类型，也可以是数组、指针以及其他构造类型。

```
union data
{char c;
 int i;
 float f;
 }
```

上面定义了一个共用体类型 data，包含三个成员。共用体内存布局如图 9-8 所示。

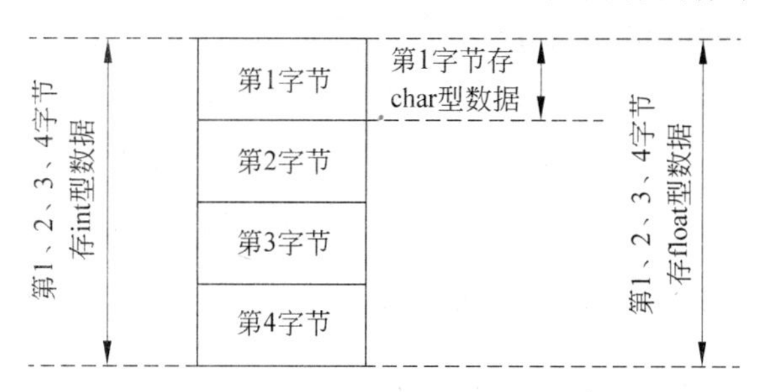

图 9-8 共用体内存布局的示意图

9.8.3 共用体变量的定义

同结构体变量的定义相似，定义共用体变量也可以用三种形式：

1. 定义类型后说明变量

```
union data
{char c;
 int i;
 float f;
};
union data u1,u2;
```

定义一个共用体类型 data,然后声明两个共用体变量 u1、u2。

2. 定义类型的同时说明变量

```
union data
{char c;
 int i;
 float f;
} u1,u2;
```

定义一个共用体类型 data 同时声明两个共用体变量 u1、u2。

3. 不提供类型名,只声明变量

```
union
{char c;
 int i;
 float f;
} u1,u2;
```

这种方式一般只适合临时定义或函数体内部一次性定义变量的场合,在实际程序中,使用较少。

9.8.4 共用体变量成员的引用方法

同结构体成员的引用方法类似,共用体变量成员的引用方法常用有两种方式:

1. 运算符

在一般共用体变量中引用成员也是用.运算符

```
union data u1;
u1.i=12;
u1.f=3.4;
```

2. ->运算符

如果共用体变量是指向共用体类型的指针,那么用->来访问成员。

```
union data * p;
p->i=12;
p->f=3.4;
```

共用体数组和共用体数组指针定义和操作方法与结构体一样,这里不再赘述。

共用体的使用场合适合于在程序中有互斥的变量引用的地方,主要为了节省内存空间。由于这个特点,也决定了共用体的使用场合比较少,没有结构体那么通用和广泛。

需要注意的是：在上面的定义的共用体类型 data 中，字符型变量 c、整型变量 i、浮点型变量 f 三个成员在内存中是首地址相同的。因此某个时刻只能访问共用体成员中的一个成员，后赋值成员的数据将覆盖掉先前赋值的成员，这是共用体的特点。

通过下面的例子来加深理解共用体的这个特点。

【例 9-13】 演示共用体成员之间赋值的覆盖形式。

```
#include "stdio.h"
union stu
{ int i;
  char c[2];
}student1;
void main()
{student1.i=0;
 student1.c[0]=0;
 student1.c[1]=1;
 printf("%d\n",student1.i);
}
```

程序运行的结果为：

```
256
```

可以看出，最后赋值的 c 将覆盖点先前赋值的变量 i。

9.9 枚举类型

在实际编程中，有些变量的取值被限定在一个有限的范围内，例如性别只有男、女，一个星期内只有 7 天，一年只有 12 个月等。C 语言提供了一种称为“枚举”的构造类型。“枚举”就是将变量可能的值一一列举出来。变量的值只能取列举出来的值之一。应该说明的是，实际上枚举类型的元素为固定的常量的集合。

9.9.1 枚举类型的定义

枚举类型定义的一般形式为：

```
enum 枚举名
{ 枚举值表 };
```

在枚举值表中应罗列出所有可用值，这些值也称为枚举元素。

例如：

```
enum COLOR{red,green,blue};
```

该枚举类型表达三原色的信息，枚举值共有 3 个，即红、绿、蓝三原色。凡被说明为

COLOR 类型变量的取值只能是红、绿、蓝的中之一。在比如一周的七天，可以定义为：

```
enum WEEKDAY{sunday,monday,tuesday,wednesday,thursday,friday,saturday};
```

9.9.2 枚举变量的说明

如同结构体和共用体一样，枚举变量也可用不同的方式说明，即先定义类型后说明、同时定义说明或直接说明。

设有变量 a,b,c 被说明为上述的 WEEKDAY，可采用下述任一种方式：

```
enum WEEKDAY{sunday,monday,tuesday,wednesday,thursday,friday,saturday};
```

在随后的程序中可以以下语句说明：

```
enum WEEKDAY a,b,c;
```

或者为

```
enum WEEKDAY {sunday,monday,tuesday,wednesday,thursday,friday,saturday}a,b,c;
```

或者为

```
enum {sunday,monday,tuesday,wednesday,thursday,friday,saturday}a,b,c;
```

9.9.3 枚举变量的赋值和使用

枚举类型在使用中有以下规定：

(1) 枚举元素是常量，不是变量，因此不能赋值。

例如对枚举 WEEKDAY 的元素再做以下赋值：

```
sunday=1;
monday=2;
sunday=monday;
```

都是错误的。

(2) 枚举元素本身由系统定义了一个表示序号的数值，从 0 开始顺序定义为 0，1，2……

如在 WEEKDAY 中，sunday 值为 0，monday 值为 1，……，saturday 值为 6。

(3) 枚举值可以作判断，例如：

```
WEEKDAY day;
if(day==monday)…
if(day>sunday)…
```

【例 9-14】 枚举类型和变量的定义及应用。

```
main()
```

```
{   enum WEEKDAY{sunday,monday,tuesday,wednesday,thursday,friday,saturday}
    e1,e2,e3;
    e1=sunday;
    e2=monday;
    e3=tuesday;
    printf("%d,%d,%d",e1,e2,e3);
}
```

这里要注意的是,只能把枚举值赋予枚举变量,不能把元素的数值直接赋予枚举变量。如:

```
e1=sunday;
e2=monday;
```

是正确的。而

```
e1=0;
e2=1;
```

是错误的。

整型与枚举类型是不同的数据类型,不能直接赋值,如:

```
day=1;                          /* day 是 WEEKDAY 枚举类型 */
```

但可以通过强制类型转换赋值:

```
day=(enum WEEKDAY)1;
```

还应该说明的是枚举元素不是字符常量也不是字符串常量,使用时不要加单、双引号。

如:

```
day="friday";
day="monday";
```

是错误的。

【例 9-15】 枚举变量综合应用。

```
void main()
{ enum WEEKDAY{sunday,monday,tuesday,wednesday,thursday,friday,saturday}
  day,sday[7],j;
  int i;
  j=sun;
  for(i=0;i<7;i++)
  {sday[i]=j;
     j++;}
   for(i=0;i<=6;i++)
  {switch(sday[i])
```

```
    { case sunday:    printf("today is Sunday");break;
      case monday:    printf("today is Monday");break;
      case tuesday:   printf("today is Tuesday");break;
      case wednesday: printf("today is Wednesday");break;
      case thursday:  printf("today is Thursday");break;
      case friday:    printf("today is Friday");break;
      case saturday:  printf("today is Saturday");break;
      default: break;
    }
  }
}
```

程序中定义了一个表达星期的枚举类型 WEEKDAY，并定义了两个枚举变量 day、j，一个枚举数组 sday[7]。在对枚举数组赋值后用 switch 语句判断数组元素的值并显示输出。

9.10 类型定义符 typedef

C语言不仅提供了丰富的数据类型，而且还允许由用户自己定义类型说明符，也就是说允许由用户为数据类型取别名。关键字 typedef 用于为已有的数据类型定义别名(新名)，而不是定义新的数据类型。例如：

```
typedef int INTEGER;
typdef unsigned int UINT;
```

分别为 int、unsigned int 定义别名 INTEGER 和 UINT，INTEGER 代表已有数据类型 int，UINT 代表已有数据类型 unsigned int。

通过上述定义，

```
INTEGER i,j;   等价于   int i,j;
UINT a,b;      等价于   unsigned int a,b;
```

用 typedef 定义数组、指针、结构体等类型将带来很大的方便，不仅使程序书写简单，而且使意义更为明确，因而增强了可读性。

9.10.1 典型用法

(1) 定义新名字，专用于某种类型的变量定义或说明，增加程序的可读性。

例如：

```
typedef unsigned int size_t;         /* 定义 size_t 数据类型,专用于管理内存字节长度 */
```

```
size_t size;
typedef int COUNT;                    /* 定义 COUNT 数据类型,专用于计数 */
COUNT i;                /* i 的实际类型是 int,但用 COUNT 很容易知道 i 用来计数的变量 */
```

(2) 简化数据类型的书写。

```
typedef struct contact
{int num;
char name[30];
char phone[20];
char address[50];
char company[50];
int age;
}CONTACT, * PCONTACT;
```

定义标识符 CONTACT 为 struct contact 结构类型的别名,PCONTACT 为指向 struct contact 结构指针的别名。定义新的类型说明符后,可用 CONTACT,PCONTACT 来说明结构变量:

例如,

```
CONTACT con1,con2;
```

等价于

```
struct contact con1,con2;
PCONTACT pcon1,pcon2;
```

等价于

```
struct contact *pcon1, *pcon2;
```

这里特别注意指向结构指针别名在定义多个变量时的书写方式和表达含义。

9.10.2 典型类型的别名定义形式

(1) 数组别名定义。

typedef char STRING[20];表示 STRING 是字符数组类型,数组长度为 20。这里 STRING 等价于 char[20]。然后可用 STRING 说明变量,如:

```
STRING s1,s2;
```

等价于

```
char s1[20],s2[20];
```

(2) 字符指针别名定义。

```
typedef char * PSTR;      /* 定义 PSTR 代表字符指针类型 */
```

```
PSTR p,sa[20];              /* 定义字符指针变量 p,字符指针数组 sa[20] */
```

等价于

```
char *p, *sa[20];
```

(3) 指向函数的指针类型的别名定义。

```
typedef int(*POINTER)();            /* 定义 POINTER 代表指向函数的指针类型 */
POINTER p1,p2;                      /* 定义指向函数的指针变量 p1、p2 */
```

等价于

```
int(*p1)(),(*p2)();
```

在实际的C程序设计中，经常可以看到用 typedef 定义的别名，要能够从 typedef 语句中分析出变量的实际类型。

习 题 9

9.1 定义一个自行车结构体，其成员项包括编号、颜色、型号(24、26、28等)；建立一个自行车结构体数组并初始化赋值，然后将结构体数组元素打印输出。

9.2 编写一个处理存储运动员的个人记录的程序，要求：

定义一个名叫 player 的结构体，用于存储运动员的个人记录，其中的数据项有三个项目：运动员姓名 name、运动队名 team、平均运动成绩 avg。

- 编写一个名为 input_player 的函数，输入运动员的记录，要求以结构体指针作为参数。
- 编写一个名为 input_player 的函数，输入运动员的记录，要求以结构体作为参数。

9.3 编写一个程序，从键盘上输入3个学生的编号、姓名、年龄、家庭住址，并存放在一个结构数组中，从中查找出年龄最小和年龄最大的学生的信息。

9.4 定义一个结构体变量，其成员项包括员工号、姓名、工龄、工资；然后通过键盘输入所需的具体数据，再进行打印输出。

9.5 按9.4题的结构体类型定义一个有N名职工的结构体数组。编一程序，计算这N名职工的总工资和平均工资。

9.6 定义一个选举结构体变量，编写统计选举候选人选票数量的程序。

9.7 设有3名考生，每个考生的数据包括学号、姓名、性别和成绩。编一程序，要求用指针方法找出女性考生中成绩最好的并输出。

9.8 使用结构数组存放表9-1中的员工的工资数据，然后用结构数组指针输出每个员工的姓名及应发工资数。

应发工资＝基本工资＋岗位津贴－扣款

表 9-1　员工工资数据

姓　名	基本工资	岗位津贴	扣　款
Li Qun	870.00	500.00	85.00
Dong Fang	1250.00	800.00	63.00
Ma Jing	1520.00	1000.00	72.00
Liu Dong	2050.00	1500.00	120.00

9.9　从键盘输入10个整数分别作为链表的数据域建立一个单链表，并编写一个删除结点的函数。

9.10　试写出统计通讯录链表中结点的个数的程序。

第10章

文　件

10.1　文件概述

通常程序都会有输入与输出，如果输入输出的数据量不大，可以通过键盘输入，通过显示器输出。但是如果需要处理的数据量较大，文件则是有效的解决方法。

文件是一组存储在外部介质上的相关数据的有序集合体。文件可以是源文件、目标程序文件，也可以是一组输入数据或输出结果。可以通过文件名以及文件存放在介质上的路径对文件进行访问。

本章主要介绍文件的基本概念、文件的打开关闭、文件的读写、文件的定位以及其他相关知识。

10.1.1　文件的基本知识

在C语言中，从文件编码格式分类，文件可分为文本文件和二进制文件。

文本文件是按数据中每位字符的ASCII码形式顺序组成，每个字节存放一个ASCII码，又称ASCII文件。由于文本文件以ASCII码形式存储数据，每个字节与字符一一对应，因而便于对字符进行逐个处理，也便于字符输出，但花费时间转换，而且占用存储空间较多。

另一种是二进制文件。在二进制文件中将数据按其在内存中的存储形式原样输出到磁盘上存放。数据以二进制形式存储，可节省外存空间和转换时间，但字节与字符不能一一对应，也不能直接以字符形式输出。如C语言中的目标文件和可执行文件均为二进制文件。

图10-1中整数238分别以ASCII码形式和二进制形式存储，以ASCII码形式存储，

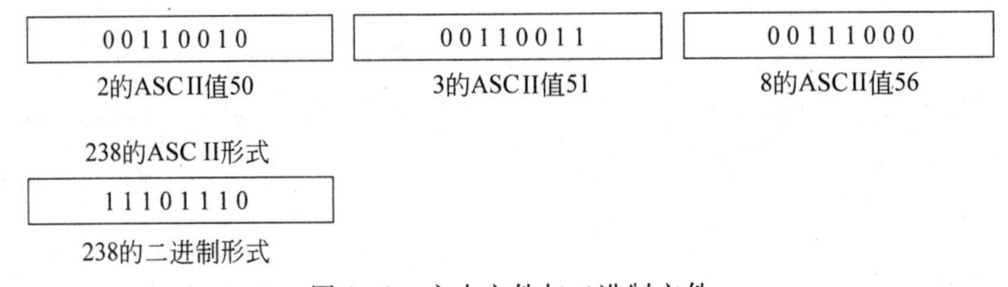

图10-1　文本文件与二进制文件

整数 238 需要 3 个字节，而以二进制形式存储，整数 238 仅需要一个字节。

C 语言把文件中的数据一律都看成是“字节流”，以字节为单位进行操作处理，该字节可能是一个字符，也可能是一个二进制代码。因此 C 语言中的文件又称为流式文件。

C 的文件系统可以分为缓冲文件系统和非缓冲文件系统。

对于缓冲文件系统，在进行文件读写时，系统自动地在内存区为每个正在使用的文件开辟一个缓冲区。如图 10-2 所示，当进行读文件操作时，从磁盘文件中先将一批数据读入内存“缓冲区”，再从内存“缓冲区”逐个地将数据传给接收数据的程序变量；进行写文件操作时，先将数据写入内存“缓冲区”，等“缓冲区”装满后再将数据一起写入磁盘文件。

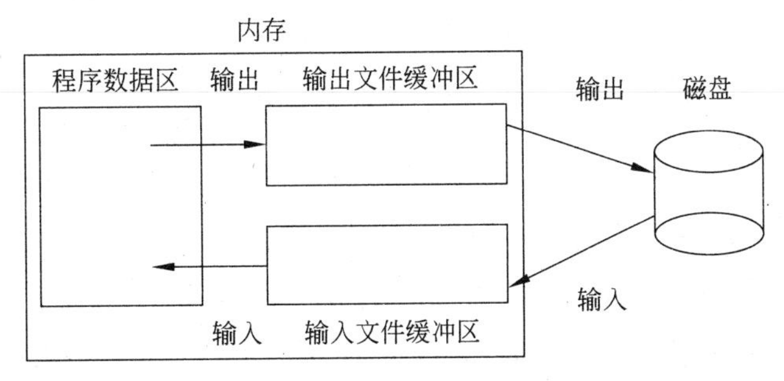

图 10-2　文件缓冲系统

缓冲文件系统中，由程序为每个文件设定缓冲区，而系统并不自动开辟确定大小的缓冲区。ANSI C 标准不再采用非缓冲文件系统。

本章仅介绍缓冲文件系统的操作及其函数。

10.1.2　文件类型指针

文件指针是缓冲文件系统的重要概念。C 语言在内存中为每个被使用的文件开辟一个区域，并使用一个结构体变量存放文件的有关信息。一般有几个文件就至少有几个文件指针。所使用的结构体被系统定义为 FILE，并在 stdio.h 中进行声明。以下列出了结构体 FILE 在 stdio.h 中的声明。

```
typedef struct
{short          level;                /* 文件缓冲区占用程度 */
 unsigned       flags;                /* 文件状态标志 */
 char           fd;                   /* 文件描述符 */
 unsigned char  hold;                 /* 如无缓冲区不读取字符 */
 short          bsize;                /* 缓冲区大小 */
 unsigned char  * buffer;             /* 数据缓冲区的位置 */
 unsigned char  * curp;               /* 当前活动指针 */
 unsigned       istemp;               /* 临时文件位置指针 */
 short          token;                /* 用于检查文件有效性 */
}FILE;
```

定义了结构体 FILE 类型之后，就可以使用它来定义 FILE 类型的变量。

```
FILE * fp;
```

以上定义了一个文件类型指针变量 fp,其中,可以使 fp 指向某个文件的结构体变量,从而通过该结构体变量中的文件信息能够访问该文件。

10.2 文件的打开与关闭

对文件进行操作之前,必须先打开该文件,建立程序与文件的联系。结束了文件操作后,应立即关闭文件,以免文件中的数据丢失。

C 语言规定了标准输入输出函数库,用 fopen()函数打开一个文件,用 fclose()函数关闭一个文件。

10.2.1 打开文件

使用 fopen 函数来打开文件,调用方式如下:

```
FILE * fp;
fp=fopen(文件名,文件的使用方式);
```

例如:

```
fp=fopen("grade.txt","rb");
```

该语句表示将文件 grade.txt 以"rb"方式,即只读方式打开一个二进制文件。fopen 函数在执行时带回一个 FILE 类型的指针,赋给一个文件指针变量 fp,使 fp 与被打开的文件联系起来,其后对文件 grade.txt 的读写操作就可以通过 fp 来进行。

文件的使用方式,指对打开文件的访问形式,取值及含义如表 10-1 所示。

表 10-1 文件使用方式符号及意义

文件使用方式	处理方式
"r"	按只读方式打开一个文本文件
"w"	按只写方式打开一个文本文件
"a"	按添加方式打开一个文本文件,在文件末尾写数据
"rb"	按只读方式打开一个二进制文件
"wb"	按只写方式打开一个二进制文件
"ab"	按添加方式打开一个二进制文件,在文件末尾写数据
"r+"	按读写方式打开一个文本文件
"w+"	按读写方式建立一个新的文本文件
"a+"	按读写方式打开一个文本文件
"rb+"	按读写方式打开一个二进制文件
"wb+"	按读写方式建立一个新的二进制文件
"ab+"	按读写方式打开一个二进制文件

【说明】

(1) 表 10-1 中的“r”、“w”、“a”是三种基本的操作方式,分别表示读、写和添加。

(2) “+”表示既可读数据,又可写数据。“r+”与“a+”的区别在于使用前者打开文件时,读写位置指针指向文件头;使用后者时,读写指针指向文件尾。

(3) 在基本操作方式的符号后添加“b” 表示指定二进制文件,默认时表示指定文本文件。

(4) 若不能实现打开任务,fopen 函数将带回一个空指针值 NULL(值为 0)。

常用打开文件的方法为:

```
if((fp=fopen("ave.txt","r"))==NULL)          /*检查能否打开 ave.txt 文件*/
  {  printf("cannot open this file\n");
     exit(0);
  }
```

先检查打开一个只读文件是否存在,如果不存在则输出提示信息。其中 exit 函数的作用是结束执行程序,返回到操作系统状态下。

10.2.2 关闭文件

关闭文件 fclose()函数调用的一般形式是:

```
fclose(文件指针);
```

当文件操作完成后,应及时关闭它。对于缓冲文件系统,文件的操作是通过缓冲区的。对打开的文件进行写入时,若文件缓冲区的空间未被写入的内容填满,这些内容不会写到打开的文件中去,如果此时程序结束则数据丢失。只有对打开的文件进行关闭操作时,停留在文件缓冲区的内容才能写到该文件中去,从而使文件完整。再者一旦关闭了文件,该文件对应的 FILE 结构将被释放,也意味着该文件的缓冲区被释放,保护了已关闭的文件。

它表示该函数将关闭 FILE 指针对应的文件,并返回一个整数值。若成功地关闭了文件,则返回一个 0 值,否则返回一个非 0 值。

例如:

```
fclose(fp);
```

前面用 fopen 函数打开文件时带回的指针赋给 fp,现在关闭该文件。

10.3 文件的读写

打开文件后,即可对文件进行读写操作。对于文本文件,可以按字符或字符串进行读写操作;对于二进制文件,可以成块地进行读写操作。

10.3.1 字符的输入输出

C语言提供了fgetc和fputc函数用于对文件进行单字符的读写操作。

1. 字符输出函数fputc

一般调用形式为：

```
fputc(ch,fp);
```

函数的功能是向一个已将打开方式指定为写或读写的指定文件中写入一个字符。其中ch是要写入的字符常量或字符变量。fp是文件指针变量。fputc(ch, fp)函数完成将字符ch的值写入fp所指向的文件上，并将文件位置指示器后移一位。若成功写入，fputc()函数返回所写入字符的值，否则返回EOF，EOF的值为－1。

2. 字符输入函数fgetc

一般调用形式为：

```
ch=fgetc(fp);
```

函数的功能是从一个已将打开方式指定为读或读写的指定文件中读取一个字符。其中ch为字符变量，fp为文件指针变量。fgetc(fp)函数完成从fp指向的文件中读取一个字符带回赋给ch，并将文件位置指针移到下一个位置。如果读到文件末尾或读取出错时，函数返回EOF。

如果已经完成了读写操作，则应该及时地关闭文件，以释放文件指针。如果没有及时释放文件指针，则此文件的其他文件指针无法对此文件进行读写操作。

3. 举例

【例10-1】 从键盘上输入一串小写字符，建立一个文本文件file.txt。再重新读出，并转换为相应的大写字符输出到显示器上。

```
#include<stdio.h>
#include<stdlib.h>
void main()
{ FILE * fp;
  char ch;
  if((fp=fopen("file.txt","w"))==NULL)
  {printf("Cannot open the file!");
   exit(0);
  }
  do
    {ch=getchar();
     fputc(ch,fp);
```

```
    }while(ch!='\n');
  fclose(fp);

  if((fp=fopen("file.txt","r"))==NULL)
  {printf("Cannot open the file!");
   exit(0);
  }
  while(!feof(fp))                        /*判断文件指针是否到达文件结尾*/
  { ch=fgetc(fp);                         /*从输入文件中读取一个字符*/
    ch=ch-32;                             /*将字符转换为大写字符*/
    printf("%c",ch);                      /*将字符输出到显示器上*/
  }
  fclose(fp);
}
```

程序运行的结果为：

```
succeed↙       (从键盘输入)
SUCCEED        (显示器输出)
```

exit 的作用使程序终止，它是标准 C 的库函数，使用此函数应当加入头文件 stdlib.h。

本程序中使用了 feof()函数用来判断文件指针是否到达文件结尾。该函数的调用形式为：

```
feof(fp);
```

其中 fp 为文件指针变量。feof(fp)函数判断是否到达 fp 指向的文件结尾，如果到达文件结尾，返回 1，否则返回 0。

10.3.2 字符串的输入输出

可以使用 fgetc()和 fputc()配合循环语句进行多个字符的读写操作。为了简化这一操作，C 语言提供了 fgets()和 fputs()用来完成多个字符的读写操作。

1. fgets()函数

一般调用形式为：

```
fgets(str,num,fp);
```

函数的功能是从一个已将打开方式指定为读或读写的指定文件中读取多个字符。其中 str 为字符指针形式，它可以是字符数组名或指向字符数组的指针变量，用来存储从磁盘文件中读取的字符串；num 为控制读取字符个数的整型变量；fp 为文件指针变量。fgets(str, num, fp)函数完成从文件指针 fp 指向的文件中读取 num－1 个字符，在最后加一个'\0'字符，并将此字符串保存到 str 指向的字符数组中。字符串的自然结束符为

“换行符”或“文件结束符”。若成功读取则返回字符串 str，如果发生错误则返回空指针。

2. fputs()函数

一般调用形式为：

```
fputs(str,fp);
```

函数的功能是向一个已将打开方式指定为写或读写的指定文件中写入多个字符。其中 str 为字符串形式，可以是字符串常量，也可以是字符数组名或指向字符数组的指针变量，用来存储向磁盘文件中写入的字符串；fp 为文件指针变量。fputs(str, fp)函数完成向文件指针 fp 指向的文件中写入字符串 str。操作成功时，函数返回 0 值，失败返回 EOF。

10.3.3 文件的格式化输入输出

与 scanf()和 printf()函数可以从键盘格式化输入及在终端上进行格式化输出相类似，C 语言中也提供了用来完成文本文件的格式化输入输出操作的函数。

一般调用形式为：

```
fprintf(文件指针,格式字符串,输出表列);
fscanf(文件指针,格式字符串,输入表列);
```

fprintf()和 fscanf()函数的使用方式与 printf()和 scanf()函数基本一致，只是读写对象由终端变为磁盘文件。例如：

```
fscanf(fp,"%f,%d",&x,&a);
fprintf(fp,"%7.4f,%d",x,a);
```

fscanf()语句从磁盘文件 fp 中的当前位置提取格式为“4.26,8”的字符串，分别赋给浮点型变量 x 和整型变量 a。而 fprintf()语句将整型变量 i 和浮点型变量 f 中的内容格式化为如“4.260,8”的字符串，并将此字符串写入到 fp 指向的磁盘文件中。

10.3.4 文件的数据块输入输出

数据块读写可以对复杂的数据类型以整体形式向文件写入或从文件读出。C 语言提供的块读写文件函数 fread()和 fwrite()可以对数组或结构体等类型的数据进行一次性读写。

一般调用形式为：

```
fread(buffer,size,count,fp);
fwrite(buffer,size,count,fp);
```

其中，使用 fread()函数时 buffer 为读取数据的存放地址；使用 fwrite()函数时 buffer 为要写入数据的地址。size 为读取或写入的字节数。count 为需要读取或写入 size 大小字节数据项的个数。fp为文件指针。

fread()函数从fp所指向的文件中读取count个数据项，每个数据项为size个字节，将这些数据项存放在缓冲数组buffer中，并将文件的读写位置指针向后移动size * count个字节。如果读取操作成功，fread()函数返回实际读取的数据项个数。如果出现错误或文件结束，fread()函数返回EOF。

fwrite()函数从缓冲数组buffer中将count个数据项写入到fp所指向的磁盘文件中，每个数据项为size个字节，并将文件的读写位置指针向后移动size * count个字节。如果写入操作成功，fwrite()函数返回实际写入的数据项个数。

【例10-2】 从键盘输入4个学生3门课成绩，写入一个文件中，再读取这4个学生3门课成绩并显示在屏幕上。

```
#include<stdio.h>
#include<stdlib.h>
struct stud{
 char name[12];
 int num;
 int score[2];
 };

 void main()
 { FILE * fp, * fpn;
  struct stud student[4];                    /* 存放职员信息数组和指针变量 */
  int i;
  if((fp=fopen("file.txt","wb"))==NULL)
    {printf("无法打开文件!\n");
     exit(0);
    }
  printf("请输入数据: \n");
  for(i=0;i<4;i++)                           /* 将输入信息存入数组中 */
    { scanf("%s%d%d%d",student[i].name,& student [i].num,& student[i].score[0],
      & student [i].score[0]);
    }
  fwrite(student,sizeof(struct stud),4,fp);  /* 将数组中的信息写入文件中 */
  fclose(fp);
  if((fpn=fopen("file.txt","rb"))==NULL)     /* 重新打开文件 */
    { printf("无法打开文件!\n");
      exit(0);
    }
  fread(student,sizeof(struct stud),4,fpn);  /* 将文件中的信息读取到数组中 */
  printf("\nname\tnumber\tscore1\tscore2\n"); /* 输出信息 */
  for(i=0;i<4;i++)
    {printf("%s\t%5d\t%d\t%d\n",student[i].name,student[i].num,student[i].
```

```
        score[0],student[i].score[1]);
    }
  fclose(fpn);
}
```

此例将终端输入的学生成绩存入缓冲数组 student 中，利用 fwrite 函数将缓冲数组 student 中的信息写入到已打开的文件中，关闭文件。然后再次打开文件，使 fpn 指向此文件，利用 fread 函数重新读取文件信息并存储到缓冲数组 student 中，最后显示到终端上。

程序运行的结果为：

```
请输入数据:
liling 2012 78 88(回车)
wanggang 2013 77 68(回车)
zhanglin 2014 86 76(回车)
zhaoqi 2015 74 67(回车)
name      number  score1  score2
liling     2012     78      88
wanggang   2013     77      68
zhanglin   2014     86      76
zhaoqi     2015     74      67
```

10.4 文件的其他常用函数

10.4.1 文件的定位

顺序读写指读写文件只能从文件头开始，顺序读写各个数据。实际问题中常要求只读写文件中某一指定的部分。为了解决这个问题将文件内部的位置指针移动到需要读写的位置，再进行读写，这种读写方式称为随机读写。

实现随机读写的关键是要按要求移动位置指针，移动文件内部位置指针的函数主要有两个，rewind()函数和 fseek()函数。

1. rewind()函数

调用形式为：

```
rewind(文件指针);
```

函数的作用是使文件位置指针重新返回到文件的开始处，该函数无返回值。

【例 10-3】 先将文件中的字符内容输出，再将文件中的内容转换为大写字符输出。

```
#include<stdio.h>
#include<stdlib.h>
```

```
void main()
{  FILE * fp1, * fp2;
   char ch;
   fp1=fopen("text1.txt","r");
   if(fp==NULL)
   {  printf("无法打开文件!\n");
      exit(0);
   }
   fp2=fopen("text2.txt","w");
   if(fp==NULL)
   {  printf("无法打开文件!\n");
      exit(0);
   }

   while(!feof(fp1))                                  /* 输出文件原内容 */
   {  ch=getc(fp1);
      printf("%c",ch);
   }
   printf("\n");
   rewind(fp1);                                       /* 位置指针重新移动到文件头 */
   while(!feof(fp1))
   {  ch=getc(fp1);
      fputc(ch,fp2);
   }
   printf("\n");
   fclose(fp1);
   fclose(fp1);
}
```

text1.txt 文件中存储着一些字符例如 how are you!，上面的程序首先读取 text1.txt 文件中的内容并输出到显示器上，此时文件位置指针已经指向文件尾，通过 rewind()函数将文件位置指针移动到文件头，再次读取 text1.txt 文件中的内容，并将每个字符输出到文件 text2.txt 中。

2. fseek()函数

一般调用形式为：

```
fseek(fp,offset,origin);
```

函数可以准确定位文件位置指针以实现对文件的随机读写。其中 fp 为文件类型指针，offset 为需要移动的偏移量，origin 为移动位置指针的起始位置。fseek(fp, offset, origin)函数完成 fp 所指文件的位置指针移动到 origin+offset 位置。

C 语言定义了表示起始位置的宏，如表 10-2 所示。

表 10-2　起始位置的宏

起始点	宏的名字	数字代表	起始点	宏的名字	数字代表
文件开始	SEEK_SET	0	文件末尾	SEEK_END	2
文件当前位置	SEEK_CUR	1			

fseek()函数可以随机地移动文件位置指针，这意味着我们可以向前或向后移动文件位置指针。如：

```
fseek(fp,40L,0);         /*将位置指针移动到距文件头 40 个字节的位置*/
fseek(fp,40L,1);         /*将位置指针移动到距当前位置 40 个字节的位置*/
fseek(fp,-40L,2);        /*将位置指针从文件末尾向文件头方向移动 40 个字节的位置*/
```

【例 10-4】 文件中有 5 个职工信息，要求将职工信息按正序和倒序方式输出到显示器上。

```
#include<stdio.h>
#include<stdlib.h>
struct empl{
  char name[10];
  int num;
  int age;
};

void main()
{FILE* fp;
 struct empl employee;
 int i;
if((fp=fopen("file.txt","rb"))==NULL)
  {  printf("无法打开文件!");
     exit(0);
  }
for(i=0;i<5;i++)                        /*正序输出文件信息*/
  {  fread(&employee,sizeof(strut empl),1,fp);
     printf("%s\t%d\t%d\n",employee.name,employee.num,employee.age);
}
printf("\n");
for(i=1;i<=5;i++)
  {  fseek(fp,-i*(sizeof(struct empl)),2);
     /*每次将文件指针 fp 从文件末尾处向文件头部移动 1*14 个字节*/
     fread(&employee,sizeof(struct empl),1,fp);
     printf("%s\t%d\t%d\n",employee.name,employee.num,employee.age);
  }
fclose(fp);
}
```

上面的程序首先将文本文件中的职工信息顺序地输出到显示器上，然后利用 fseek()

函数将职工信息倒序地输出到显示器上。

程序运行的结果为：

```
linming     1401  22
zhanghan    1402  31
xilin       1403  28
zhaohai     1404  44
liuqiang    1405  30

liuqiang    1405  30
zhaohai     1404  44
xinlin      1403  28
zhanghan    1402  31
linming     1401  22
```

3. ftell()函数

ftell()函数的作用是获取当前文件指针的位置，用相对于文件开头的位移量表示。该函数的一般调用形式为：

```
ftell(文件指针);
```

若返回－1L，表示函数调用出错。

10.4.2 出错检测

1. ferror()函数

ferror()函数用于检查调用输入输出函数时是否出错。如果返回值为非0代表出错，返回值为0则未出错。该函数的一般调用形式为：

```
ferror(文件指针);
```

2. clearerr()函数

clearerr()函数用于清除文件错误标志和文件结束标志，将它们置为0。该函数的一般调用形式为：

```
clearer(文件指针);
```

10.5 位运算与位运算符

C语言提供了按位运算功能，具备了低级语言的特点，这是C语言与其他高级语言的一个不同之处。位运算是指对字节或字内的二进制数位进行测试、设置或移位等操作。

C 语言提供了 6 种位运算符如表 10-3 所示。

表 10-3　C 语言的 6 种位运算符

运算符	功　能	类型	结合性	运算符	功　能	类型	结合性
~	按位取反	单目	从右至左	&	按位与	双目	从左至右
<<	左移	双目	从左至右	^	按位异或	双目	从左至右
>>	右移	双目	从左至右	|	按位或	双目	从左至右

【说明】

(1) 只有按位取反运算为单目运算符，即只有一个操作数，而其他均为双目运算符，即运算符两侧各有一个操作数。

(2) 操作对象只能是整型和字符型，不能为实型数据。

10.5.1　按位与运算符(&)

按位与运算符“&”的功能是参加运算的两个操作数按其对应的二进位进行“与”运算。只要两数中的任意一位为 0，运算结果的对应位就为 0；只有对应的两个二进位均为 1 时，结果才能为 1。即：

0&0=0，　0&1=0，　1&0=0，　1&1=1

例如 23&6，先将 23 和 6 以二进制形式表示，再进行按位与运算，过程如下：

```
    0 0 0 1 0 1 1 1   23(10)
&   0 0 0 0 0 1 1 0    6(10)
-------------------------------
    0 0 0 0 0 1 1 0    6(10)
```

主要用途：

(1) 清零：如果要将操作数中的某位或某几位清零，只要将其与另一相应位为零的操作数进行按位与操作即可。例如：

```
    0 0 0 1 0 1 1 1   23(10)
&   0 0 0 0 1 1 1 1
-------------------------------
    0 0 0 0 0 1 1 1
```

将 23 的二进制数的高四位清零。

(2) 取一个数中某些指定位。例如：

```
    0 0 0 1 0 1 1 1   23(10)
&   0 0 0 1 1 1 0 0
-------------------------------
    0 0 0 1 0 1 0 0
```

该运算将 23 的二进制数从左数的第 4、5、6 位保留。

10.5.2　按位或运算符(|)

按位或运算符的功能是参加运算的两个操作数按其对应的二进位进行“或”运算。只有对应的两个二进位均为 0 时结果为 0，其中有一个为 1 时结果为 1。即：

$$0|0=0,\quad 0|1=1,\quad 1|0=1,\quad 1|1=1$$

例如 23|6 的运算过程表示如下：

```
   00010111   23(10)
|  00000110    6(10)
-------------------
   00010111   23(10)
```

主要用途：将一个数中某些位置 1,其余位不变。如将 78 的二进制数的低四位置 1,只需与 00001111 进行按位或运算即可。运算过程如下：

```
   01001110   78(10)
|  00001111   15(10)
-------------------
   01001111   79(10)
```

10.5.3 按位取反运算符(～)

按位取反运算符"～"是单目运算符,其功能是使操作数的各位都取反,原值为 1 变为 0,原值为 0 变为 1。例如～22 计算过程如下：

```
～  00010111   23(10)
--------------------
    11101000
```

程序如下：

```
#include<stdio.h>
void main()
{ unsigned char a,b;
  a=23;
  printf("%d,%x\n",a,a);
  b=~a;
  printf("%d,%x\n",b,b);
}
```

程序运行的结果为：

```
23,17
232,e8
```

按位取反运算符的优先级比其他位运算符都高,例如～x^y 算式中应先计算～x,再进行异或运算。

10.5.4 按位异或运算符(^)

按位异或运算符"^"的功能是参加运算的两个操作数按其对应的二进位进行"异或"运算。其规则为两个对应位相异为 1,相同则为 0。即：

$$0\wedge 0=0,\quad 0\wedge 1=1,\quad 1\wedge 0=1,\quad 1\wedge 1=0$$

例如 23^6 的运算过程为

```
  0 0 0 1 0 1 1 1   23(10)
^ 0 0 0 0 0 1 1 0    6(10)
-------------------------
  0 0 0 1 0 0 0 1   17(10)
```

主要用途：

(1) 位翻转，即原来为 0 变为 1，原来为 1 变为 0，而其余位不变。如为了使 00010110 的末两位取反，可使其与 00000011 进行异或运算。计算过程如下：

```
  0 0 0 1 0 1 1 1   23(10)
^ 0 0 0 0 0 0 1 1
-------------------------
  0 0 0 1 0 1 0 0
```

其结果只有末两位取反，其余位不变。

(2) 清零：一个数与自身进行异或运算结果为 0。

```
  0 0 1 0 0 1 1 1   23(10)
^ 0 0 1 0 0 1 1 1
-------------------------
  0 0 0 0 0 0 0 0
```

(3) 一个值与另一值连续进行两次异或运算结果还是原值。即 a^b^b 结果为 a。运算过程如下：

```
  0 0 0 1 0 1 1 1   23(10)
^ 0 0 0 0 0 1 1 0    6(10)
-------------------------
  0 0 0 1 0 0 0 1   17(10)
^ 0 0 0 0 0 1 1 0    6(10)
-------------------------
  0 0 0 1 0 1 1 1   23(10)
```

10.5.5 左移运算符(<<)

左移运算符“<<”是双目运算符，其功能是把“<<”左边操作数的各二进制位顺序向左移动，移动的位数由右边的操作数指定，右端空出的位补 0，移出左端之外的位被舍弃。

例如：x<<4

把 x 的各二进位向左移动 4 位，右补 0。若 x=1，即二进制的 00000001，左移 4 位后为二进制的 00010000，即十进制的 16。

左移一位，相当于操作数乘以 2，左移 n 位就相当于将其乘上 2^n。本例中左移 4 位相当于乘以 16。此规律仅适用于左移时溢出舍弃的位中不包括 1 的情况。

【例 10-5】 左移运算符<<的应用。

```
#include<stdio.h>
void main()
{  int a;
   scanf("%d",&a);
   printf("%d,%d,%d,%d\n",a,a<<1,a<<2,a<<3);
}
```

如果输入为 1，则输出的结果为：

```
1,2,4,8
```

例 10-5 中,1 左移 1 位时相当于乘以 2,左移 2 位时相当于乘以 $2^2=4$,左移 3 位时相当于乘以 $2^3=8$。

10.5.6 右移运算符(>>)

右移运算符“>>”是双目运算符,其功能是把“>>”左边操作数的各二进制位顺序向右移动,移动的位数由右边的操作数指定。

例如:x>>3

把 x 的各二进位向右移动 3 位,左补 0。若 x=16,即二进制的 00010000,右移 3 位后为二进制的 00000010,即十进制的 2。

需要说明的是,移出右端之外的位被舍弃,而左边的空位补 0 还是补 1 取决于被移位的运算对象。对一个无符号的数或一个正数右移时,高位会自动补 0;而对一个负数进行右移时,高位补 0 还是补 1 取决于编译系统的规定,有的系统补 0,有的补 1,补 0 的称为“逻辑右移”,补 1 的称为“算术右移”。

【例 10-6】 右移运算符>>的应用。

```
#include<stdio.h>
void main()
{  int a;
   scanf("%d",&a);
   printf("%d,%d,%d,%d\n",a,a>>1,a>>2,a>>3);
}
```

如果输入为 40,则输出的结果为:

```
40,20,10,5
```

例 10-6 中,40 右移 1 位时相当于除以 2,右移 2 位时相当于除以 $2^2=4$,右移 3 位时相当于除以 $2^3=8$。

10.5.7 位运算赋值运算符

位运算符可以与赋值运算符一起组成复合赋值运算符。如表 10-4 所示。

表 10-4 位运算符与赋值运算符组成复合赋值运算符

运算符	举 例	等价于	运算符	举 例	等价于
&=	x&=y	x=x&y	<<=	x<<=y	x=x<<y
|=	x|=y	x=x|y	>>=	x>>=y	x=x>>y
^=	x^=y	x=x^y			

例如,x>>=4 相当于 x=x>>4。

10.5.8 位运算举例

【例 10-7】 输入一个正整数 x,将其转换为二进制形式输出。

转化步骤如下:

(1) 置一个屏蔽字,其中只有最高位是 1,其余各位均为 0,其二进制形式为 1000 0000 0000 0000。实现方式为将 1 左移 15 位,即 1<<15。

(2) 取出被转换数的最高位的值,方法为将屏蔽字和被转换数进行'与'运算,如果运算结果为非零值则输出字符 1,为 0 则输出字符 0。

(3) 将被转换数左移一位,再执行步骤(2)的过程,取出次高位的值。其余二进位的测试方法相同。

```
#include<stdio.h>
void main()
{  int x,mask,i;
   char c;
   printf("请输入一个整数: ");
   scanf("%d",&x);
   mask=1<<15;                    /*构造一个最高位为 1、其余各位为 0 的整数*/
   printf("%d=",x);
   for(i=1;i<=16;i++)
   {  c=x&mask?'1':'0';           /*最高位为 1 则输出 1,否则输出 0*/
      putchar(c);                 /*输出至显示器*/
      x=x<<1;                     /*将次高位移到最高位上*/
      if(i%4==0) putchar('');     /*四位一组用空格分开*/
   }
   printf("B");
}
```

程序运行的结果为:

```
请输入一个整数: 283(回车)
283=0000 0001 0001 1011B
```

【例 10-8】 将一个四位的八进制数进行循环右移。例如对于八进制数 1357 循环右移一位其值为 7135,两位则为 5713。假设用两个字节存放一个整数。

由于八进制数的一位对应二进制数的 3 位,因此它的右移一位相当于将二进制数右移 3 位。例如八进制数 1357 循环右移一位步骤如下:

(1) 将八进制数 1357 的二进制形式 001 011 101 111 右移 1×3 位,左侧高位补 0,结果为 000 001 011 101。

(2) 将原值左移 12-1×3,右侧低位补 0,左侧移出部分与 0xfff 相与置为 0,结果为 011 101 111 000。

(3) 将以上两个结果进行按位或操作,结果为 111 001 011 101 对应的八进制数为 7135。

循环右移程序如下：

```
#include<stdio.h>
void main()
{  unsigned short x,y,z;
   int i;
   scanf("x=%o,i=%d",&x,&i);
   y=x>>(i*3);                          /*x右移i*3位,左侧低位补0*/
   z=x<<(12-i*3);                       /*x左移12-i*3,右侧低位补0*/
   z=z&0xfff;                           /*将左侧高位移出,部分置0*/
   z=z|y;
   printf("x=%o\nresult=%o",x,z);}
```

执行结果如下：

```
x=1357,i=1(回车)
x=1357
result=7135
```

习　题　10

10.1　叙述文本文件和二进制文件各自的特点。

10.2　文件指针有何作用?

10.3　从键盘输入 5 个学生的信息,包括学生姓名、学号、年龄和家庭地址,把它们转存到磁盘文件中。

10.4　输入 8 种商品的数据,包括名称、价格、数量,存入文件 std.txt 中。

10.5　打开 10.4 题中的文件 std.txt,添加两种商品的数据,再将第 1,3,5,7,9 种商品的数据输出到显示器上。

10.6　编写程序实现从键盘输入一个正整数,判断此数是奇数还是偶数。

10.7　从键盘上输入 1 个正整数给整型变量,输出从左端开始的 8～14 位构成的数(左端从 0 号开始编号),试编程实现。

10.8　编写程序实现将一个十六进制数 i 的二进制位进行循环左移的运算。

第11章

课程设计案例

1. 课程设计案例一：学生成绩管理系统

课程设计案例一主要演示结构体数组和函数的配合使用。程序总体可以分成6个功能模块：输入数据、输出数据、插入数据、删除数据、查找数据、排序数据。把它规划成6个函数。设计存储学生成绩的数据结构，学生成绩信息用结构体数组来存储。数据组织体现在两个全局变量：一个是存储成绩的结构体数组，另一个是当前记录总数。

函数加工的数据来源于全局的结构体数组变量。函数原型为：

1）输入数据

```
void sys_input(STU * sys_data,int * length)
```

参数 sys_data 接收存储全局学生成绩数据的结构体数组首地址，为地址传递方式；参数 length 保存当前数组元素个数也就是学生的总数，用指针从函数返回给主调函数，以便获得数组元素的总数。

2）输出数据

```
void sys_output(STU * sys_data,int length)
```

参数 sys_data 接收存储学生成绩的结构体数组首地址，也可以改为 STU sys_data[] 的形式；参数 length 为当前学生成绩的总数。

3）插入数据

```
void sys_insert(STU * sys_data,int * length)
```

参数 sys_data 接收存储学生成绩的结构体数组首地址；参数 length 保存当前数组元素个数，用指针从函数返回给主调函数，插入数据可以将新数据插入到指定学号的学生后面，采用数组插入数据的方法。

4）删除数据

```
void sys_delete(STU * sys_data,int * length)
```

参数 sys_data 接收存储学生成绩的结构体数组首地址；参数 length 保存当前数组元素总数，用指针从函数返回给主调函数，首先按照学号查找到学生成绩记录，如果找到，删除记录，记录总数减1，用 length 返回给主调函数。

5）查找数据

```
void sys_find(STU * sys_data,int length)
```

参数 sys_data 接收存储学生成绩的结构体数组首地址；参数 length 为当前学生成绩的总数。系统按照学号查找，找到后显示这条记录。

6）数据排序

```
void sys_sort(STU * sys_data,int length)
```

参数 sys_data 接收存储学生成绩的结构体数组首地址；参数 length 为当前学生成绩的总数。系统以学号为关键字采用选择法升序排序。

```
#include <stdio.h>
#include <string.h>
#define N 100
typedef struct student
{
int number;
char name[25];
char telephone[14];
char sex[3];
char age[3];
int math;
int english;
int c_program;
int autmation;
int sys_mark_average;
int sys_mark_total;
}STU;

/* 函数 sys_input */
void sys_input(STU * sys_data,int * length)
{
int number;
char ch[25];
int mark;
putchar('\n');
printf("%s\n","输入信息,退出请按-1 回车");

putchar('\n');
putchar('\n');
printf("输入学号:\n");
scanf("%d",&number);
while(number!=-1)
  {
```

```
sys_data[*length].number=number;
printf("输入姓名:\n");
    scanf("%14s",sys_data[*length].name);
      printf("输入电话:\n");
    scanf("%14s",sys_data[*length].telephone);
      printf("输入性别:\n");
    scanf("%3s",sys_data[*length].sex);
      printf("输入年龄\n");
    scanf("%3s",sys_data[*length].age);
  printf("输入高数成绩:\n");
  scanf("%14d",&sys_data[*length].math);
  printf("输入英语成绩:\n");
  scanf("%14d",&sys_data[*length].english);
  printf("输入控制理论成绩:\n");
  scanf("%14d",&sys_data[*length]. autmation);
  printf("输入 C 语言成绩:\n");
  scanf("%14d",&sys_data[*length].c_program);
(*length)++;
printf("输入学号:\n");
scanf("%d",&number);
  }
}

/*函数 sys_output*/
void sys_output(STU *sys_data,int length)
{
int i;
printf(" 学号  姓名  电话  性别  年龄  高数  英文  控制理论  C语言  平均分  总分");
putchar('\n');
for(i=0;i<80;i++)
putchar('=');
putchar('\n');
for(i=0;i<length;i++)
{
sys_data[i].sys_mark_total=sys_data[i].math+sys_data[i].english+sys_data[i].
autmation+sys_data[i].c_program;
sys_data[i].sys_mark_average=sys_data[i].sys_mark_total/4;
printf("%4d",sys_data[i].number);
printf("%6s",sys_data[i].name);
printf("%10s",sys_data[i].telephone);
printf("%5s",sys_data[i].sex);
printf("%6s",sys_data[i].age);
printf("%8d",sys_data[i].math);
printf("%7d",sys_data[i].english);
```

```
printf("%9d",sys_data[i].autmation);
printf("%9d",sys_data[i].c_program);
printf("%8d",sys_data[i].sys_mark_average);
printf("%8d",sys_data[i].sys_mark_total);
putchar('\n');
}
putchar('\n');
putchar('\n');
printf("按回车键继续.\n\n");
getchar();
}

/*排序*/
void sys_sort(STU *sys_data,int length)
{
int i,j,min;
STU temp;
for(i=0;i<length-1;i++)
{min=i;
for(j=i+1;j<length;j++)
if(sys_data[min].number>sys_data[j].number)min=j;
{
temp=sys_data[i];
sys_data[i]=sys_data[min];
sys_data[min]=temp;
}
}
sys_output(sys_data,length);
}

/*查找*/
void sys_find(STU *sys_data,int length)
{
int sys_find_number,result;
int i;
lab:result=0;
printf("%s\n","输入要查找的学号.退出按-1回车.\n输入学生的学号");
scanf("%d",& sys_find_number);
if(sys_find_number==-1)return;
while(sys_data[result].number!=sys_find_number && result<length)result++;
if(result>=length)
{
printf("%s\n","这是你要的信息.");
goto lab;
```

```
}
else
{
printf("%s\n","以下是你要的信息." );
for(i=0;i<80;i++)
{
putchar('=');
}
sys_data[result].sys_mark_total=sys_data[result].math+sys_data[result].
english+sys_data[result].autmation+sys_data[result].c_program;
sys_data[result].sys_mark_average=sys_data[result].sys_mark_total/4;
putchar('\n');
printf("学号  姓名  电话  性别  年龄  高数  英文  控制理论  C语言  平均分  总分");
printf("%4d",sys_data[result].number);
printf("%6s",sys_data[result].name);
printf("%10s",sys_data[result].telephone);
printf("%5s",sys_data[result].sex);
printf("%6s",sys_data[result].age);
printf("%8d",sys_data[result].math);
printf("%7d",sys_data[result].english);
printf("%9d",sys_data[result].autmation);
printf("%9d",sys_data[result].c_program);
printf("%8d",sys_data[result].sys_mark_average);
printf("%8d",sys_data[result].sys_mark_total);
putchar('\n');
putchar('\n');
for(i=0;i<80;i++)
putchar('=');
putchar('\n');
goto lab;
}
}

/*插入*/
void sys_insert(STU *sys_data,int *length)
{
int number,pos,math,english,autmation,c_program,sys_mark_average,
sys_mark_total,a;
char name[25],telephone[14],sex[3],age[3];
lab:printf("%s\n","输入新的信息.退出按-1 回车");
printf("输入学号\n");
scanf("%d",&number);
if(number==-1)return;
sys_data[*length].number=number;
```

```
printf("输入姓名:\n");
scanf("%14s",name);
printf("输入电话:\n");
scanf("%14s",telephone);
printf("输入性别:\n");
scanf("%3s",sex);
printf("输入年龄\n");
scanf("%3s",age);
printf("输入高数成绩:\n");
scanf("%14d",&math);
printf("输入英语成绩:\n");
scanf("%14d",&english);
printf("输入控制理论成绩:\n");
scanf("%14d",&autmation);
printf("输入C语言成绩:\n");
scanf("%14d",&c_program);
sys_mark_total=math+english+autmation+c_program;
sys_mark_average=sys_mark_total/4;
pos=0;
while((sys_data[pos].sys_mark_average<sys_mark_average)&&(pos<*length))
pos++;
for(a=*length-1;a>=pos;a--)
sys_data[a+1]=sys_data[a];
sys_data[pos].number=number;
strcpy(sys_data[pos].name,name);
strcpy(sys_data[pos].telephone,telephone);
strcpy(sys_data[pos].sex,sex);
strcpy(sys_data[pos].age,age);
sys_data[pos].math=math;
sys_data[pos].english=english;
sys_data[pos].autmation=autmation;
sys_data[pos].c_program=c_program;
sys_data[pos].sys_mark_average=sys_mark_average;
sys_data[pos].sys_mark_total=sys_mark_total;
(*length)++;
goto label;
}
/*删除*/
void sys_delete(STU *sys_data,int *length)
{
int number,a,pos;
lab:pos=0;
printf("%s\n","输入你要删除的学号.退出按-1回车");
scanf("%d",&number);
```

```
if(number==-1)return;
while((sys_data[pos].number!=number)&&(pos< * length))pos++;
if(pos>= * length)
{
printf("%s\n","查找的信息.");
goto label;
}
else
{
for(a=pos+1;a< * length;a++)
sys_data[a-1]=sys_data[a];
* length= * length-1;
if(* length==0)
{printf("%s\n","信息已删除,按回车键返回");
getchar();
getchar();
return;
}
goto label;
}
}

/* 打印 */
void sys_paint()
{
int i;
printf("\n +++++++++学生成绩管理系统+++++++++\n");
printf("\n ================================\n");
printf("\n      A: 输入     B: 输出   \n");
printf("\n      C: 插入     D: 排序   \n");
printf("\n      E: 查找     F: 删除   \n");
printf("\n     -1: 返回     0: 跳出   \n");
printf("\n ================================\n");
putchar('\n');
printf("\n++++++++++++++++++++++++++++++++++\n");
putchar('\n');
printf("%s\n","请选择目录:");
}

/* 主函数 */
main()
{
STU sys_data[25];
int length=0;
```

```
char w;
sys_paint ();
scanf("%c",&w);
while(w!='0')
{
switch(w)
{
case 'A':
sys_input (sys_data,&length);
break;
case 'B':
sys_output (sys_data,length);
break;
case 'D':
sys_sort (sys_data,length);
break;
case 'E':
sys_find (sys_data,length);
break;
case 'C':
sys_insert (sys_data,&length);
break;
case 'F':
sys_delete (sys_data,&length);
break;
default:
if(w!='\n')
printf("%s\n","错误目录");
break;
}
if(w!='\n')
sys_paint ();
scanf("%c",&w);
}
}
```

2. 课程设计案例二：阳光外语培训学员管理系统

课程设计案例二与第一个案例相似，总体可以分成10个功能模块：录入数据、显示数据、求课程平均分、排序数据、插入数据、删除数据、修改数据、查找数据、存盘到文件、读取磁盘文件。把它规划成10个函数。学生所学外语信息用结构体数组来存储，作为全局数据结构被各函数原型比较简单，没有形参声明，而是在函数内部直接加工、操纵全局的结构体数组。同时也演示了文件的使用。

主要函数有：

1）输入数据函数

```
void input();
```

通过格式化输入对结构体成员依次赋值，最后将记录总数增一保存到全局变量 now_no 中。

2）显示数据函数

```
void display()
```

循环显示结构体数组元素的内容，元素总数保存在全局变量 now_no 中。

3）插入数据函数

```
void insert();
```

通过输入条件将新学员成绩插入到数组中的指定位置，采用的是数组插入法。

4）修改记录函数

```
void modify();
```

通过输入条件查找数组中的指定元素，如果找到修改数组元素的信息。

5）删除数据函数

```
void delete();
```

通过输入条件查找数组中的指定元素，如果找到，删除当前元素。

6）求平均分函数

```
void average();
```

对数组元素的每一项——结构体中的三个成绩求和计算平均分，保存到平均分成员中。

7）查找记录函数

```
void find();
```

通过输入条件查找数组中的指定元素，如果找到，显示当前记录。

8）排序记录函数

```
void sort();
```

采用冒泡法对平均分进行升序排列，在排序之前调用 average 函数计算学员成绩平均分。

9）存盘到文件

```
void save();
```

将内存的全局数据结构——结构体数组写文件到磁盘文件。

10）读取磁盘文件

```
void read();
```

是 save 函数的逆过程，将 save 存盘的文件内容读入到结构体数组。

程序用到的 VC++ 6.0 系统函数说明：

fflush(stdin)；清除输入缓冲区

fflush(stdout)；清除输出缓冲区

system("cls")；清屏系统函数

```
#include<time.h>
#include<stdio.h>
#include<conio.h>
#include<stdlib.h>
#include<string.h>
#define MAX 80
/* 函数声明 */
void input();
void sort();
void display();
void insert();
void delete();
void average();
void find();
void save();
void read();
void delete_file();
void average();
void modify();
int now_no=0;
/* 结构体定义 */
struct student
{
  int no;
  char name[20];
  char sex[4];
  float score1;
  float score2;
  float score3;
  float sort;
  float ave;
  float sum;
};
/* 全局数据结构 */
struct student stu[MAX], * p;
```

```
void main()                                   /* 主函数 */
{
  int as;
  start: printf("\n\t\t\t 欢迎使用阳光外语培训管理系统\n");
  /* 以下为功能选择模块 */
  do
  {
printf("\n\t\t\t\t1.录入学员信息\n\t\t\t\t2.显示学员信息\n\t\t\t\t3.成绩排序信息
\n\t\t\t\t4.添加学员信息\n\t\t\t\t5.删除学员信息\n\t\t\t\t6.修改学员信息\n\t\t\t\
t7.查询学员信息\n\t\t\t\t8.从文件读入学员信息\n\t\t\t\t9.删除文件中学员信息\n\t\t\
t\t10.保存学员信息\n\t\t\t\t11.退出\n");
  printf("\t\t\t\t 选择功能选项:");
  fflush(stdin);
  scanf("%d",&as);
    switch(as)
    {
      case 1:system("cls");input();break;
      case 2:system("cls");display();break;
      case 3:system("cls");sort();break;
      case 4:system("cls");insert();break;
      case 5:system("cls");delete();break;
      case 6:system("cls");modify();break;
      case 7:system("cls");find();break;
      case 8:system("cls");read();break;
      case 9:system("cls");delete();break;
      case 10:system("cls");save();break;
      case 11:system("exit");exit(0);
      default:system("cls");goto start;
    }
  }while(1);
  /* 功能选择结束 */
}
void input()                                  /* 原始数据录入模块 */
{
  int i=0;
  char ch;
  do
  {
    printf("\t\t\t\t1.录入学员信息\n 输入第%d 个学员的信息\n",i+1);
    printf("\n 输入学员编号:");
    scanf("%d",&stu[i].no);
    fflush(stdin);
    printf("\n 输入学员姓名:");
    fflush(stdin);
```

```
    gets(stu[i].name);
    printf("\n 输入学员性别:");
    fflush(stdin);
    gets(stu[i].sex);
    printf("\n 输入英语成绩:");
    fflush(stdin);
    scanf("%f",&stu[i].score1);
    printf("\n 输入日语成绩:");
    fflush(stdin);
    scanf("%f",&stu[i].score2);
    printf("\n 输入德语成绩 3:");
    fflush(stdin);
    scanf("%f",&stu[i].score3);
    printf("\n\n");
    i++;
    now_no=i;
    printf("是否继续输入?(Y/N)");
    fflush(stdin);
    ch=getch();
    system("cls");
  }
  while(ch!='n'&&ch!='N');
  system("cls");
}
void sort()                                    /* 排序数据函数 */
{
  struct student temp;
  int i,j;
  average();
  for(i=1;i<now_no;i++)
  {
    for(j=1;j<=now_no-i;j++)
    {
      if(stu[j-1].ave<stu[j].ave)
      {
    temp=stu[j];
        stu[j]=stu[j-1];
        stu[j-1]=temp;
      }
    }
  }
}
void display()                                 /* 显示数据函数 */
{
```

```
    int i;
    char as;
    average();
    do
    {
      printf("\t\t\t 学员信息列表\n");
      printf("\t 编号\t 姓名\t 性别\t 英语\t 日语\t 德语\t 平均值\n");
      for(i=0;i<now_no&&stu[i].name[0];i++)
      printf("\t%d\t%s\t%s\t%.2f\t%.2f\t%.2f\t%.2f\n",stu[i].no,stu[i].name,stu
      [i].sex,stu[i].score1,stu[i].score2,stu[i].score3,stu[i].ave);
      printf("\t\t 按任意键返回主菜单");
      fflush(stdin);
      as=getch();
    }
    while(!as);
    system("cls");
  }
  void insert()                                   /* 插入数据函数 */
  {
    char ch;
    do
    {
      printf("\n\t\t 输入新插入学员队信息\n");
      printf("\n 输入学员编号:");
      scanf("%d",&stu[now_no].no);
      fflush(stdin);
      printf("\n 输入学员姓名:");
      fflush(stdin);
      gets(stu[now_no].name);
      printf("\n 输入学员性别:");
      fflush(stdin);
      gets(stu[now_no].sex);
      printf("\n 输入英语成绩:");
      fflush(stdin);
      scanf("%f",&stu[now_no].score1);
      printf("\n 输入日语成绩:");
      fflush(stdin);
      scanf("%f",&stu[now_no].score2);
      printf("\n 输入德语成绩:");
      fflush(stdin);
      scanf("%f",&stu[now_no].score3);
      printf("\n\n");
      now_no=now_no+1;
      sort();
```

```
    printf("是否继续输入?(Y/N)");
    fflush(stdin);
    ch=getch();
    system("cls");
  }
  while(ch!='n'&&ch!='N');
}
void delete()                              /*删除数据函数*/
{
  int inum,i,j;
  printf("输入要删除学员的编号:");
  fflush(stdin);
  scanf("%d",&inum);
  for(i=0;i<now_no;i++)
  {
    if(stu[i].no==inum)
    {
      if(i==now_no)now_no-=1;
      else
      {
        stu[i]=stu[now_no-1];
        now_no-=1;
      }
      sort();
      break;
    }
  }
    system("cls");
}
void save()                                /*保存数据函数*/
{
  FILE *fp;
  int i;
  char filepath[20];
  printf("输入要保存的文件路径:");
  fflush(stdin);                           /*清除输入缓冲*/
  gets(filepath);
  if((fp=fopen(filepath,"w"))==NULL)
  {
    printf("\n保存失败!");
    exit(0);
  }
  for(i=0;i<now_no;i++)
  {
```

```
    stu[i].sum=stu[i].score1+stu[i].score2+stu[i].score3;
    stu[i].ave=stu[i].sum/3;
    fprintf(fp,"\t%d\t%s\t%s\t%.2f\t%.2f\t%.2f\t%.2f\n",stu[i].no,stu[i].name,
    stu[i].sex,stu[i].score1,stu[i].score2,stu[i].score3,stu[i].ave);
  }
  fclose(fp);
    printf("学员信息已保存在%s 中!\n",filepath);
  system("pause");
  system("cls");
}
void find()                                    /*查询函数*/
{
  int i;
  char str[20],as;
  do
  {
    printf("输入要查询的学员姓名:");
    fflush(stdin);
    gets(str);
  for(i=0;i<now_no;i++)
  if(!strcmp(stu[i].name,str))
{
printf("\t编号\t姓名\t性别\英语\t日语\t德语\t平均值\n"); printf("\t%d\t%s\t%s\
t%.2f\t%.2f\t%.2f\t%.2f\n",stu[i].no,stu[i].name,stu[i].sex,stu[i].score1,stu
[i].score2,stu[i].score3,stu[i].ave);
  }
printf("\t\t按任意键返回主菜单.");
fflush(stdin);
as=getch();
}
while(!as);
system("cls");
}
void average()                              /*求平均数*/
{
  int i;
  for(i=0;i<now_no;i++)
  {
    stu[i].sum=stu[i].score1+stu[i].score2+stu[i].score3;
    stu[i].ave=stu[i].sum/3;
  }
}
void modify()                                    /*修改数据函数*/
{
```

```
  int i;
  char str[20];
  printf("输入要修改的学员姓名:");
  fflush(stdin);
  gets(str);
  for(i=0;i<now_no;i++)
  if(!strcmp(stu[i].name,str))
  {
    system("cls");
    printf("\n\t\t输入新插入学员的信息\n");
    printf("\n输入学员编号:");
    fflush(stdin);
    scanf("%d",&stu[i].no);
    printf("\n输入学员性别:");
    fflush(stdin);
    gets(stu[i].sex);
    printf("\n输入英语:");
    fflush(stdin);
    scanf("%f",&stu[i].score1);
    printf("\n输入日语:");
    fflush(stdin);
    scanf("%f",&stu[i].score2);
    printf("\n输入德语:");
    fflush(stdin);
    scanf("%f",&stu[i].score3);
    printf("\n\n");
    sort();
    break;
  }
  system("cls");
}

void read()
{
  FILE * fp;
  int i;
  char filepath[20];
  printf("输入要读入的文件路径:");
  fflush(stdin);
  gets(filepath);
  if((fp=fopen(filepath,"r"))==NULL)
  {
    printf("找不到%s文件!\n",filepath);
    exit(0);
```

```
    }
  now_no=0;
  for(i=0;i<MAX&&!feof(fp);i++)
    {
    fscanf(fp,"\t%d\t%s\t%s\t%f\t%f\t%f\t%f\n",&stu[i].no,stu[i].name,stu[i].
    sex,&stu[i].score1,&stu[i].score2,&stu[i].score3,&stu[i].ave);
    now_no++;
  }
  fclose(fp);
  printf("保存在文件%s中的所有信息已经读入!\n",filepath);
  system("cls");
  }

void delete_file()
{
  FILE * fp;
  char filepath[20];
  printf("输入要删除的文件路径:");
  fflush(stdin);
  gets(filepath);
  fp=fopen(filepath,"w");
  fclose(fp);
  printf("保存在文件%s中的所有信息已经删除!\n",filepath);
  system("cls");
}
```

3. 课程设计案例三：基于链表的图书管理系统

本案例主要演示了链表的综合应用。案例中通过图书信息的管理，介绍了链表数据结构定义以及各个功能模块对链表的操作。

主要函数有：

1）图书链表的建立

```
linklist createlist(void);
```

无入口参数，创建一个含有头结点的链表，并把头结点的地址返回给主调函数。

2）插入结点

```
void insertnode(linklist head,listnode * p);
```

入口参数为：指向头结点的指针变量 head，待插入的结点 p。函数内部将插入到链表的尾部（尾插法）。

3）查找结点

```
listnode * listfind(linklist head);
```

函数里可以通过选择 ISBN 或者题名查找，通过遍历链表，如查找到，显示结点的内容。

4）删除结点

```
void delnode(linklist head);
```

函数查询链表，将符合条件的结点删除。

5）输出结点

```
void printlist(linklist head);
```

遍历链表，输出结点的数据。

```
#include<stdio.h>
#include<string.h>
#include<stdlib.h>
typedef struct{
char isbn[12];
char title[30];
char publisher[30];
float price;
}BOOK;
typedef struct node{
BOOK data;
struct node * next;
}listnode;
typedef listnode * linklist;
linklist head;
listnode * p;
int menu_select();
linklist createlist(void);
void insertnode(linklist head,listnode * p);
listnode * listfind(linklist head);
void delnode(linklist head);
void printlist(linklist head);
void main()
{
for(;;){
switch(menu_select())
{
case 1:
printf("**************************************************\n");
printf("***************图书管理链表的建立 ****************\n");
printf("**************************************************\n");
head=createlist();
break;
```

```
case 2:
printf("**************************************************\n");
printf("***************图书信息添加 ******************\n");
printf("**************************************************\n");
printf("**ISBN        题名        出版社        价格**\n");
printf("**************************************************\n");
p=(listnode*)malloc(sizeof(listnode));
scanf("%s%s%s%f",p->data.isbn,p->data.title,p->data.publisher,&p->data.
price);
insertnode(head,p);
break;
case 3:
printf("******************************\n");
printf("*******图书信息查询 *******\n");
printf("******************************\n");
p=listfind(head);
if(p! =NULL){
printf("**ISBN        题名        出版社        价格**\n");
printf("--------------------------------\n");
printf("%s,%s,%s,%s,%8.2f\n",p->data.isbn,p->data.title,p->data.publisher,
p->data.price);
printf("--------------------------------\n");
}
else
printf("没有查询到图书信息!!!\n");
break;
case 4:

printf("************************************\n");
printf("**********图书信息的删除***********\n");
printf("************************************\n");
delnode(head);
break;
case 5:
printf("************************************\n");
printf("**********图书列表输出*********\n");
printf("************************************\n");
printlist(head);
break;
case 0:
printf("\t 谢谢您的使用!\n");
return;
}
}
```

```
}
int menu_select()
{
int sn;
printf(" \n");
printf(" \n");
printf(" \n");
printf(" \t\t\t******图书链表管理系统******\n");
printf(" \n");
printf(" \t==================================================\n");
printf(" \t\t\t  1.图书链表的建立\n");
printf(" \t\t\t  2.图书的插入\n");
printf(" \t\t\t  3.图书的查询\n");
printf(" \t\t\t  4.图书的删除\n");
printf(" \t\t\t  5.图书的输出\n");
printf(" \t\t\t  0.退出图书管理系统\n");
printf(" \t==================================================\n");
printf( "\t\t\t  请选择操作 0~5\n\n");

for(; ;)
{
scanf("%d",&sn);
if(sn<0||sn>5)
printf("\t 输入错误\n");
else
break;
}
return sn;
}
linklist createlist(void)
{
linklist head=(listnode *)malloc(sizeof(listnode));
listnode *p,*rear;
int flag=1;
rear=head;
while(flag==1)
{
p=(listnode *)malloc(sizeof(listnode));
printf("ISBN       题名       出版社       价格\n");
p=(listnode *)malloc(sizeof(listnode));
scanf("%s%s%s%f",p->data.isbn,p->data.title,p->data.publisher,&p->data.
price);
rear->next=p;
rear=p;
```

```
printf(" 继续建表吗?(1.是/0.不):");
scanf("%d",&flag);

}
if(flag==1)
printf("创建成功!\n");
rear->next=NULL;
return head;
}
void insertnode(linklist head,listnode *p)
{
listnode *p1,*p2;
p1=head;
p2=p1->next;
while(p2!=NULL && strcmp(p2->data.isbn,p->data.isbn)<0)
{
p1=p2;
p2=p2->next;
}
p1->next=p;
p->next=p2;
printf("插入成功!\n");
}
listnode *listfind(linklist head)
{
listnode *p;
char isbn[12];
char title[10];
int xz;
printf("--------------------\n");
printf(" 1.ISBN 查询\n");
printf(" 2.书名查询\n");
printf("--------------------\n");
printf("请选择: \n");
p=head->next;
scanf("%d",&xz);
if(xz==1){
printf(" 请输入要查找的 ISBN: ");
scanf("%s",isbn);
while(p && strcmp(p->data.isbn,isbn)<0)
p=p->next;
if(p==NULL||strcmp(p->data.isbn,isbn)>0)
p=NULL;
}
```

```
else
if(xz=2){
printf("请输人要查询的书名：");
scanf("%s",title);
while(p && strcmp(p->data.title,title)!=0)
p=p->next;
}
return p;
}
void delnode(linklist head)
{
int jx;
listnode *p,*q;
p=listfind(head);
if(p==NULL){
printf("没有要删除的图书!:\n");
return;
}
printf("真的要删除该结点吗?(1.是/0.不):");
scanf("%d",&jx);
if(jx==1){
q=head;
while(q!=NULL && q->next!=p)
q=q->next;
q->next=p->next;
free(p);
printf("图书已被删除!\n");
}
}
void printlist(linklist head)
{
listnode *p;
p=head->next;
printf("**ISBN   题名   出版社   价格**\n");
printf("---------------------------------\n");
while(p!=NULL)
{
printf("%s,%s,%s,%s,%8.2f\n",p->data.isbn,p->data.title,p->data.publisher,
p->data.price);
printf("---------------------------------\n");
p=p->next;
}
}
```

第12章

UNIX/Linux下C语言编程入门

12.1 UNIX/Linux简介

12.1.1 UNIX/Linux简介

UNIX操作系统是由美国贝尔实验室发明的一种多用户、多任务的通用操作系统。1974年美国电话电报公司(AT&T)开始发行UNIX的非商业许可证,允许非赢利的教育机构免费使用UNIX系统,有力地推动了UNIX技术的发展和多样化,在随后的年代里开始出现各种版本的UNIX系统,其中最为著名的有加州大学伯克莱分校的BSD版UNIX系统。从20世纪70年代末开始在市场上出现了不同的UNIX商品化版本,比较有影响的版本包括: SUN公司的SUN OS、Microsoft和SCO公司的XENIX、Interactive公司的UNIX386/ix、DEC公司的ULTRIX,后来陆续出现比较著名的UNIX系统包括: IBM的AIX、HP的HP-UX、SCO的UNIX和ODT以及SUN的Solaris等产品。UNIX的两个发明者由于他们的杰出贡献在20世纪80年代获得IT界的诺贝尔奖——Turing奖。

随着当前个人计算机中Linux操作系统装机量的增加,Linux越来越多地进入了个人电脑的使用范畴,本章以Linux为主进行介绍。

Linux是一套免费使用和自由传播的类UNIX操作系统,它的源代码开放,能运行于各类硬件平台,包括Intel x86系列和RISC处理器。Linux最早由芬兰赫尔辛基大学一位名叫Linus Torvalds的学生设计的,1991年年底首次仅布于众,同年11月发布了0.10版本,12月发布了0.11版本。在Linus的带领下,Linux通过Internet广泛传播,吸引着世界范围的开发者对其进行不懈的开发。Linux是在GNU公共许可权限下免费获得的,以高效性和灵活性著称。

(1) Linux与Windows的比较: Linux从一个比较成熟的操作系统UNIX发展而来,是一种开放式、免费的操作系统,而Windows操作系统是有版权的,它的接口和设计只有某些公司才有权进行设计。Linux还提供丰富的应用软件,而Windows下所有软件都有独立版权,即使有些软件可以免费使用,但不提供源代码,用户无法修改和扩充功能。Linux对硬件的要求比Windows要低很多,资源消耗要少。同时Linux的组网功能非常强大,提供了对TCP/IP协议的完全支持。

(2) Linux与商用UNIX的比较:二者都基本支持同样的软件、程序设计环境和网络特性，可以说 Linux 是 UNIX 的 PC 版本。Linux 是免费软件，可以从网上下载，而商用 UNIX 除了软件本身的价格外，用户还需支付文档、售后服务费用；Linux 能够运行 GNU 计划的大量免费软件，如程序开发、文字处理、游戏等，Linux 的开发是开放的，任何志愿者都可以对开发过程做出贡献，而商用 UNIX 则是由专门的软件公司进行开发的。

Linux 的特性：

(1) Linux 是开源的。Linux 像 UNIX 一样，是一个非常强大的实时操作系统，并且同其他 UNIX 相比又很小，但 Linux 从诞生开始就是完全免费的，而且它的源代码都是公开的。

(2) Linux 是全面的多用户、多任务和真正的 32 位操作系统。

(3) Linux 支持多种硬件平台，从低端个人计算机(PC)到超大规模的并行计算机，都可以安装 Linux 并获得良好性能。

(4) Linux 支持将硬盘的一部分空间作为虚拟内存，同时通过共享程序库来节省大量系统空间。

(5) 支持 X-Windows 系统。X-Window 系统是用于 UNIX 机器的、功能强大的图形界面，支持多种应用程序，并且是业界标准。XFree86 则是 Linux 平台上的 X-Window 系统。

Linux 的版本：一套 Linux 操作系统有内核版本和发行版本两种表示形式。

① 内核版本：Linux 的内核由 Linux 领导下的开发小组开发并进行维护，一般形式如 r.x.y。r 表示目前发布的内核主版本，x 说明版本类型(如果是偶数表示是产品化版本，如果是奇数表示是实验版本)，y 表示错误修补的次数，如 Kernel 2.6.12。

② 发行版本：准确地说 Linux 只是指操作系统的内核部分。一个完整的 Linux 操作系统除了内核部分之外，还需要包括开发工具软件、编辑器软件、GUI 图形用户界面、网络工具软件等附加的软件包，这些软件包就是 Linux 的发行版本。我们平常所说的 Red Hat、Mandrake、Debian、Turbo 等都是不同的 Linux 发行版本。要正确理解 Linux 的发行版本，必须了解发行版本的三方面信息：一是厂商、二是系列、三是版本号。

- 从厂商而言：现在主要有国外的 Red Hat、Turbo，国内的红旗等。
- 从系列而言：不同厂商会根据自己的策略，推出不同的产品系列。如 Red Hat 主要可以分为面向企业级的 Red Hat Enterprise Linux AS 和 Red Hat Enterprise Linux ES 两个版本，还有面向桌面的 Red Hat Linux 和面向社区用户的 Fedora。
- 从版本号而言：对于不同的系列而言，都有自己的版本号，例如 Red Hat Linux 最新版本号是 11.0，而 Enterprise Linux ES 最新的版本号是 4.0。

12.1.2 基于 Red Hat Linux 的实验环境

Red Hat Linux 11.0 具有简洁的用户操作界面、易于安装、图形配置、大量文档以及超高人气等特点，特别是相关的参考书目较多，因此，本章主要介绍 Red Hat Linux 11.0 环境下的 C 语言编程介绍。另外 Red Hat 公司当前主推的 fedora6.0、7.0 免费产品，则以更方便的桌面操作著称，但 Fedora 产品介绍资料相对较少，占用较大硬盘空间。

1. 操作系统源盘的获取

(1) 从软件销售商店购买发行光盘。

(2) 网上下载(http://www.redhat.com.cn)。

2. 安装条件

(1) 内存：至少 64MB(文本)或 128MB(图形模式,推荐)。

(2) 硬盘空间：最小安装 475MB,个人桌面 1.7MB(推荐),工作站 2.1GB,服务器安装 850MB,全部安装 5GB。

3. 安装方法

(1) 双系统安装：在个人计算机上安装 Windows XP＋Linux 双系统。优点是系统启动后独占计算机资源,速度较快。缺点是要求对 Linux 系统有较深的了解,与 Windows 系统共享资源较难,系统一旦出现故障影响另一个系统。

(2) 虚拟机安装：通过 VMware,Virtual PC 等虚拟机软件安装,将 Linux 系统安装在虚拟机中,这样 Linux 的使用就相当于使用 Windows 下的一个软件。优点是适合初学者使用,Linux 故障不会影响 Windows 系统,缺点是比较占用系统资源,通常 Linux 在虚拟机中的运行只能使用一半的内存和 CPU。

【说明】

详细安装过程及桌面使用请参阅相关资料,本书限于篇幅不做详细介绍。

4. Linux 使用基础

(1) 登录：系统启动时必须输入用户名和密码。Linux 下有两类用户,一类是 root 用户,具有最高权限。另一类是普通用户,系统在安装时至少设置一个普通用户。

(2) 两种工作界面：Linux 启动后默认打开 X-Window 界面(如图 12.1 所示),类似于 Windows 的桌面,一般的操作都可以在这里进行。进行 C 语言编译时,需要进入终端

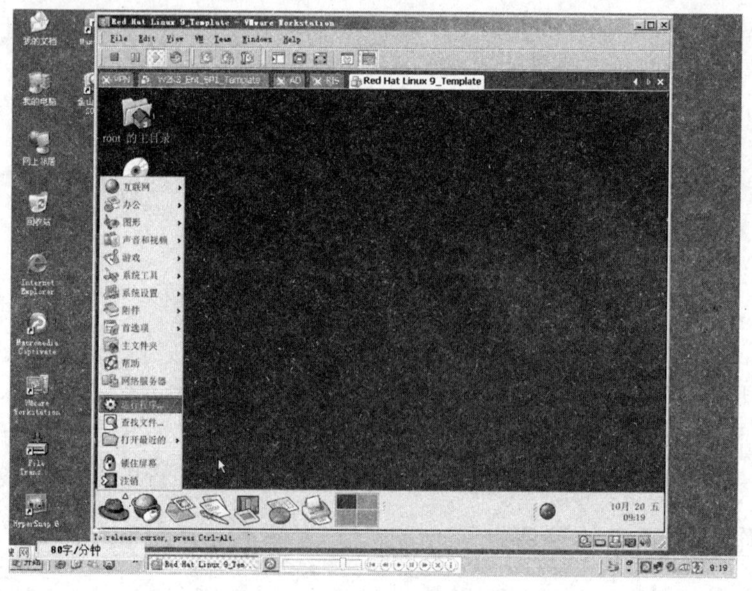

图 12.1　X-Window 界面

模式(类似于 Windows 下的命令窗口),可从"主菜单"→"系统工具"→"终端"进入。

12.2 源程序编辑

在 Linux 桌面环境下可以使用多种文本编辑软件进行 C 语言源程序的录入和编辑。但是 vi(virtual interface)软件是最经典也是程序员最常使用的工具,特别适合于在网络环境下使用。下面主要进行 vi 的使用介绍。

12.2.1 vi 的工作状态及常用命令

vi 使用了两种状态,一种是命令状态(Command Mode),另一种是插入状态(Insert Mode)。当 vi 处于命令状态时,输入的内容将作为命令来解释;另一方面,当 vi 处于插入状态时,就可以插入字符。大多数 vi 命令是单字符,由插入状态改变为命令态,按 Esc 键;而由命令状态转为插入状态,则可以输入相应的插入命令,直接输入,无须再按回车键。插入命令列表如表 12-1 所示。

表 12-1 插入命令列表

命令	说明	命令	说明
i	在光标前插入正文	A	在当前行末尾插入正文
I	在当前行开始处插入正文	o	在当前行后插入一新行
a	在光标后插入正文	O	在当前行前插入一新行

注意:在插入状态,不能输入命令,必需先按下 Esc 键,返回命令状态。在任何的状态下,按下 Esc 键,都会返回命令状态。

12.2.2 vi 基本操作

(1) vi 启动:在控制台下输入 $ vi 或 $ vi 文件名即可启动 vi 编辑器。如果文件是一个新文件,就会在屏幕底部显示一个信息,说明用户正在创建新文件。

(2) 建立新文件:在控制台下输入 $ vi 或 $ vi 新文件名即可建立新文件,这时可以输入相关的文本即可。其中"vi"的作用是启动 vi 环境并建立一个空文档。"vi 新文件名"的作用是建立以"新文件名"的空文件。

(3) 打开文件:在控制台下输入 $ vi 文件名即可启动 vi 的同时,打开名为"文件名"的文件。如果文件早已存在,vi 则会显示文件的首 24 行。

(4) 保存与退出:完成文件的修改之后,必须完成文档的保存,以及退出当前的文件。在 vi 系统中,在进行保存或退出时,必须首先回到命令状态。如果屏幕的左下方出现冒号(:),表示 vi 进入命令状态,可以进行存档或退出等工作。

在 vi 环境下,按 Esc 键退出编辑环境,进入命令环境,输入":q!"或":wq"命令。其中

“:q!”命令表示放弃当前的修改,并退出系统。“:wq”命令表示保存当前的修改,并退出系统。如果当前文件还没有命名需要使用:w<filename>命令,例如:w test.c

(5) 文件的编辑:文件的所有编辑的操作必须在插入状态下进行。下面是一个经 vi 打开的一个文件

```
This is a test
~
~
```

最后一行开始处的波折号(~)表示文件的结尾。打开文件之后,即可适用对文件进行编辑操作。

① 插入文本:当 vi 处于插入状态时,才可以插入文本到当前的位置。输入新的文本,只需从键盘输入字符即可。

② 删除文本:删除单个字符可以使用 Delete 键或 Backspace 键。

③ 替换文本:使用 vi 提供丰富的文本替换命令,实现文本的快速修改。与删除命令一样,在指令前输入次数,表示执行该指令多少次。

④ 文本搜索:vi 还提供了丰富的文本搜索命令,方便用户搜索特定字符串。vi 将搜索整个文件,直至找到与搜索字符串相匹配的文本出现。

12.3 编译与调试

C 语言源程序的编译与链接由 gcc 编译器来完成。gcc 命令的基本用法格式如下:gcc [options] [filenames],其中 filenames 为文件名称;options 为编译选项,说明针对当前文件的编译与链接选项。

12.3.1 使用 gcc 编译

1. gcc 基本选项

gcc 提供的编译选项很多,其中一些选项可能永远都不会用到,但一些主要的选项可能会频繁使用。由于很多的 gcc 选项包括一个以上的字符,因此必须为每个选项指定各自的连字符,并且就像大多数 Linux 命令一样,不能在一个单独的连字符后跟一组选项。例如,下面的两个命令是不同的:

```
gcc -p -g hello.c
gcc -pg hello.c
```

第一条命令要求 gcc 编译 test.c 时为 prof 命令建立剖析(profile)信息并且把调试信息加入到可执行的文件中。第二条命令只要求 gcc 为 gprof 命令建立剖析信息。

当不用任何选项编译一个程序时,如果编译成功,gcc 将会自动建立一个名为 a.out

的可执行文件。例如，下面的命令将在当前目录下产生一个叫 a.out 的文件：

```
gcc hello.c
```

但是如果使用-o 编译选项，则可以为将产生的可执行文件指定一个文件名来代替 a.out.。例如，将一个名为 Test.c 的 C 程序编译为名叫 Test 的可执行文件，将输入下面的命令：

```
gcc -o Test Test.c
```

注意：当你使用-o 选项时，-o 后面必须跟一个文件名。

gcc 同样有指定编译器编译步骤的选项。例如：-c 选项要求 gcc 仅将源代码编译为目标代码，而跳过汇编和链接的步骤。默认时 gcc 将生成的一个扩展名为.o 的目标代码文件。

(1) -s 选项要求 gcc 在将 C 程序翻译为汇编语言文件后停止编译。gcc 产生的汇编语言文件的默认扩展名是.s.。

(2) -e 选项要求 gcc 仅对输入文件进行预处理。当这个选项被使用时，预处理器的输出被送到标准输出而不是存储在文件。

2. gcc 优化选项

当用 gcc 编译 C 代码时，它会试着用最少的时间完成编译并且使编译后的代码易于调试，易于调试意味着编译后的代码与源代码有同样的执行次序，编译后的代码没有经过优化。有很多选项可用于告诉 gcc 在耗费更多编译时间和牺牲易调试性的基础上产生更小更快的可执行文件。这些选项中最典型的是-o 和-o2 选项。

(1) -o 选项告诉 gcc 对源代码进行基本优化。这些优化在大多数情况下都会使程序执行的更快。-o2 选项告诉 gcc 产生尽可能小和尽可能快的代码。

(2) -o2 选项将使编译的速度比使用-o 时慢。但通常产生的代码执行速度会更快。

假设有下面一个非常简单的源程序(hello.c)：

```
#include "stdio.h"
void main()
{
printf("Welcome to Linux C World!");
}
```

要编译这个程序，只要在命令行下执行

```
$gcc -o hello hello.c
```

输入如下的命令，即可运行程序并看到结果：

```
$./hello
```

程序运行的结果为：

```
Welcome to Linux C World!
```

3. gcc 调试选项

gcc 支持多种调试和剖析选项，其中最常用是-g 选项。-g 选项告诉 gcc 产生能被 gnu 调试器使用的调试信息以便调试程序。关于调试 C 程序的更多信息请看下一节用 gdb 调试 C 程序。

12.3.2 使用 gdb 调试

虽然 gcc 提供了调试选项，但是本身不能用于调试。Linux 提供了一个名为 gdb 的 gnu 调试程序。gdb 是一个用来调试 C 和 C++ 程序的调试器。它能在程序运行时观察程序的内部结构和内存的使用情况。以下是 gdb 所提供的一些功能：

(1) 能监视程序中变量的值；

(2) 能设置断点以使程序在指定的代码行上停止执行；

(3) 能一行行地执行代码。

gdb 启动：在命令行上输入 gdb 并按回车键就可以运行 gdb 了，如下。

```
$gdb
```

启动成功，将在屏幕上显示如下类似的内容：

```
GNU gdb 19991004
Copyright 1998 Free Software Foundation, Inc.
GDB is free software,covered by the GNU General Public License,and you are
welcome to change it and/or distribute copies of it under certain conditions.
Type "show copying" to see the conditions.
There is absolutely no warranty for GDB. Type "show warranty" for details.
This GDB was configured as "i386-redhat-linux".
(gdb)
```

当启动 gdb 之后，即可在命令行上输入命令进行相关的调试操作。也可以以下面的方式来启动 gdb：

```
$gdb <filename>
```

这种方式启动 gdb，直接将指定调试的程序文件装载到调试环境中，也就是让 gdb 装入名为 filename 的可执行文件，从而准备调试。gdb 还提供了其他的启动选项，请参考 gdb 的联机帮助。在命令行上输入 man gdb 并回车即可，如下，

```
$man gdb
```

为了能够进行调试，当前调试的程序文件中必须包含调试信息。其中调试信息包含程序中的每个变量的类型和其在可执行文件里的地址映射以及源代码的行号，gdb 利用这些信息使源代码和机器码相关联。因此在使用 gcc 编译源程序的时候必须使用-g 选项，以便将调试信息包含在可执行文件中。

例如，编译上述的 hello. c 的过程如下：

```
$gcc -o hello hello.c
```

12.4 操作举例

本节用一个例子说明在 Linux 下 C 语言编程的基本步骤。

12.4.1 基本操作举例

第一步：编辑源程序。

利用 vi 编辑建立名为 test. c 的程序文件。命令为：$ vi test. c。此时在当前的目录下建立名为 test. c 的文本文件。接下来，在 vi 编辑环境中使用 i 命令输入如下的程序代码：

```
#include "stdio.h"
#include "string.h"
void GetTitle(char * pszText)
{
    char szText[]="This is a Test C Program!\n";
    strcpy(pszText,szText);
}
void PrintTitle(char * pszText)
{
    unsigned int n,i;
    char a;
    n=strlen(pszText);
    for(i=0;i<n;i++)
    {
        a=pszText[i];
        printf("%c",a);
    }
}
int main()
{
    int a;
    char szTitle[255];
    a=20;
    GetTitle(szTitle);
    PrintTitle(szTitle);
    printf("A=%d",a);
    return 0;
```

```
}
```

在程序编写完成之后，vi 编辑环境中按下 Esc 键，并输入：wq 命令，将当前的修改存盘并退出 vi 编辑环境。

第二步：编译源程序。

```
$gcc -o test test.c
```

第三步：执行程序。

```
./test
```

显示结果：

```
This is a Test C Program!
```

如果程序编译中出现错误，可以回到第一步检查源程序，重新编译。基本操作的方法适合于小程序调试。

12.4.2 高级操作举例

因为源程序的编译不容易一次正确，特别是当源程序量比较大的时候，需要进行程序的调试。在 12.4.1 节第二步中 gcc 命令需要增加调试选项，以便生成调试信息，准备调试。命令：$ gcc -g -o test test.c。第三步中完成执行与调试功能。

启动 gdb 并加载 test 命令 $ gdb test，系统将显示如下的信息：

```
GNU gdb 19991004
Copyright 1998 Free Software Foundation, Inc.
GDB is free software,covered by the GNU General Public License,and you are welcome
to change it and/or distribute copies of it under certain conditions.
Type "show copying" to see the conditions.
There is absolutely no warranty for GDB. Type "show warranty" for details.
This GDB was configured as "i386-redhat-linux"…
```

首先运行一下程序，大致看一下结果：(gdb) run。系统将显示如下的信息：

```
Starting program: /a.out
This is a Test C Program!
A=20
Program exited normally.
```

接下来执行(gdb)list 0 命令，查看程序的代码，主要是查看代码的行号。系统将显示如下的信息：

```
1 #include "stdio.h"
2 #include "string.h"
3 void GetTitle(char * pszText)
4 {
```

```
5 char szText[]="This is a Test C Program!\n";
6 strcpy(pszText,szText);
7 }
8 void PrintTitle(char * pszText)
9 {
unsigned int n,i;
```

由于屏幕有限，因此仅仅显示了10行代码，查看下面的10行代码，输入list命令：(gdb)list，系统将显示如下的信息：

```
11 char a;
12 n=strlen(pszText);
…(略)
19 int main()
{
```

接下来，再次输入list命令(gdb) list，显示剩余的代码。系统将显示如下的信息：

```
21 int a;
22 char szTitle[255];
…(略)
27 return 0;
}
```

为了查看在程序在PrintTitle函数中的循环体的运行情况，将断点设置在15行，以便观察变量a的变化。因此输入命令(gdb) break 15。系统将显示如下的信息：

```
Breakpoint 1 at 0x80484a0: file test.c,line 15.
```

接下来使用run命令(gdb) run运行程序，系统将显示如下的信息：

```
Starting program: /a.out
Breakpoint 1,PrintTitle(pszText=0xbffff8b4 "This is a Test C Program!\n")
at test.c:15
a=pszText[i];
```

提示信息说明程序运行到断点位置停了下来，此时可以通过watch命令查看变量的内容。下面查看变量a的内容的变化情况，输入命令(gdb) watch a，系统将显示如下的信息：

```
Hardware watchpoint 2: a
```

输入(gdb) next，运行下一步。系统将显示变量a的变化情况：

```
Hardware watchpoint 2: a
Old value=111 'o'
New value=84 'T'
PrintTitle(pszText=0xbffff8b4 "This is a Test C Program!\n") at test.c:16
printf("%c",a);
```

再次执行 next 命令(gdb) next,查看下一步的结果。系统将显示如下的信息:

```
#0 PrintTitle(pszText=0xbffff8b4 "This is a Test C Program!\n") at test.c:16
16 printf("%c",a);
13 for(i=0;i<n;i++)
```

再次执行 next 命令(gdb) next,系统将显示如下的信息:

```
#0 PrintTitle(pszText=0xbffff8b4 "This is a Test C Program!\n") at test.c:13
13 for(i=0;i<n;i++)
Breakpoint 1,PrintTitle(pszText=0xbffff8b4 "This is a Test C Program!\n")
at test.c:15
a=pszText[i];
```

结束调试,输入 quit 命令(gdb)quit,系统提示如下的信息:

```
The program is running. Exit anyway?(y or n)
```

由于当前的程序正在运行,所以提示用户是否要退出,输入 y 后,即可强制结束调试过程,并退出 gdb 调试环境。

由于程序已经没有问题,执行如下命令建立不包括调试信息的发行版本的可执行文件。命令如下:$ gcc -o test test. c。形成名为 test 的可执行文件,此文件不包括调试信息,因此本身比较小,并且代码的执行效率比较高。

附录 A

C 语言中的关键字

C 语言中的关键字如下：

auto break case char const continue default do
double else enum extern float for goto ifint
long register return short signed sizeof static struct
switch typedef union unsigned void volatile while

运算符优先级和结合性

运算符优先级和结合性如附表 B-1 所示。

附表 B-1　运算符优先级和结合性

优先级	类　型	运算符	含　义	结合方向	举　例
1	初等运算	()	圆括号、函数参数表	自左至右	(x+y)、scanf("%d,&a");
		[]	数组元素下标		array[i]
		->	指向结构体成员		p->number
		.	结构体变量成员		student.name
2	单目运算符	!	逻辑非	自右至左	!x
		~	按位取反		~0
		++	自增 1		i++,++i
		--	自减 1		j--,--j
		+	正号		+1
		−	负号		−x
		(类型)	强制类型转换		(int)x
		*	指针(间接运算)		x=*p
		&	取地址		p=&a
		sizeof	计算所占字节数		l=sizeof(int)
3	算术(双目)	*	乘法	自左至右	x*y
		/	除法		x/y
		%	整数取余数		16%5
4	算术(双目)	+	加法	自左至右	x+y
		−	减法		x−y
5	位运算(双目)	<<	左移	自左至右	x<<2
		>>	右移		y>>3

续表

<table>
<tr><th>优先级</th><th>类　型</th><th>运算符</th><th>含　义</th><th>结合方向</th><th>举　例</th></tr>
<tr><td rowspan="4">6</td><td rowspan="4">关系(双目)</td><td><</td><td>小于</td><td rowspan="4">自左至右</td><td>if(x<y)</td></tr>
<tr><td><=</td><td>小于或等于</td><td>if(x<=y)</td></tr>
<tr><td>></td><td>大于</td><td>if(x>y)</td></tr>
<tr><td>>=</td><td>大于或等于</td><td>if(x>=y)</td></tr>
<tr><td rowspan="2">7</td><td rowspan="2">关系(双目)</td><td>==</td><td>等于</td><td rowspan="2">自左至右</td><td>if(x==y)</td></tr>
<tr><td>!=</td><td>不等于</td><td>while(x!=0)</td></tr>
<tr><td>8</td><td>按位(双目)</td><td>&</td><td>按位与</td><td>自左至右</td><td>02&a</td></tr>
<tr><td>9</td><td>按位(双目)</td><td>^</td><td>按位异或</td><td>自左至右</td><td>1^a</td></tr>
<tr><td>10</td><td>按位(双目)</td><td>|</td><td>按位或</td><td>自左至右</td><td>1|a</td></tr>
<tr><td>11</td><td>逻辑(双目)</td><td>&&</td><td>逻辑与</td><td>自左至右</td><td>a&&b</td></tr>
<tr><td>12</td><td>逻辑(双目)</td><td>||</td><td>逻辑或</td><td>自左至右</td><td>a||b</td></tr>
<tr><td>13</td><td>条件(三目)</td><td>?:</td><td>条件运算</td><td>自右至左</td><td>z=(x>y)?x:y</td></tr>
<tr><td rowspan="11">14</td><td rowspan="11">赋值(双目)</td><td>=</td><td>赋值运算</td><td rowspan="11">自右至左</td><td>x=2</td></tr>
<tr><td>+=</td><td>运算且赋值</td><td>x+=2(即 x=x+2)</td></tr>
<tr><td>-=</td><td></td><td>x-=2</td></tr>
<tr><td>*=</td><td></td><td>x*=2</td></tr>
<tr><td>/=</td><td></td><td>x/=2</td></tr>
<tr><td>%=</td><td></td><td>x%=2</td></tr>
<tr><td>>>=</td><td></td><td>x>>=2</td></tr>
<tr><td><<=</td><td></td><td>x>>=2</td></tr>
<tr><td>&=</td><td></td><td>x&=2</td></tr>
<tr><td>^=</td><td></td><td>x^=2</td></tr>
<tr><td>|=</td><td></td><td>x|=2</td></tr>
<tr><td>15</td><td>顺序运算</td><td>,</td><td>逗号运算</td><td>自左至右</td><td>printf("%d",(a,b));</td></tr>
</table>

【说明】

(1) 优先级 1 最高,优先级 15 最低。运算符优先级高的运算先执行。

(2) 同一优先级的运算符的运算次序由结合方向决定。

常用字符与 ASCII 编码对照表

常用字符与 ASCII 编码对照表如附表 C-1 所示。

附表 C-1　常用字符与 ASCII 编码对照表

ASCII 值	字符	控制字符	ASCII 值	字符	ASCII 值	字符	ASCII 值	字符
000	空	NUL	032	空格	064	@	096	
001		SOH	033	!	065	A	097	a
002		STX	034	"	066	B	098	b
003		ETX	035	#	067	C	099	c
004		EOT	036	$	068	D	100	d
005		END	037	%	069	E	101	e
006		ACK	038	&	070	F	102	f
007	嘟声	BEL	039	'	071	G	103	g
008		BS	040	(	072	H	104	h
009		HT	041	)	073	I	105	i
010	换行	LF	042	*	074	J	106	j
011	起始	VT	043	+	075	K	107	k
012	换页	FF	044	,	076	L	108	l
013	回车	CR	045	-	077	M	109	m
014		SO	046	.	078	N	110	n
015		SI	047	/	079	O	111	o
016		DLE	048	0	080	P	112	p
017		DC1	049	1	081	Q	113	q
018		DC2	050	2	082	R	114	r
019		DC3	051	3	083	S	115	s
020		DC4	052	4	084	T	116	t

续表

ASCII 值	字符	控制字符	ASCII 值	字符	ASCII 值	字符	ASCII 值	字符
021		NAK	053	5	085	U	117	u
022		SYN	054	6	086	V	118	v
023		ETB	055	7	087	W	119	w
024		CAN	056	8	088	X	120	x
025		EM	057	9	089	Y	121	y
026		SUB	058	：	090	Z	122	z
027		ESC	059	；	091	[	123	{
028		FS	060	<	092	\	124	｜
029		GS	061	=	093	]	125	}
030		RS	062	>	094	^	126	～
031		US	063	?	095	_	127	

ANSI C 的常用库函数

库函数并不是 C 语言的内容，它是由人们根据需要事先编写的以便提供给用户使用。不同的编译系统提供库函数的数目、名称以及函数的功能不是完全相同的。但是，每一个 C 语言编译系统都会根据 ANSI C 提出的库函数来提供这些标准库函数的实现。

下面附表 D-1～附录 D-7 中在函数名前面的类型说明是指函数返回结果的类型，在程序中进行调用这些库函数时不需要书写类型。

1. 输入输出函数

使用下列库函数要求在源文件中包含头文件“stdio. h”。

附表 D-1　输入输出函数

函数名	函数与形参类型	功　　能	说　　明
scanf	int scanf(char * format, args,…);	从标准输入设备按 format 指向的格式字符串规定的格式，输入数据给 args 所指向的单元。成功时返回赋给 args 的数据个数，出错时返回 0	args 为指针
printf	int printf(char * format, args,…);	按 format 指向的格式字符串所规定的格式，将输出表列 args 的值输出到标准输出设备。返回输出字符的个数，出错返回负数	format 是一个字符串或字符数组的起始地址
getchar	int getchar(void);	从标准输入设备读取下一个字符。返回所读字符，若文件结束或出错，则返回－1	
putchar	int putchar(char ch);	将字符 ch 输出到标准输出设备。返回输出的字符 ch，出错返回 EOF	
gets	char * gets(char * str);	从标准输入设备读取字符串，存放由 str 指向的字符数组中。返回字符数组起始地址	
puts	int puts(char * str);	把 str 指向的字符串输出到标准输出设备，将‘\0’转换为回车换行。返回换行符，失败返回 EOF	
fgetc	int fgetc(FILE * fp);	从 fp 所指向的文件中读入一个字符。返回所读的字符，若文件结束或出错，返回 EOF	
fputc	int fputc(int ch, FILE * fp);	将一个字符 ch 输出到 fp 所指的文件中。返回输出的字符 ch，出错返回 EOF	

续表

函数名	函数与形参类型	功　能	说　明
fgets	char * fgets(char * str, int n, FILE * fp);	从 fp 所指向的文件中最多读取 n−1 个字符到字符串 str 中	
fputs	int fputs(char * str, FILE * fp);	将字符串 str 输出到 fp 所指向的文件中	
fopen	FILE * fopen(char * filename,char * mode);	以 mode 指定的方式打开名为 filename 的文件。成功时返回一个文件指针，否则返回 NULL	
fclose	int fclose(FILE * fp);	关闭 fp 所指向的文件	
feof	int feof(FILE * fp);	检查 fp 所指向的文件是否结束	
fread	int fread(char * pt, unsigned size,unsigned n, FILE * fp);	从 fp 指向的文件中读取长度为 size 的 n 个数据项，存到 pt 指向的内存区。成功则返回所读的数据项个数，否则返回 0	
fwrite	int fwrite(char * ptr, unsigned size,unsigned n, FILE * fp);	将 ptr 所指向的 n * size 个字节输出到 fp 所指向的文件中。返回写到 fp 文件中的数据项个数	
fseek	int fseek(FILE * fp,long offset,int base);	将 fp 指向的文件中的位置指针移到以 base 所指出的位置为基准，以 offset 为位移量的位置。成功则返回当前位置，否则返回−1	
rewind	void rewind(FILE * fp);	将 fp 指向的文件中的位置指针移到文件开头位置，并清除文件结束标志和错误标志	
ftell	long ftell(FILE * fp);	返回 fp 所指向的文件中的当前读写位置	
fprintf	int fprintf(FILE * fp,char * format,args,……);	把 args 的值以 format 指定的格式输出到 fp 指向的文件中	
fscanf	int fscanf(FILE * fp,char format,args,……);	从 fp 指向的文件中按 format 给定的格式将输入数据送到 args 所指向的内存单元	
rename	int rename(char * oldname, char * newname);	把由 oldname 所指的文件名，改为由 newname 所指的文件名。成功时返回 0，出错返回−1	

2. 数学函数

使用下列库函数要求在源文件中包含头文件“math. h”。

附表 D-2　数学函数

函数名	函数与形参类型	功　能	说　明
abs	int abs(int x);	计算并返回整数 x 的绝对值	说明在 stdlib. h 中
fabs	double fabs(double x);	计算 x 的绝对值	x 为双精度数

续表

函数名	函数与形参类型	功　　能	说　　明
labs	long labs(long x)；	计算并返回长整型数 x 的绝对值	
sqrt	double sqrt(double x)；	计算并返回 x 的平方根	x 要大于等于 0
exp	double exp(double x)；	计算 e^x 的值	
pow	double pow(double x, double y)；	计算并返回 x^y 的值	
pow10	double pow10(int x)；	计算并返回 10^x 的值	
log	double log(double x)；	计算并返回自然对数值 ln(x)	x>0
log10	double log10(double x)；	计算并返回常用对数值 $\log_{10}(x)$	x>0
floor	double floor(double x)；	求不大于 x 的最大双精度整数	
fmod	double fmod(double x, double y)；	计算 x/y 后的余数	
modf	double modf(double val,double * iptr)；	将双精度数分解为整数部分和小数部分。小数部分作为函数值返回；整数部分存放在 iptr 指向的双精度型变量中	
sin	double sin(double x)；	计算并返回正弦函数 sin(x)的值	x 为单位弧度
cos	double cos(double x)；	计算 cos(x)的值	x 为单位弧度
tan	double tan(double x)；	计算并返回正切值 tan(x)	x 为单位弧度
asin	double asin(double x)；	计算并返回 arcsin(x)的值	要求 x 在 1 和－1 之间
acos	double acos(double x)；	计算并返回 arccos(x)的值	要求 x 在 1 和－1 之间
atan	double atan(double x)；	计算并返回 arctan(x)的值	
atan2	double atan2(double x, double y)；	计算并返回 arctan(x/y)的值	
sinh	double sinh(double x)；	计算并返回双曲正弦函数 sinh(x)的值	
cosh	double cosh(double x)；	计算双曲余弦 cosh(x)的值	
tanh	double tanh(double x)；	计算并返回双正切值 tanh(x)	
rand	int rand(void)；	产生－90～32 767 间的随机整数	rand()％100 就是返回 100 以内的整数
random	int random(int x)；	在 0～x 范围内随机产生一个整数	使用前必须用 randomize 函数
randomize	void randomize(void)；	初始化随机数发生器	
frexp	double frexp(double val,double * eptr)；	将 val 分解为尾数 x，以 2 为底的指数 n，即 val＝x * 2^n，n 存放到 eptr 所指向的变量中	返回尾数 x，x 在 0.5 与 1 之间

3. 字符判别函数

使用下列库函数要求在源文件中包含头文件“ctype. h”。

附表 D-3　字符判别函数

函数名	函数与形参类型	功　　能	说　　明
isalpha	int isalpha(int ch)；	检查 ch 是否为字母	是，返回 1，否则返回 0
isupper	int isupper(int ch)；	检查 ch 是否为大写字母	是，返回 1，否则返回 0
islower	int islower(int ch)；	检查 ch 是否为小写字母	是，返回 1，否则返回 0
isalnum	int isalnum(int ch)；	检查 ch 是否为字母或数字	是，返回 1，否则返回 0
isdigit	int isdigit(int ch)；	检查 ch 是否为数字	是，返回 1，否则返回 0
isspace	int isspace(int ch)；	检查 ch 是否为空格水平制表符('\t')、回车符('\r')、走纸换行('\f')、垂直制表符('\v')、换行符('\n')	是，返回 1，否则返回 0
isascii	int isascii(int ch)；	检查 ch 是否为 ASCII 字符	是，返回 1，否则返回 0
iscntrl	int iscntrl(int ch)；	检查 ch 是否为控制字符	是，返回 1，否则返回 0
isgraph	int isgraph(int ch)；	检查 ch 是否为可打印字符，即不包括控制字符和空格	是，返回 1，否则返回 0
isprint	int isprint(int ch)；	检查 ch 是否为可打印字符(含空格)	是，返回 1，否则返回 0
ispunch	int ispunch(int ch)；	检查 ch 是否为标点符号	是，返回 1，否则返回 0
isxdigit	int isxdigit(int ch)；	检查 ch 是否为十六进制数字	是，返回 1，否则返回 0
tolower	int tolower(int ch)；	将 ch 中的字母转换为小写字母	返回小写字母
toupper	int toupper(int ch)；	将 ch 中的字母转换为大写字母	返回大写字母

4. 字符串函数

使用下列库函数要求在源文件中包含头文件“string. h”。

附表 D-4　字符串函数

函数名	函数与形参类型	功　　能	说　　明
strcat	char * strcat(char * str1，const char * str2)；	将字符串 str2 连接到 str1 后面	返回 str1 的地址
strcmp	int strcmp(const char * str1，const char * str2)；	比较字符串 str1 和 str2	str1<str2 返回负数 str1=str2 返回 0 str1>str2 返回正数
strcpy	char * strcpy(char * str1，const char * str2)；	将字符串 str2 复制到 str1 中	返回 str1 的地址
strlen	int strlen(const char * str)；	求字符串 str 的长度	返回 str1 包含的字符数(不含'\0')

续表

函数名	函数与形参类型	功　　能	说　　明
strchr	char * strchr(const char * str,int ch);	找出 ch 字符在字符串 str 中第一次出现的位置	返回 ch 的地址,若找不到返回 NULL
strstr	char * strstr(const char * str1,const char * str2);	找出字符串 str2 的字符串 str 中第一次出现的位置	返回 str2 的地址,找不到返回 NULL
strupr	char * strupr(char * str);	将字符串 str 中的字母转换为大写字母	返回 str 的地址
strlwr	char * strlwr(char * str);	将字符串 str 中的字母转换为小写字母	返回 str 的地址
strncat	char * strncat(char * str1,const char * str2,size_t count);	将字符串 str2 中的前 count 个字符连接到 str1 后面	返回 str1 的地址
strncpy	char * strncpy(char * dest,const char * source,size_t count);	将字符串 str2 中的前 count 个字符复制到 str1 中	返回 str1 的地址

5. 数值转换函数

使用下列库函数要求在源文件中包含头文件“stdlib. h”。

附表 D-5　数值转换函数

函数名	函数与形参类型	功　　能	说　　明
atoi	int atoi(const char * s)	将字符串 s 转换成整型数	返回整数
atof	double atof(const char * s);	将字符串 s 转换成浮点数	返回浮点数(double 型)
atol	long atol(const char * s);	将字符串 s 转换成长整型数	返回长整型数
itoa	char * itoa(int value,char * string,int radix);	将一整型数转换为字符串	
ltoa	char * ltoa(long value,char * string,int radix);	将长整型数转换为字符串	
ecvt	char * ecvt(double value,int ndigit,int * decpt,int * sign);	将一个浮点数转换为字符串	
fcvt	char * fcvt(double value,int ndigit,int * decpt,int * sign);	将一个浮点数转换为字符串	
gcvt	char * gcvt(double value,int ndigit,char * buf);	将浮点数转换成字符串	
strtod	double strtod(char * str,char ** endptr);	将字符串转换为 double 型	
strtol	long strtol(char * str,char ** endptr,int base);	将字符串转换为长整型数	

6. 动态分配存储空间函数

使用下列库函数要求在源文件中包含头文件“stdlib. h”。

附表 D-6　动态分配存储空间函数

函数名	函数与形参类型	功　　能	说　　明
malloc	void * malloc(unsigned size);	分配 size 个字节的内存	返回分配的内存空间起始地址,分配不成功返回 0
calloc	void * calloc(unsigned n, unsigned size);	为 n 个数据项分配内存,每个数据项大小为 size 个字节	返回分配的内存空间起始地址,分配不成功返回 0
free	void * free(void * p);	释放 p 指向的内存单元	
reallc	void * realloc(void * p, unsigned size);	将 p 指向的内存空间改为 size 字节	返回新分配的内存空间起始地址,分配不成功返回 0

7. 过程控制函数

使用下列库函数要求在源文件中包含头文件“process. h”。

附表 D-7　过程控制函数

函数名	函数与形参类型	功　　能	说　　明
exit	void exit (int status);	使程序执行立即停止 status 为 0 表示程序正常结束 status 非 0 表示程序存在错误执行	

附录 E

VC++ 6.0 菜单中英文对照

Visual C++ 6.0 开发环境界面是由标题栏、菜单栏、工具栏、项目工作区窗口、文档窗口、输出窗口以及状态栏等组成。在开发环境界面中，在界面的上方排列着一系列菜单（如附图 E-1 所示），而每一个菜单之下都有各自的菜单命令。因为大部分的操作都是通过菜单来完成的，所以了解各个菜单命令的基本功能是很有必要的。

Microsoft Visual C++
File Edit View Insert Project Build Tools Window Help

附图 E-1　VC++ 主菜单栏

1. File 菜单

File 菜单中的命令主要用来对文件和项目进行操作，如"新建"、"打开"、"保存"、"打印"等。其中各项命令的快捷键及它们的功能描述如附表 E-1 所示。

附表 E-1　File 菜单命令的快捷键及功能描述

菜单命令	快捷键	功能描述
New	Ctrl+N	创建一个新项目或文件
Open	Ctrl+O	打开已有的文件
Close		关闭当前被打开的文件
Open Workspace		打开一个已有的项目
Save Workspace		保存当前项目
Close Workspace		关闭当前项目
Save	Ctrl+S	保存当前文件
Save As		将当前文件用新文件名保存
Save All		保存所有打开的文件
Page Setup		文件打印的页设置
Print	Ctrl+P	打印当前文件内容或选定的当前内容
Recent Files		选择打开最近的文件
Recent Workspace		选择打开最近的项目
Exit		退出 Visual C++ 6.0 开发环境

2. Edit 菜单

Edit 菜单中的命令主要用来使用户方便快捷地编辑文件内容，如进行删除、复制等操作，其中大多数命令功能与 Windows 中标准字处理程序的编辑命令一致，各项命令的快捷键及它们的功能描述如附表 E-2 所示。

附表 E-2 Edit 菜单命令的快捷键及功能描述

菜单命令	快捷键	功能描述
Undo	Ctrl+Z	撤销上一次操作
Redo	Ctrl+Y	恢复被撤销的操作
Cut	Ctrl+X	将当前选定的内容剪切掉，并移至剪贴板中
Copy	Ctrl+C	将当前选定的内容复制到剪贴板中
Paste	Ctrl+V	将剪贴板中的内容粘贴到光标当前位置处
Delete	Del	删除当前选定的对象或光标位置处的字符
Select All	Ctrl+A	选定当前活动窗口中的全部内容
Find	Ctrl+F	查找指定的字符串
Find in Files		在指定的多个文件(夹)中查找字符串
Replace	Ctrl+H	替换指定的字符串
Go to	Ctrl+G	将光标移到指定位置处
Bookmark	Alt+F2	在光标当前位置处定义一个书签
Advanced		其他一些编辑操作，如将指定内容进行大小写转换
Breakpoints	Alt+F9	在程序中设置断点
List Members	Ctrl+Alt+T	显示“词语敏感器”的“成员列表”选项
Type Info	Ctrl+T	显示“词语敏感器”的“类型信息”选项
Parameter Info	Ctrl+Shift+Space	显示“词语敏感器”的“参数信息”选项
Complete Word	Ctrl+Space	显示“词语敏感器”的“词语自动完成”选项

3. View 菜单

View 菜单中的命令主要用来改变窗口和工具栏的显示方式，激活调试时所用的各个窗口等，其中各项命令的快捷键及它们的功能描述如附表 E-3 所示。

附表 E-3 View 菜单命令的快捷键及功能描述

菜单命令	快捷键	功能描述
Class Wizard	Ctrl+W	弹出类编辑对话框
Resource Symbols		显示和编辑资源文件中的资源标识符(ID 号)
Resource Includes		修改资源包含文件
Full Screen		切换到全屏显示方式
Workspace	Alt+0	显示并激活项目工作区窗口
Output	Alt+2	显示并激活输出窗口
Debug Windows		操作调试窗口
Refresh		刷新当前选定对象的内容
Properties	Alt+Enter	编辑当前选定对象的属性

4. Insert 菜单

Insert 菜单中的命令主要用于创建和添加项目及资源，其中各项命令的快捷键及它们的功能描述如附表 E-4 所示。

附表 E-4　Insert 菜单命令的快捷键及功能描述

菜单命令	快捷键	功能描述
New Class		插入一个新类
New Form		插入一个新的表单类
Resource	Ctrl+R	插入指定类型的新资源
Resource Copy		创建一个不同语言的资源副本
File As Text		在当前光标位置处插入文本文件内容
New ATL Object		插入一个新的 ATL 对象

5. Project 菜单

Project 菜单中的命令主要用于项目的一些操作，如向项目中添加源文件等。其中各项命令的快捷键及它们的功能描述如附表 E-5 所示。

附表 E-5　Project 菜单命令的快捷键及功能描述

菜单命令	快捷键	功能描述
Set Active Project		激活指定的项目
Add To Project		将组件或外部的源文件添加在当前项目中
Dependencies		编辑当前项目的依赖关系
Settings	Alt+F7	修改当前编译和调试项目的一些设置
Export Makefile		生成当前可编译项目的(.MAK)文件
Insert Project into Workspace		将项目加入到项目工作区中

6. Build 菜单

Build 菜单中的命令主要用来编译、连接、调试和运行应用程序。其中各项命令的快捷键及它们的功能描述如附表 E-6 所示。

附表 E-6　Build 菜单命令的快捷键及功能描述

菜单命令	快捷键	功能描述
Compile XXXX①	Ctrl+F7	编译 C 或 C++ 源代码文件
Build XXXX.exe	F7	生成应用程序的.exe 文件(编译、连接又称编连②)
Rebuild All		重新编连整个项目文件
Batch Build		成批编连多个项目文件
Clean		清除所有编连过程中产生的文件
Start Debug		给出调试的一些操作
Debugger Remote Connection		做远程调试连接的各项环境设置

续表

菜单命令	快捷键	功能描述
Execute XXXX. exe	Ctrl+F5	执行应用程序
Set Active Configuration		设置当前项目的配置
Configuration		设置、修改项目的配置
Profile		为当前应用程序设定各选项

注：① XXXX 为当前编连的 C++ 源代码主文件名。

② 生成应用程序的 exe 文件过程是一个编译、连接过程，故把 Build 称为"编连"。

7. Tools 菜单

Tools 菜单命令主要用于选择或制定开发环境中的一些实用工具，其中除了 Visual C++ 6.0 的组件(如 Spy++等)外，其余各项命令的快捷键及功能描述如附表 E-7 所示。

附表 E-7　Tools 菜单命令的快捷键及功能描述

菜单命令	快捷键	功能描述
Source Browser	Alt+F12	浏览对指定对象的查询及其相关信息
Close Source Browser File		关闭浏览信息文件
Customize		定制菜单及工具栏
Options		改变开发环境的各种设置
Macro		进行宏操作
Record Quick Macro	Ctrl+Shift+R	录制新宏
Play Quick Macro	Ctrl+Shift+P	运行新录制的宏

8. Window 菜单

Window 菜单中的命令主要用于文档窗口的操作，如排列文档窗口、打开或关闭一个文档窗口、重组或切分文档窗口等。其中各项命令的快捷键及它们的功能描述如附表 E-8 所示。

附表 E-8　Window 菜单命令的快捷键及功能描述

菜单命令	快捷键	功能描述
New Window		再打开一个文档窗口显示当前窗口内容
Split		文档窗口切分
Docking View	Alt+F6	浮动显示项目工作区窗口
Close		关闭当前文档窗口
Close All		关闭所有打开过的文档窗口
Next		激活并显示下一个文档窗口
Previous		激活并显示上一个文档窗口
Cascade		层铺所有的文档窗口
Tile Horizontally		多个文档窗口上下依次排列
Tile Vertically		多个文档窗口左右依次排列
Window		文档窗口操作

注：在打开多个窗口时，在 Window 菜单的底部列有所有打开的文档名称。

9. Help 菜单

Visual C++ 6.0 同大多数其他的 Windows 应用软件一样，提供了大量详细的帮助信息，而 Help 菜单便是得到这些帮助信息最有效和最主要的途径。其中各项命令的快捷键及它们的功能描述如附表 E-9 所示。

附表 E-9 Help 菜单命令的功能描述

菜单命令	功能描述
Contents	按文件夹方式显示帮助信息
Search	用查询方式获得帮助信息
Index	按索引方式显示帮助信息
Use Extension Help	选中此命令，按 F1 键或其他帮助命令将显示外部的帮助信息；若此命令没有选中，则启动 MSDN
Keyboard Map	显示所有的键盘命令
Tip of the Day	显示“每天一贴”对话框
Technical Support	用微软技术支持的方式获得帮助
Microsoft on the Web	微软网站
About Visual C++	Visual C++ 的版本、注册等信息

注：像 Contents、Search 和 Index 等菜单项，只有在安装 MSDN 后才能使用。MSDN 是微软提供的有关技术支持文档。

参 考 文 献

[1] Brian W. Kernighan, Dennis M. Ritchie. The C Programming Language (Second Edition). China: Prentice—Hall internatinal, Inc, 1988.

[2] Stephen Kochan. Programming in C(英文版. 第 3 版). 北京: 人民邮电出版社, 2006.

[3] Stephen Kochan 著. C 语言编程(第三版). 张小潘译. 北京: 电子工业出版社, 2006.

[4] Jeri R. Hanly, Elliot B. Koffman 著. 问题求解与程序设计 C 语言版(第 4 版). 朱剑平译. 北京: 清华大学出版社, 2007.

[5] Delores M. Etter 著. 工程问题 C 语言求解(第三版). 朱剑平, 付宇光译. 北京: 清华大学出版社, 2005.

[6] Richard Johnsonbaugh, Martin Kalin. ANSI C 应用程序设计. 杨秀文, 吕强. 北京: 清华大学出版社, 2006.

[7] 谭浩强. C 程序设计(第三版). 北京: 清华大学出版社, 2005.

[8] 田淑清. 全国计算机等级考试二级教程——C 语言程序设计. 北京: 高等教育出版社, 2007.

[9] 全国计算机等级考试命题研究组. 笔试题分类精解与应试策略——二级 C 语言程序设计. 北京: 南开大学出版社, 2006.

[10] 张居敏. C 语言编程精要 12 讲. 北京: 电子工业出版社, 2006.

[11] 曹衍龙. C 语言实例解析精粹. 北京: 人民邮电出版社, 2006.

[12] 谭浩强. C++ 程序设计. 北京: 清华大学出版社, 2004.

[13] 牛志成, 刘冬莉, 徐立辉. 大学计算机基础. 北京: 清华大学出版社, 2007.

[14] 牛志成, 徐立辉, 刘冬莉. C 语言程序设计. 北京: 清华大学出版社, 2008.

[15] 李玉波等. Linux C 编程. 北京: 清华大学出版社, 2005.